“十四五”时期国家重点出版物出版专项规划项目

机器人科学与技术丛书 11

机械工程前沿著作系列
HEP Series in Mechanical Engineering Frontiers
HEP MEF

JIYU YUNDONG ZHINENG DE JIQIREN KAIFA YU KONGZHI

基于运动智能的机器人开发与控制

Development and Control of Robots Based on Motion Intelligence

张春松　唐昭　戴建生　著

中国教育出版传媒集团
高等教育出版社·北京

内容简介

本书提出运动智能的概念，从该角度讲述机器人的开发与控制。将机器人运动智能分为驱动器运动智能和本体运动智能，并以此为线索分别介绍了机器人模块控制、整机开发及控制的理论知识和实践方法。概括了智能驱动器的“五大类”技能，并针对轮毂模块控制和关节模块控制分别列举了智能电动机驱动器与智能伺服舵机的使用方法。提出了机器人本体运动智能的定义，并分别阐述了以轮毂模块为驱动的平衡小车、麦克纳姆轮移动平台以及以关节模块为驱动的五轴机械臂和四足机器人的运动学建模方法，并详述了上述机器人的组装、制作和编程控制。区别于其他书籍，本书注重理论联系实际，将程序代码与理论公式相对应，便于读者体会机器人理论建模到实际编程的落地过程。

本书可作为机器人工程、人工智能、机械设计、自动化、机械电子、精密仪器等专业高年级本科生和研究生的参考书，也可供从事机器人驱动器和本体研发的科技工作者参考。

图书在版编目（CIP）数据

基于运动智能的机器人开发与控制 / 张春松，唐昭，戴建生著．-- 北京：高等教育出版社，2025.1.
（机器人科学与技术丛书）（机械工程前沿著作系列）．
ISBN 978-7-04-063899-8

Ⅰ．TP242

中国国家版本馆 CIP 数据核字第 2024294D2R 号

策划编辑　刘占伟　　责任编辑　刘占伟　　封面设计　杨立新　　版式设计　明　艳
责任校对　刁丽丽　　责任印制　刁　毅

出版发行	高等教育出版社	网　　址	http://www.hep.edu.cn
社　　址	北京市西城区德外大街4号		http://www.hep.com.cn
邮政编码	100120	网上订购	http://www.hepmall.com.cn
印　　刷	涿州市京南印刷厂		http://www.hepmall.com
开　　本	787mm×1092mm 1/16		http://www.hepmall.cn
印　　张	13		
字　　数	260 千字	版　　次	2025 年 1 月第 1 版
购书热线	010-58581118	印　　次	2025 年 11 月第 2 次印刷
咨询电话	400-810-0598	定　　价	99.00 元

物 料 号　63899-00

“机器人科学与技术丛书”编委会
(第三届)

作者简介

张春松，工学博士，天津市大然科技有限公司和珠海市大然机器人科技有限公司创始人兼首席执行官。从事机构学与机器人学研究，*Mechanism and Machine Theory*、*Journal of Bionic Engineering*、*IEEE Transactions on Neural Networks and Learning Systems* 等期刊审稿人。天津市优秀企业家。连续两年指导国家大学生创新性实验计划项目，指导本科生获中国机器人及人工智能大赛一等奖。在机器人界顶级学术会议 ICRA、IECON 和 IDETC 上做学术报告。发表 SCI 论文 5 篇、EI 论文 5 篇，获授权发明专利 1 项、实用新型专利 30 余项。

唐昭，工学博士，天津市大然科技有限公司和珠海市大然机器人科技有限公司创始人兼首席技术官。主要从事可重构机构、移动机器人、仿人机械手的研究。多次赴加拿大、荷兰、新加坡等国家参加国际性学术会议。作为项目负责人参与国家自然科学基金子课题“变胞爬行机器人研发”、天津大学现代机构学与机器人学国际中心与航天院合作项目“舱外航天手套关节力学测试装置”、天津大学校创项目“机器人智能手机操控器软件研发”等。发表论文 10 余篇，获授权发明专利 2 项、实用新型专利 33 项。

戴建生，英国皇家工程院院士 (FREng)、南方科技大学机器人研究院院长、伦敦国王学院荣誉教授。国际旗舰性机器人期刊 *Robotica* 主编 (Editor-in-Chief)、*Mechanism and Machine Theory* 学术方向主编 (Subject Editor)、高等教育出版社 "机器人科学与技术" 丛书主编。中国机器人智能专业委员会副主任、国际机构学与机器科学联合会 (IFToMM) 英国区主席、美国机械工程师学会 (ASME) 英国和爱尔兰地区主席。

2015 年获 ASME 机构学与机器人学终身成就奖, 2020 年获 ASME 机械设计终身成就奖。戴建生院士为国际电气和电子工程师学会 (IEEE) 会士、美国机械工程师学会 (ASME) 会士、英国机械工程师学会 (IMechE) 会士、英国皇家艺术学会 (RSA) 会士, 在国际机构学与机器人学领域享有盛誉。发表学术论文 600 余篇, 出版专著 10 余部, 获授权专利 50 余项。

前　言

很多人从小就梦想有一天能够造出属于自己的机器人。这一与生俱来的创造冲动推动着我们在机器人领域不断摸索前进。

人工智能与机器人是 20 世纪人类科技智慧的结晶, 而机器人又是人工智能最有潜力的应用载体。人类创造机器人的初衷是帮助人们完成重复、繁重的体力劳动。因此, 运动是机器人研发最重要的主题之一。鉴于机器人劳作任务的特殊性和所处环境的复杂性, 其运动本身需要具备一定的性能 (速度、精度等) 和特定的功能 (自我保护、数据回读、自适应性、参数设置等)。这些性能和功能的集合, 尤其是功能所表现出来的特点, 具备鲜明的智能化特征。根据这些特征定义运动智能, 可表述为: 运动本身在应对特定场景需求时所应具备的功能。

宏观上, 机器人运动可分为两个层面: ① 驱动器层面, 分布于机器人各个部位的驱动器 (如关节型机器人关节中的舵机、智能车底盘的电动机、船模尾部的螺旋桨电动机、四旋翼无人机中的无刷电动机等) 所进行的运动; ② 本体层面, 由各个驱动器运动所促成的机器人整体运动。因此, 机器人运动智能也可分为两个层面, 即驱动器运动智能和本体运动智能。

从运动智能角度开发机器人需解决驱动器和本体两方面的问题。驱动器方面, 需了解其性能和功能, 以便选型、掌握其控制方式, 从而便于使用。本体方面, 需解决机器人的结构设计、制造装配、数学建模、系统搭建、编程调试等一系列问题。具备高超运动能力、能够提供高效劳作的机器人一定是上述两方面的完美结合, 即运动智能的完美应用与实现。

本书旨在从运动智能角度向读者介绍一些基础的机器人开发技术, 主要从驱动器和本体两方面出发, 介绍智能驱动器的功能、使用方法、相应的开发案例, 以及各类常见机器人本体运动建模方法和编程控制实践。

本书定位于高年级本科生和研究生机器人技术实践参考书, 着重强调在运动智能理论指导下进行机器人研发的动手实践。因此在阅读过程中, 读者会发现书中所介绍的理论全部应用于机器人的开发与控制实践。本书将理论公式与技术实现环节的编程代码相对应, 以便于读者深入地理解和体验机器人开发从理论到实践的过程。

在本书中, 作者力求将晦涩的技术以浅显、落地的方式展现给读者, 从而使读者获得机器人开发的基础能力。期望读者阅后能更熟悉机器人开发的技术体系, 以本书理论和技术为指导进行动手实践, 不再对机器人感到神秘, 从而树立开发更高端机器人的信心。

本书创作过程中得到了科技部重点研发计划基金项目 (2018YFB1304600 和 2019YFB1309800) 以及国家自然科学基金资助重点项目 (51535008、51721003 和 51875393) 的支持。天津大学机构理论与装备设计教育部重点实验室也对本书给予了支持与协助。作者对此表示感谢。

本书撰稿过程中得到了华中科技大学王书亭教授、哈尔滨工业大学李兵教授、天津大学孙涛教授、南京理工大学王禹林教授、山东大学朱振杰高级工程师、西安电子科技大学朱敏波教授、南京信息工程大学庄建军教授、北京信息科技大学刘相权副教授、福州大学何炳蔚教授、北京联合大学张建成教授、深圳大学张博研究员、福建农林大学叶大鹏教授、湖南大学张辉教授、内蒙古工业大学姜广君教授、安徽理工大学王成军教授、西南交通大学罗大兵教授、南京航空航天大学陈柏教授、武汉大学周立青高级实验师、东南大学周波副教授、西安交通大学桂亮高级工程师、重庆大学李奇敏副教授、吉林大学康冰高级工程师、河海大学王延杰教授、长沙学院苏钢教授、哈尔滨理工大学李东洁教授、沈阳理工大学杨旗副教授、西安工程大学王晓华教授、厦门大学陈华宾高级工程师、北京邮电大学李端玲教授、新疆大学李晓娟副教授等业内专家对书稿的悉心阅读和中肯点评, 为本书的修改与完善提供了宝贵建议。

本书撰稿过程中也得到了青年博士和企业工程师的倾力协助。伦敦大学国王学院王昆博士, 天津市大然科技有限公司工程师李欣然、李芝萌和陈钊参与了本书的撰稿和校对工作。

本书所用图片仅为教学及技术交流所用, 由于多种原因, 少量图片未能联系到版权人, 但已标明出处。若所用图片涉及版权, 请反馈至邮箱: service@daran.tech, 作者将及时予以回复并妥善处理。

作者经验和水平有限, 书中难免存在不足之处, 真诚地希望得到大家的批评和指正。

作者
2022 年 5 月

目 录

上篇 运动智能与模块控制

下篇　整机开发与控制

上篇

运动智能与模块控制

第 1 章　人工智能与运动智能

1.1　人工智能概述

人工智能发展如火如荼，其作为一项技术实现了从科研到应用的飞跃。生活中，人们接触最多的人工智能当属人脸识别和语音交互，例如高铁站进站口闸机的人脸识别 (图 1–1)、手机的语音指令和问答 (图 1–2)。上述两种人工智能手段已经渗透到社会经济生活的很多方面，对人们的生活产生了广泛的影响。

图 1–1　高铁进站口闸机的人脸识别 (引自搜狐网)

图 1–2　手机的语音指令和问答 (引自搜狐网)

人脸识别 [1] 是机器视觉的一个特定应用。基于像素点的颜色、位置及相互位置关系等信息，运用特定算法让机器拥有类似人的视觉感知和判断能力。可通过编程对特定场景进行识别。除人脸外，机器视觉还可以识别更多的事物，如二维码 [2] (图 1–3)、操场跑道 [3] (图 1–4)。

语音交互 [4–5] 根据机器与软件对声音的记录和编码生成识别系统认可的声学模型及语言模型。上述模型与原声具有一定的对应关系。机器人的语音交互能力不仅可以用来与人对话，还可以将人的声音作为其执行某种任务的指令，如命令机器人前进、后退、唱歌、搜索资料等。为达到交互目的，机器人需要具备两个层面的能力，即识别与发声。其中识别分为语音识别和语义识别。语音识别一般针对关键词识别，即只要一条语音信号中包含已建模的关键词即可被识别并确认，若不含任

图 1–3　机器视觉识别二维码 (引自网易网)

图 1–4　机器视觉识别操场跑道

何关键词则无法识别。语义识别不依赖于关键词, 旨在理解语音表达的内涵。举例说明语音识别与语义识别的区别: 在语音识别中事先建好 "前进" 的声学模型, 只要语音信号中包含 "前进", 机器便会将其识别, 若不包含该语音则无法识别; 而语义识别旨在理解词汇的意思, 所以当出现一些近义词时也会进行识别, 如 "向前走" "快走" "直行" 等。目前技术尚不能完全实现语义识别, 但可将语音识别与部分语义识别相结合, 以达到满足日常使用需求的目的。

上述两种人工智能只是特定方面算法和大型数据库的运用, 尚不具备自主意识。机器学习 [6] 是一种典型的自主意识生成手段。通过反复训练可加深机器人对某项工作的熟练度和准确度, 最终达到自主完成该工作的目的。上述工作可以是某个特定动作, 如抓起一个小球; 也可以是某项任务, 如在一个范围内寻找小球并将小球抓起放进盒子; 甚至可以是智力比赛, 如围棋和国际象棋。经过学习训练后, 机器能够自主完成上述工作, 有时甚至超过人类技能, 例如 2017 年 5 月在中国乌镇 · 围棋峰会上战胜围棋世界排名第一的柯洁的 AlphaGo 围棋机器人 (图 1–5)。

图 1–5　2017 年战胜围棋世界排名第一的柯洁的 AlphaGo 围棋机器人 (引自搜狐网)

由此可见, 人工智能的一个重要特点是源自生物而超越生物。人类基于对自身智能和其他生物智能的理解来开发人工智能, 人工智能的进步则依赖于硬件和算法的提升。硬件和算法的提升是没有止境的, 因此未来人工智能将取得无尽的发展。

1.2 运动智能: 人工智能的重要组成部分

机器视觉、语音交互和机器学习归根结底是软件算法, 可以运行在手机、计算机、智能音箱、闸机和平板计算机等诸多平台。这些智能的一个共同特点就是不与物理世界发生任何交互, 属于"意识范畴", 这也就意味着其对物理世界无任何操作, 例如我们不能指望以机器视觉去端起一个水杯, 用语音交互去捡起一个圆球, 通过机器学习去砌一堵墙。

人类经济社会的发展离不开对物理世界的利用和改造, 也就离不开对物理世界的实际操作。而操作本身离不开实体的运动。例如, 人们通过腰部、臂膀和手的运动从地上捡起一个皮球; 以臂膀和手的运动端起一个水杯; 通过全身协作捡起砖块, 挥舞砌刀砌起一堵墙。显而易见, 所有操作都蕴含着同一个特征: 运动。操作的实施者是运动着的, 被操作的物体也是运动着的, 因而运动是所有操作的本质。换句话说, 所有的操作都由"运动"构成, 解决好运动问题才能实现对物理世界的有效操作。

运动是利用和改造物理世界的基础因素。哲学意义上, 运动是绝对的, 万事万物都在一刻不停地运动, 可以说, 运动塑造了绚丽多彩的客观世界。在无人操控的情况下, 这些运动是自发的, 它们在物质间相互作用的基础上无意识地进行。宏观上, 宇宙演化、地质变迁、生物进化等都是物质运动的结果。在人为情况下, 人可以有意识地引导运动的产生和发展, 赋予运动一个或多个特定的目的。如果脱离人为因素单纯地看运动, 似乎运动本身也具有一定的意识: 知道自己的任务、了解执行过程和所需的条件。从这个意义上讲, 似乎运动本身也获得了某种智能。我们称这种智能为运动智能。

机器人是人类智慧和创造力的结晶。其诞生的使命就是帮助人类完成重复、繁重的劳作。为完成这些劳作不可避免地要进行各式各样的运动, 因此运动是机器人的属性之一。因而, 机器人也应具备运动智能。从运动智能角度研究机器人, 目的是确保机器人具备可靠运动能力, 以完成相应工作任务。

人工智能时代, 机器人是一系列智能的集合体, 拥有视觉、听觉、思考和运动等能力。运动智能同机器视觉、语音交互、深度学习一样, 是人工智能的一部分。运动智能解决的是机器人执行与操作问题, 使机器人走进人们的生产与生活, 提供劳动服务。

1.2.1 运动智能对客观世界的作用

广义上, 运动本身遵循着客观世界的内在规律, 并且无时无刻不在改造着世界。客观世界的内在规律就是其运动智能的本源。

宇宙大爆炸伊始, 所有物质都在杂乱无章地运动。经过亿万年的演变, 物质经过相互碰撞、聚集, 逐渐形成具备显著引力的天体, 再由天体之间相互吸引、捕捉, 慢慢形成如今相对稳定的星系结构。行星围绕恒星在一个恒定的轨道上运行, 而恒星又围绕更大质量的中心运行。行星绕行的原因在于行星和恒星之间的万有引力,其构成了行星在椭圆形轨道上运行的向心力。这一切皆因运动而生。看似平淡无奇的轨道运动,却在合适的轨道上孕育出生命,这不得不说是冥冥之中的一种智能,而形成这种智能的根本原因在于运动。

曾经人们以为大陆是静止的,现代科学告诉我们,脚下的土地也是运动着的。千万年来不断进行的板块运动,形成了地球表面的高山、裂谷。除此之外,风吹拂着尘沙,渐渐堆积出松软的土地;水冲刷大地,逐渐形成沟渠、江河和大洋;包括人类在内的生物活动同样在显著影响着地球环境。由此可见,发生在地球上的一切塑造和改变均离不开"运动"。而这种运动同样遵循着客观规律,并带有一定的目的性,这是一种运动层面的智能。

微观世界中,运动同样塑造着一切。分子永远在做无规则的运动;电子围绕原子核不停地转动;原子核内部的质子和中子不断振动。表面上看,这些运动杂乱无章;量子力学揭示,这些运动同样遵循着普遍的规律。而这些规律也包含着一种智能,一种微观上的运动智能。今天的量子通信、量子计算、量子传输以及未来不断涌现的尖端量子技术将不断地揭示这种微观运动智能的本质。

由上可知,从浩渺的宇宙,到身边的环境,再到微观世界,处处展现着运动智能。运动智能也从不同层面、以不同方式塑造着客观世界的每一个角落。

1.2.2 运动智能的定义

简而言之,运动智能是运动本身应对特定运动场景需求时所应具备的功能。这些功能为完成特定任务而设,成为运动装置的属性之一。举例说明运动智能的定义,图 1–6 所示为一款协助搬运的外骨骼装置,该装置的工作过程和所对应的功能如下。

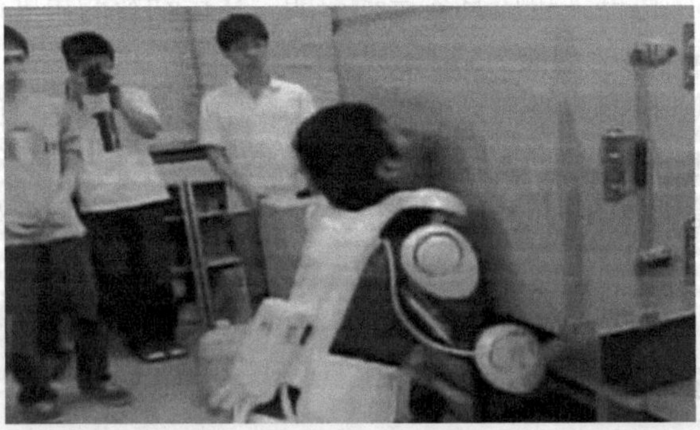

图 1–6　一款协助搬运的外骨骼装置 (引自新浪网)

1) 为协助人搬起沉重的箱子,该装置应具备运动助力功能。

2) 当人将箱子搬起后,大部分时间箱子不会再在竖直方向上产生位移,所以该装置应该具备位置保持功能。

3) 当人搬着箱子到达目的地后, 可能将箱子放在较低的地方, 也可能将箱子放在更高的地方, 所以该装置应该具备运动趋势感知功能, 以判断人的运动方向并在该方向上提供对应的协助。

4) 当人放置箱子时, 该装置应该随之移动, 顺势提供助力。这就要求该装置的运动既不能过快也不能过慢, 过快会导致失控而掀翻, 过慢则会形成搬运时的阻力。因此, 该装置应具备运动跟随功能。

上述从外骨骼助力装置角度提出了运动助力、位置保持、趋势感知和运动跟随功能。这些功能皆需通过精准的运动控制算法实现, 且与特定运动场景密切相关, 因此这些功能皆属于运动智能范畴。

1.2.3 运动智能与其他智能的互补关系

前文提到运动智能负责对目标物体的操作和任务的执行, 这种操作和执行需要决断与指引。以人做类比, 人可以做非常多的工作, 但没有一项工作可以脱离思考和感知。例如, 我们出发去某个目的地, 需要先在脑海中预设一个大致方向, 这属于思考层面; 具体行进过程中再由眼睛观察路途情况, 随时做出调整, 这属于感知层面。在此过程中, 人的肢体行动始终由大脑决断, 由视觉引导。但换个角度讲, 如果没有行动, 只有思考和观察, 我们就到不了目的地。因此, 需要大脑、眼睛、肢体各自分工与互相协作, 共同完成任务。

机器人系统同样遵循人类的行为模式: 通过运动智能与视觉、语音和决策等其他智能协同完成特定的工作任务。例如, 对于一个简单的自主抓持系统, 视觉模块负责提供物体的位置, 机械臂负责运动到目标位置并抓起物体。再如乒乓球机器人系统, 其特点在于能够快速定位并有效击打飞行中的乒乓球。经测试, 机器人的球技甚至可以达到专业运动员的水平。这一切是如何实现的呢? 答案就在运动智能与视觉智能和决策智能的有效结合。在乒乓球飞行过程中, 视觉智能系统时刻监视乒乓球所在的空间位置并实时反馈其坐标, 根据多组坐标快速拟合小球的飞行曲线, 据此预测小球在下一小段时间内的空间位置坐标。视觉智能系统得出上述坐标后即刻反馈至运动智能系统。运动智能系统根据球拍所处的空间位置坐标计算出下一小段时间内球拍所处位置与球之间的距离变化, 再根据自身速度极限判断在哪些点可以击球。判断的依据是这些点是否在球拍的可达空间内, 以及在有限的时间内以自身的速度能否将球拍准时送达击球点。当然, 这一过程离不开高速运转的主控系统所进行的实时计算和判断, 这便是决策智能系统的工作。实际上, 这是一个 "决策 + 感知 + 执行" 协同运行的典型体系, 其中, 主控系统扮演决策者, 视觉系统负责感知, 运动系统则担任执行者。

综上所述, 运动智能与其他智能存在互补关系。各种智能之间相互协作才能完成特定工作任务。完成特定工作任务恰是人工智能与机器人创生的最大价值和使命, 运动智能与决策智能、感知智能等其他智能共同成为人工智能与机器人系统的必要组成部分。

1.3 常见的运动智能

运动智能并不只见诸高深的学术和科研中，在日常生活和自然界中也普遍存在。很多司空见惯的场合蕴含着极为深刻和典型的运动智能。很多人们认为的正常现象，加以总结和研究会发现其实很不寻常，其中就蕴含着运动智能。

1.3.1 日常生活中的运动智能

在日常生活中，我们可以见到很多运动智能现象。例如，猫就有一项特殊技能，即无论以何种姿态从何种高度跌落至地面，总能准确无误地四脚着地，从而减少身体损伤。猫的这一运动特性也是一种运动智能的体现。是什么因素让猫拥有了这样的能力呢？这得益于猫有灵活的脊椎结构和一套本能的运动控制流程。当猫处于下落状态时，首先快速旋转躯干，调整身体至标准状态，即四脚朝下；随后等待身体下落，当触及地面时再将四条腿收缩以减缓对身体的冲击。

我们人类作为最智能的生物，自身也有很多不易察觉的运动智能特性。例如，我们走路或奔跑的时候，不必考虑如何迈腿就能保持稳定并行进于既定路线。我们还有很多类似走路这样自然而然的行为，都已经成为下意识的动作，类似于一种既定程序存放于人类大脑。因此，我们才有了“熟能生巧”这种感觉与常识。

运动智能在体育比赛中也发挥着重要作用 [7]。很多运动员经过长时间训练，除了体能和技法得到锻炼之外，由熟练而成的下意识动作也是竞技水平高低的重要体现。这种下意识动作也是运动智能的一种，它们并不受大脑的直接控制。感官上更像是一种“肌肉记忆”，由肌肉自主完成。

并非所有下意识的动作都需要锻炼，有很多来自人的本能。例如，人在梦游 [8] 的时候大脑是沉睡的，所有肢体动作都在无意识的状态下进行。有的人可以下床走路，拿东西，甚至做体操，最后安然无恙地回到床上继续睡觉。这些都不是有意为之，而是人的生物本能，是自发实现的。从这些下意识动作中反映出来的自发运动并不受大脑的主动控制。我们称这种运动能力为运动智能中的自主决策功能。

1.3.2 自然界中的运动智能

我们在自然界中也可以发现很多运动智能现象，如图 1–7 所示的奔跑中的猎豹。猎豹是陆地上跑得最快的动物。其奔跑速度可与越野车一较高下。我们发现，猎豹奔跑时其躯干保持往复拱仰。为何如此？直观地分析可以看出：猎豹在拱起躯干时，其前后腿相向靠拢，导致前后足距离几乎为零；猎豹仰起躯干时，其前后腿背向分开，导致前后足距离达到最大。进一步观察发现：猎豹完全拱起（收缩）其躯干时，其后腿刚好发力向前迈进；同样地，猎豹完全仰起（伸展）躯干时，其前腿刚好发力向前迈进。所以，猎豹在奔跑时加入躯干拱仰运动，可保证每次都能迈出最大的步伐，同时在一个步态周期中实现两次正向发力。再如图 1–8 所示，蜥蜴在爬行时总是伴随着躯干的扭动。当其迈出左前腿和右后腿时, 躯干向左侧扭动; 当其迈出右前腿和左后腿时, 躯干向右侧扭动。进一步观察发现: 躯干向左侧扭动时, 其左前和右后腿可向前迈出最大的步伐; 躯干向右侧扭动时, 其右前腿和左后腿可向前迈出最大的步伐。蜥蜴的上述爬行方式可以保证其开启最大的爬行速度。

图 1–7 奔跑中的猎豹 (引自新浪网)

图 1–8 爬行中的蜥蜴 (引自搜狗百科)

无论是猎豹的拱仰式奔跑还是蜥蜴的扭动式爬行, 两者都没有刻意控制身体平衡、留意如何迈腿, 其注意力完全集中在猎物或行进目标上。其绝大部分行动都是下意识行为, 也是本能的自发行为。由此可见, 很多动物的行为同样具有运动智能中的自主决策功能。

1.4 运动智能对机器人的意义

如今机器人已应用于各行各业。行业的不同场景对机器人的运动和操作特性有着各种各样的要求。这就需要机器人具备不同的运动功能。根据运动智能的定义, 这些功能皆是运动智能的体现。运动智能给机器人及其应用带来诸多裨益。例如, 机器人运动过程中的自我保护功能, 即受到撞击或者阻碍的时候, 机器人可以自动切换成柔性模式以减轻对自身和相撞物体的损害; 驱动器也可具有自我保护功能, 如对高温、高压、过流、堵转的保护。

图 1–9 所示为协作机器人 [9–10] 与人配合完成木盒的组装工作。机器人负责将木板抓取至待安装位置, 然后扶稳木板, 以便人拧紧螺丝。机器人在扶稳木板的过程中需要感知人的施力方向和大小, 并据此调整自己的输出力, 这就需要机器人拥有运动趋势感知和力觉感知能力, 以达到人机共融的效果。这是运动智能赋予机器人的一种特殊能力。

图 1–10 展示了一种自动跟随型机器人 [11], 在虚拟现实系统下, 该机器人能够识别人体的运动特征, 并在极短的时间内跟进模仿人的动作。这体现了机器人的运动跟随功能。该功能可以辅助实现类人型机器人的远程操控, 方便在不适合人类的环境中进行灵巧操作。

图 1-9　协作机器人与人组装木盒

图 1-10　自动跟随型机器人

图 1-11 展示了一款平衡车。站在平衡车上的人与平衡车一起组成了一个倒立摆系统。对于一个确定的倒立摆系统, 已经拥有了一套完整的控制体系。但是从平衡车的角度, 由于每次站上去的人不同, 也就意味着将产生不同的倒立摆系统。整个控制系统的参数将发生改变, 如人的身高、体重、质心位置及运动方位等, 因此其需要做到一定的参数适配。正是这一功能使得平衡车能够在不同载荷下实现自平衡。同时可以看到, 平衡车的控制中还没有用到视觉和语音智能, 只是一个由运动智能加决策智能而实现的控制系统。

图 1-11　平衡车 (引自搜狐网)

运动智能在人机安全协作方面也有重要意义。传统机器人速度快、输出力大，撞到人身上会给人造成较大伤害。很多情况下机器人与人的碰撞难以避免，因此碰撞发生后如何减少甚至避免对人体的伤害是机器人研究的一项重要工作。机器人碰到人体时会立即停止并变成柔性模式，同时还可回撤一小段距离。这个过程是碰撞感知 [12–13] 的典型应用。这一应用有助于解决机器人与人之间的和谐共生问题，有助于实现人机共融。

图 1–12 展示了一个双臂机器人夹持鸡蛋并从高处放置到圆盘的过程。实现这个高难度动作既需要对鸡蛋夹而不破，即在触到鸡蛋表面时双臂随即停止相向运动，却依然保持相向而行的趋势，以便对鸡蛋施加一定的夹持力，又要使握力不至于过大或过小。前者需借助运动自适应功能，后者需运用力度控制功能。其中运动自适应可理解为，机器人运动没有遇到阻碍时将以既定方式运动，受到阻碍后，其与障碍物接触的部分立即停止运动，但保持继续运动的趋势，以对障碍物产生一定的抵抗力，其未接触部分继续运动，直至与障碍物接触。该功能的实现降低了不同物体大小和形状差别给抓持工作所带来的难度。

图 1–12　双臂夹持鸡蛋机器人 (引自搜狐网)

图 1–13 展示了汽车生产线上的自动喷漆机器人。生产线上的工作具备流程化和自动化的特点。机器人的工作也具有相同特点。其中每一条机械臂都在固定时间段执行固定运动路线。而这一运动路线往往由示教完成，即人先带着机械臂做一

图 1–13　自动喷漆机器人 (引自腾讯新闻网)

遍, 然后机械臂将运动过程记录下来, 以后不断复现。这是一种运动学习与记忆功能的体现。机器人的运动学习与记忆功能可以降低复杂运动轨迹规划难度。

综上所述, 运动智能将助力机器人实现不同场景下的不同功能, 如自我保护、人机共融 [14]、自主平衡、自主适应及复杂轨迹规划 [15] 等, 从而使机器人控制更方便, 使用更安全, 满足更多需求。

1.5 机器人运动智能的组成: 驱动器运动智能和本体运动智能

机器人运动分为两个层面, 即驱动器层面和本体层面。因此, 机器人运动智能也可分为驱动器运动智能和本体运动智能。驱动器运动智能是驱动器为满足工作需要应具备的功能, 用于机器人具体模块的运动控制。本体运动智能是宏观上实现机器人有效运动、完成工作任务的必备功能, 用于机器人整体运动控制。

驱动器运动智能的算法蕴含在驱动控制器中, 本体运动智能算法蕴含在机器人主控中。驱动控制器处于下层, 主控制器位于上层。虽有上下层之分, 两者却是独立而统一的。上下层协同, 可实现对机器人运动的有效控制。驱动器运动智能和本体运动智能相辅相成, 共同构成机器人的运动智能。

参考文献

[1] 任宇. 人脸活体检测研究综述 [J]. 现代计算机, 2021(9): 109–112, 116.

[2] 刘庆伟, 蒋庆磊, 郇新. 基于机器视觉二维码识别的工件仓储系统分析 [J]. 内燃机与配件, 2019(13): 207–208.

[3] 莫玲, 林维, 姚屏, 等. 基于机器视觉的道路边界识别算法研究 [J]. 广东技术师范大学学报, 2020, 41(3): 28–32, 55.

[4] 王兴宝, 雷琴辉, 梅林海, 等. 汽车语音交互技术发展趋势综述 [J]. 汽车文摘, 2021(2): 9–15.

[5] Braza M D, Corbin N E, Buss E, et al. Effect of masker head orientation, listener age, and extended high-frequency sensitivity on speech recognition in spatially separated speech [J]. Ear and Hearing, 2021, 43(1): 90–100.

[6] Nath R K, Thapliyal H, Humble T S. A review of machine learning classification using quantum annealing for real-world applications[J/OL]. SN Computer Science , 2021, 2(5): 365.

[7] 杨明. 运动智能在竞技比赛中的作用研究 [J]. 武术研究, 2020, 5(5): 144–145.

[8] 柴玉. 梦话 梦游 你的身体怎么了? [J]. 中医健康养生, 2018, 4(11): 15–16.

[9] 霍淑珍, 何志超. 协作机器人在智能制造中的应用 [J]. 机床与液压, 2021, 49(9): 62–66.

[10] Artemov K, Kolyubin S. Collaborative robot manipulator control in dynamic environment using computer vision system [J]. Journal of Physics: Conference Series, 2021, 1864(1): 012088.

[11] Huber M, Eschbach M, Kazerounian K, et al. Functional evaluation of a personalized orthosis for knee osteoarthritis: A motion capture analysis [J]. Journal of Mechanical Devices, 2021, 15(4): 041003.

[12] 袁野, 白瑞林, 邢晓凡. 未知模型机器人的碰撞检测算法 [J]. 制造业自动化, 2021, 43(7): 34–38, 100.

[13] Czubenko M, Kowalczuk Z. A simple neural network for collision detection of collaborative robots [J]. Sensors, 2021, 21(12): 4235.

[14] 张瑞秋, 韩威, 洪阳慧. 人机共融产品的开发与服务体系研究综述 [J]. 包装工程, 2021, 42(8): 1–11.

[15] Teli T A, Wani M A. A fuzzy based local minima avoidance path planning in autonomous robots [J]. International Journal of Information Technology, 2020, 13: 33–40.

第 2 章　驱动器运动智能

2.1　驱动器运动智能的定义

驱动器运动智能的定义为驱动器在面对不同场景需求时应具备的功能。作为底层执行单元, 驱动器运动智能将强化机器人运动性能基础, 更好地执行复杂且高要求的运动指令。有驱动器智能做基础, 机器人可更方便地实现复杂运动功能, 加快开发节奏。

2.2　智能驱动器的功能

智能驱动器应具备五大类技能, 如图 2–1 所示, 分别为: ① 基本技能——运动控制, 即位置、速度、加速度、力/力矩控制; ② 一技能——参数设置, 即运动性能、功能参数可调可变; ③ 二技能——状态反馈, 即与上位机进行数据交互, 可作为传感器使用; ④ 三技能——固件升级, 即在不拆机的情况下进行功能更新, 具有类似软件一样的更新机制; ⑤ 被动技能——自主决策, 即让驱动器自主处理一些突发状况, 减少上位机工作量, 使系统运行更加高效。

基本技能——运动控制：位置、速度、加速度、力/力矩控制
一技能——参数设置：运动性能、功能参数可调可变
二技能——状态反馈：与上位机进行数据交互
三技能——固件升级：在不拆机的情况下进行功能更新
被动技能——自主决策：让驱动器自主处理一些突发状况

图 2–1　智能驱动器五大类技能

2.2.1 运动控制类功能

运动控制是驱动器的基本功能。一般运动控制包含三大元素 —— 位置 [1]、速度 [2]、力/力矩 [3], 有时还会加上加速度控制。其中, 位置、速度、力/力矩合称驱动器控制 "三大闭环"。

虽是基本功能, 但也不是所有驱动器都必须实现上述参数的全方位控制。在很多场景中, 驱动器只需控制位置和速度。在有些对运动效果 (如柔顺度 [4]、平滑度 [5]) 要求高的场景中, 驱动器需要控制加速度 [6]。如遇对力度有要求的场景 (如抓持), 驱动器需要控制输出力/力矩。

按照输出运动形式, 驱动器可分为回转型驱动器和直线型驱动器。回转型驱动器输出转动, 绝大部分驱动器属于回转型 (图 2–2)。直线型驱动器的输出为直线运动, 如气缸 (图 2–3)、液压缸。部分回转型电动机经过丝杠等部件传动后可输出直线运动, 其整体形成一个直线型驱动器 (图 2–4)。对应地, 回转型驱动器运动控制量为角度、角速度、角加速度和力矩; 直线型驱动器运动控制量为直线距离、线速度、线加速度和力。

图 2–2 输出转动的回转型驱动器

图 2–3 输出直线运动的气缸

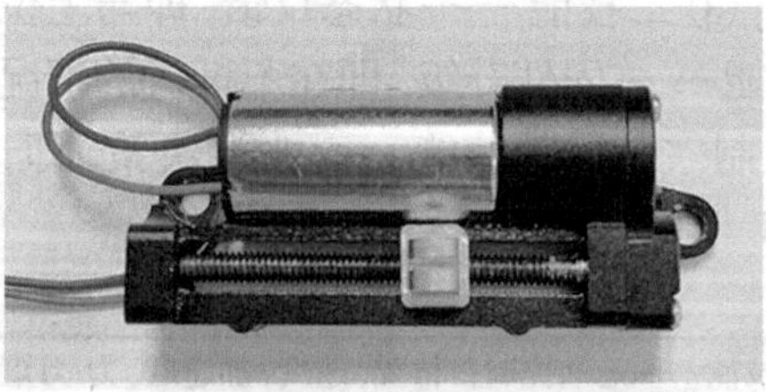

图 2–4 由回转型电动机传动构成的直线型驱动器

2.2.2 参数设置类功能

驱动器应该向主控制器开放修改其内部相关参数的权限。这些参数将涉及运动性能和功能。如此将方便机器人根据实际工作需求调整其运动状态。

例如, PID 参数 [7] 开放修改后可改变驱动器的刚度、柔顺等运动性能, 增加 P 值可增强其位置保持能力, 降低 P 值可增加柔度; 电流经设置后可控制驱动器的输出力; 设置驱动器可承受的电压、电流、温度上限可保护驱动器, 延长驱动器的使用寿命; 设置驱动器零点位置可实现对任意位置的角度标定 [8]; 设置自我保护反应时间可调整驱动器对极限状态的忍受时间, 即应对危险的灵敏度; 设置通信波特率可调整驱动器对指令的反应速度。当然如果参数设置次数过多、时间过长导致忘记当前参数, 可以通过状态反馈功能 (2.2.3 节阐述) 查询当前参数。因此参数设置和状态反馈功能应具有对应关系。除此以外, 还应配备恢复出厂设置功能, 让驱动器回归原始设置, 重新调整。

驱动器拥有参数设置功能后可灵活改变自身特性, 以便满足纷繁复杂的场景需求及应对诸多突发情况。

2.2.3 状态反馈类功能

驱动器还应该具备向主控制器反馈其状态的能力。驱动器处于运动执行的一线环境。军队中一线作战的士兵能够向上级汇报实时战况, 以便上级及时调整部署以应对瞬息万变的战场。驱动器是实现机器人运动的底层单元, 处于一线位置, 很多运动过程中的突发状态将由它首先感受并第一时间获取。因此驱动器应可作为传感器使用, 感知一些实时数据, 如位置、速度、加速度、力/力矩、电流、电压、温度。根据实际需求, 这些数据可以由驱动器主动反馈, 也可以由上位机查询。

驱动器拥有状态反馈功能后, 将使上位机与驱动器能够上下协同监控机器人运动状态、处理突发情况, 减少机器人系统中传感器的使用, 使系统更简洁, 降低出错率。

2.2.4 固件升级类功能

当今很多电子设备配备了更新功能, 在无须换机的情况下, 给用户带来与时俱进的使用体验。机器人也应具备相似能力, 即出厂时其运动方面不具备某种性能或功能, 用户可通过联网升级的方式使之拥有。上文提到机器人控制主要分为驱动器和主控制器两个层面, 其中主控制器升级类似于众多电子设备的软件升级, 较为直接。机器人与一般电子设备的不同点在于驱动器也需升级。例如, 通过升级使驱动器拥有碰撞检测功能, 能够检测与人体的碰撞; 通过升级使驱动器拥有记忆功能, 能够记住成熟的运动轨迹; 通过升级使驱动器拥有堵转保护功能, 使之在发生堵转或者夹手时能够停止运动等。

驱动器拥有固件升级功能后将不再是一成不变的, 能够在不拆机的情况下随机器人任务需求的更新而更新, 使机器人拥有学习和成长的能力。

2.2.5 自主决策类功能

如上所述, 驱动器处于运动执行一线, 能第一时间感知运动状态和突发情况。因此智能驱动器如果能够自主处理突发情况, 即拥有自主决策能力, 将极大地减轻主控制器的工作负担, 降低开发难度。

哪些情况可以由驱动器自主决策呢? 例如, 堵转保护、电流及电压保护、温度保护, 皆可由驱动器自主监控并采取措施; 运动趋势监测 [9]、运动跟随 [10]、运动助力 [11], 可由驱动器自主识别外力大小、方向和运动趋势, 并自主跟随或提供助力; 运动自适应 [12], 遇到阻碍时自动贴合障碍物并保持既定输出力; 阻抗控制, 遇到冲击时自主予以缓冲; 碰撞感知, 自主识别碰撞并根据碰撞强度决定急停、阻尼或待机。以上仅是部分列举, 面对诸多应用场景, 驱动器应拥有更加丰富的自主决策功能。

驱动器拥有自主决策功能后可实现任务型指令控制, 即上位机只需要告诉驱动器做什么任务, 驱动器根据任务需要自行设定参数, 自主完成。区别于参数型指令控制, 这将极大地简化机器人的开发难度, 利于机器人的普及。

参考文献

[1] 吴强, 李志军. 基于相平面 PID 的电动舵机位置闭环控制系统研究 [J]. 机械工程师, 2020(5): 128-130.

[2] 王有庆, 田涌涛, 王占杭, 等. 用PLC实现电机速度闭环控制 [J]. 机床与液压, 2002(3): 28-29.

[3] 朱小鸥, 冯晓云. 永磁同步电动机直接力矩控制的研究与仿真 [J]. 微电机, 2005, 38(6): 6-9.

[4] 黄浩晖. 机器人柔顺交互控制策略与运动规划研究 [D]. 广州: 华南理工大学, 2020.

[5] 刘蕾, 柳贺, 曾辉. 六自由度机器人圆弧平滑运动轨迹规划 [J]. 机械制造, 2014, 52(10): 4-5.

[6] 薛耀庭, 马瑞卿, 张震, 等. 基于加速度增量控制的无刷直流电机软起动技术研究 [J]. 微电机, 2018, 51(6): 30-33.

[7] 尹洪桥, 易文俊, 李璀璀, 等. 基于速度环模糊参数自适应PID算法的弹载无刷直流电机控制系统研究 [J]. 兵工学报, 2020, 41(z1): 30-38.

[8] 聂锕, 张幽彤. 永磁同步电机霍尔位置传感器自标定算法研究 [J]. 电机与控制应用, 2018, 45(4): 73-79.

[9] 葛田, 周鸣争. 一种基于运动趋势估计的行人检测算法 [J]. 电脑知识与技术, 2013, 9(3): 571-574.

[10] Dall B E, Eden S, Cho W, et al. Biomechanical analysis of motion following sacroiliac joint fusion using lateral sacroiliac screws with or without lumbosacral instrumented fusion [J]. Clinical Biomechanics, 2019, 68: 182-189.

[11] 黎帆, 李东兴, 王殿君, 等. 基于欠驱动并联索机构的肩关节助力外骨骼 [J]. 清华大学学报: 自然科学版, 2022(1): 141-148.

[12] Szczepanski R, Tarczewski T, Grzesiak L M. Application of optimization algorithms to adaptive motion control for repetitive process [J]. ISA Transactions, 2021, 115: 192-205.

第 3 章　智能电动机驱动器：轮毂模块控制

3.1　电动机驱动器的用途

电动机驱动器 [1] 一般用于连续转动的轮毂 [2] 模块控制场合。因为轮毂通常由电动机带动，所以更具体地说，电动机驱动器是用于驱动并控制电动机转动行为的一个控制模块。通常电动机只要通电，其转子 [3] 就会在通电线圈形成的磁场中转动。如果不对电流的大小、方向加以控制，电动机内部的磁场将是随机紊乱的，其转动速度也将不受控制，也就无法适应不同场景的转动需要。电动机驱动器通过控制电流，进而改变电动机内部磁场，使电动机的转动速度得到有效控制。

由于算法和整流电路 [4] 的不同，电动机驱动器对电流的控制结果丰富多样。简单的有开关式，复杂的有方波式 [5]、正弦式 [6] 及其他多种形式。不同的电流控制结果将导致电动机不同的转动效果。

3.2　智能电动机驱动器与普通电动机驱动器的区别

智能电动机驱动器可实现相互间的串联、并联或混联，最后留出一端与主控制器连接。而普通电动机驱动器一般只能各自与主控连接，导致系统内部线路庞杂。

相较于普通电动机驱动器，智能电动机驱动器内部增设单片机，单片机中运行复杂控制算法，根据算法结果向驱动部件发送控制信号。单片机的加入使得电动机驱动器可以扩展各类功能，为其智能化奠定了基础。

普通电动机驱动器仅控制电动机转速大小和方向，即实现电动机的运动控制。智能电动机驱动器除实现运动控制外，还考虑电动机面对的工作场景，实现转动角度控制、运动自适应、堵转保护、电流保护、电压保护、柔性模式等工作任务所需的智能功能。其中，角度控制可实现 “大范围” 角度控制，即 360° 以上角度的精确控制，如控制电动机转动 500°、1 000°、5 000° 等；也可实现类似舵机的有限绝对角度控制, 如控制电动机在 $[-180°, 180°]$ 区间内转动, 超出此范围则以范围边界为准。

3.3 智能电动机驱动器的使用方式

3.3.1 智能电动机驱动器的结构和电气连接方式

智能电动机驱动器一般用于控制含编码器的电动机。市面上常见的电动机驱动器形态各异, 且一般体积偏大, 能够连接不同种类的直流电动机并驱动其运行。智能电动机驱动器的结构包括主板、通信接口、电动机接口、驱动板固定孔, 它们相互搭配, 协同工作, 完成特定任务及项目需求。

智能电动机驱动器的电气连接依托于通信板、主控、电源以及一些对应的连接线。其中, 通信板用于辅助智能电动机驱动器与主控进行双向通信。智能电动机驱动器电气连接架构如图 3–1 所示, 主控先与通信板连接, 通信板连接电动机驱动器, 再转接至电动机; 驱动电源经过通信板和电动机驱动器给电动机供电, 信号电源给主控、通信板及电动机驱动器弱电部分供电。有时驱动电源和信号电源可由一块电池提供, 而仅在主控板电路或其他环节电路板内部做一下分区, 以便将驱动电源与信号电源隔离。

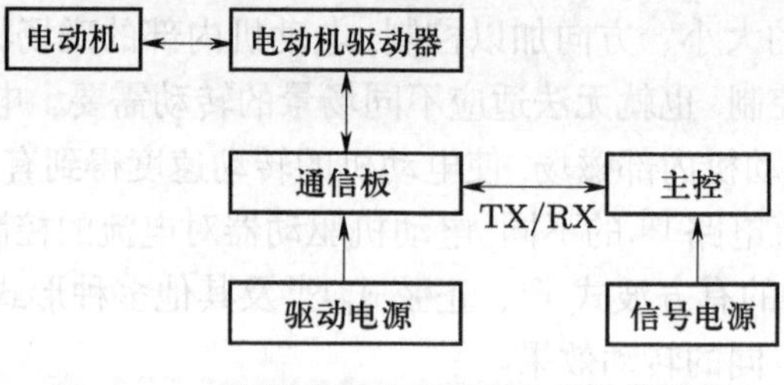

图 3–1 智能电动机驱动器电气连接架构

以大然芯力的智能电动机驱动器为例, 其为带 AB 双相增量式磁性霍尔编码器的直流减速电动机量身打造, 适配市面上常见规格的电动机, 即插即用, 连接方便快捷, 且结构小巧、精密。

智能电动机驱动器的结构包括四大部分 (图 3–2): 主板 (单片机)、通信接口、

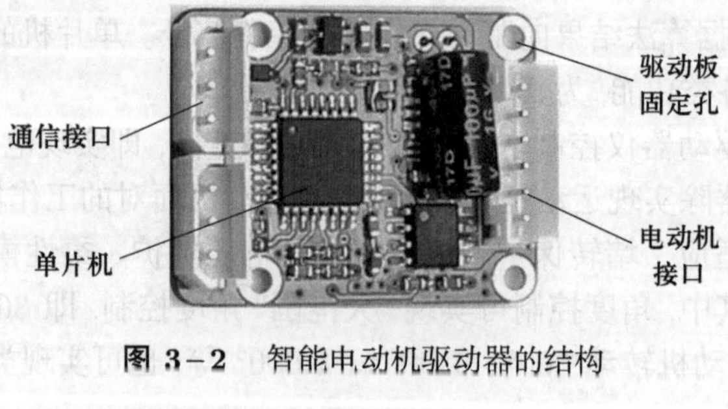

图 3–2 智能电动机驱动器的结构

电动机接口、驱动板固定孔。智能电动机驱动器预留了电动机专用端子, 板载的端子类型为 PH2.0-6pin, 通过配套的转接线可与带编码器的电动机连接; 智能电动机驱动器配备 3pin 通信接口, 可实现互相串联, 也可与大然芯力智能伺服舵机无缝连接且可直接连接通信板或转接板等, 扩展性强, 功能强大。

智能电动机驱动器的接口定义如图 3–3 所示。

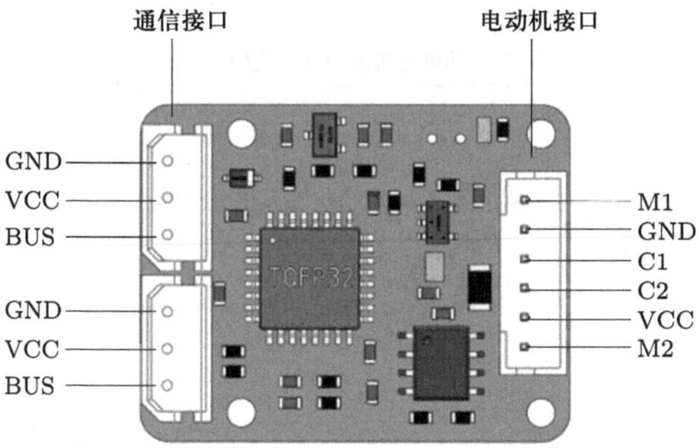

图 3–3 智能电动机驱动器的接口定义

通信接口: 给电动机驱动器供电和输入控制信号, 具体如下。

1) GND: 电源负极。

2) VCC: 电源正极, 电压值由电动机额定电压决定 ($5 \sim 12$ V)。

3) BUS: UART 单行串口线, 兼容大然芯力智能舵机。

电动机接口: 通过专用连接线连接电动机, 具体如下。

1) M1、M2: 直流电动机输入, 不分正反。

2) GND: 霍尔编码器负极。

3) VCC: 霍尔编码器正极。

4) C1、C2: 霍尔编码器信号输出, 不分正反。

大然芯力智能电动机驱动器在互相串联或连接其他产品 (非所驱动电动机) 时, 需要使用舵机连接线 (三线式结构, 末端采用 5264-3pin 端子, 三根线分别代表 BUS 信号线、VCC 电源线、GND 接地线)。智能电动机驱动器连接所驱动电动机时所用的连接线为专用的 6pin 电动机连接线, 连接电动机驱动器一侧的端子类型为 PH2.0-6pin。另一侧连接电动机的端子应根据实际使用的电动机的端子类型选取, 可分为三种: 标准型 PH2.0-6pin、小型 ZH1.5-6pin 和大型 XH2.53-6pin。端子的 6 根线与电动机接口含义相同。图 3–4 展示了标准型电动机接口。

大然芯力智能电动机驱动器有两种方式连接到上位机: 一种是连接通信板后连接到计算机; 另一种是连接通信板后连接到控制板。其中, 连接计算机有两种方法——连接标准通信板和连接迷你通信板, 用计算机软件控制电动机运行。

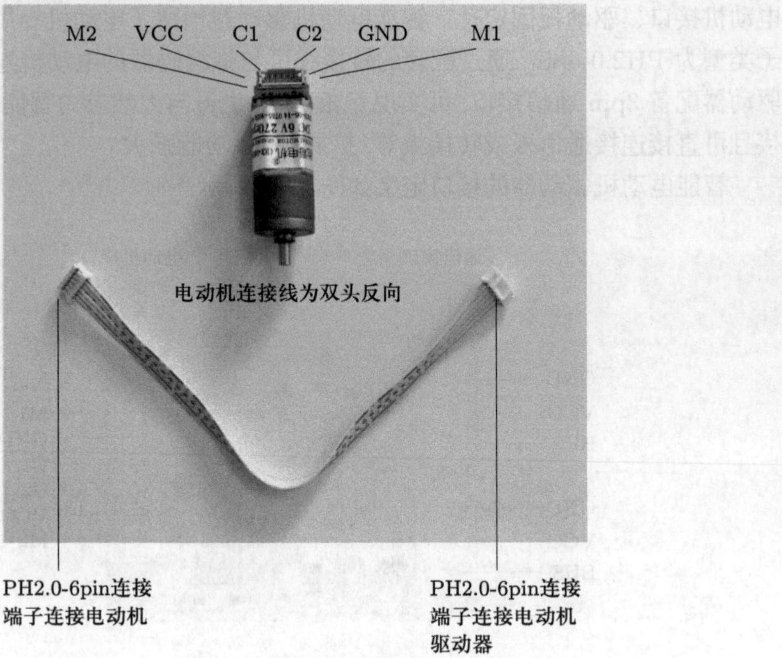

图 3-4　电动机及专用标准型电动机连接线

如图 3-5 所示, 智能电动机驱动器连接标准通信板时需要使用 6pin 电动机连接线将电动机接口与需要驱动的电动机相连 (连接电动机的端子规格要根据实际使用的电动机的接口类型确定)。使用舵机连接线将通信接口与通信板的通信接口相连, 并在通信板的供电接口供以直流电压 (供电电压根据连接电动机的电压要求

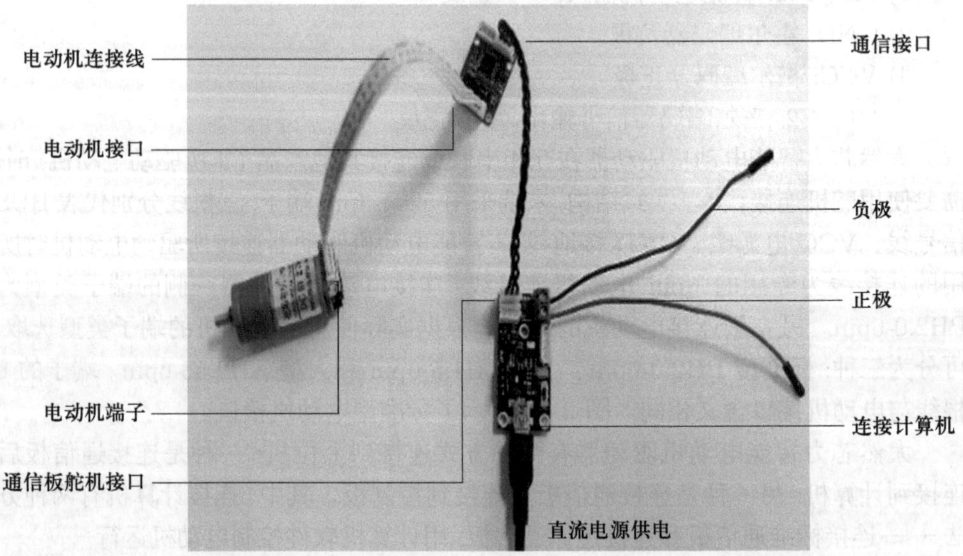

图 3-5　智能电动机驱动器连接标准通信板

决定, 可调整), 从而给电动机供电。再将通信板通过 mini-USB 连接线连接到计算机, 打开通信板开关, 即可通过计算机软件控制。

如图 3-6 所示, 连接迷你通信板时同样使用电动机连接线将电动机接口与需要驱动的电动机相连, 使用舵机连接线将通信接口与迷你通信板的通信接口相连, 并在迷你通信板的供电接口供以直流电压 (同上, 根据电动机额定电压确定)。迷你通信板需要使用 4P 杜邦线连接到 USB 转 TTL 模块 (图 3-7), 并将 USB 转 TTL 模块通过 mini-USB 连接线连接到计算机, 这样通过计算机软件即可控制电动机运行。

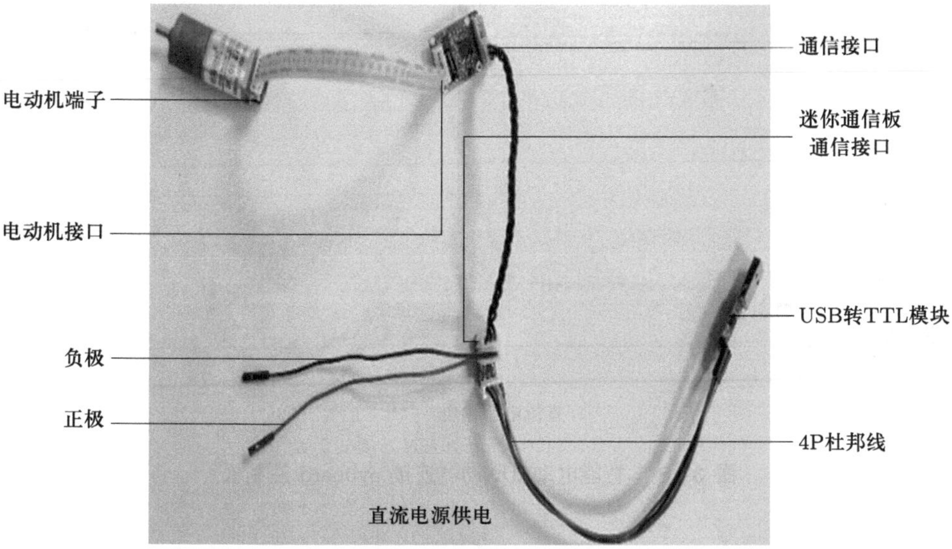

图 3-6 智能电动机驱动器连接迷你通信板

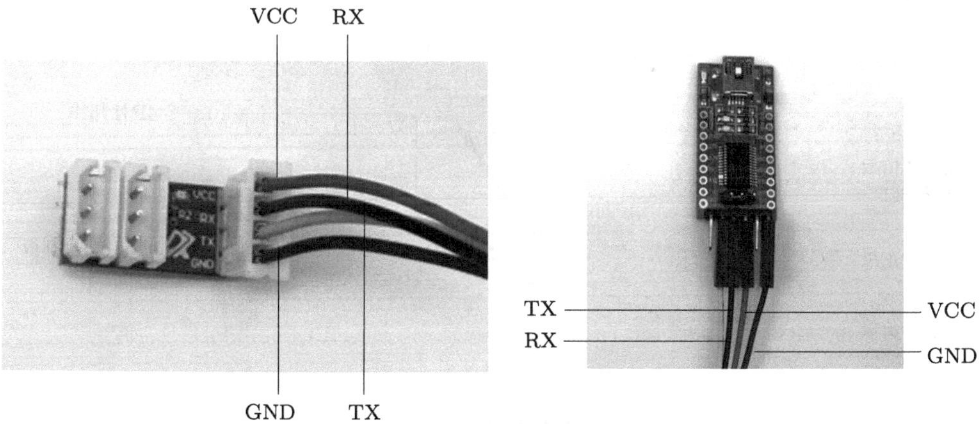

图 3-7 迷你通信板与 USB 转 TTL 模块连接

如图 3–8 至图 3–10 所示，智能电动机驱动器可以连接 pyboard 控制板、arduino 控制板、STM32 控制板。在连接这些控制板时，使用电动机连接线将电动机连接到智能电动机驱动器，再将电动机驱动器和迷你通信板通过舵机连接线相连。将通信板和控制板的串口引脚通过 4P 杜邦线相连（通信板的 VCC 接控制板

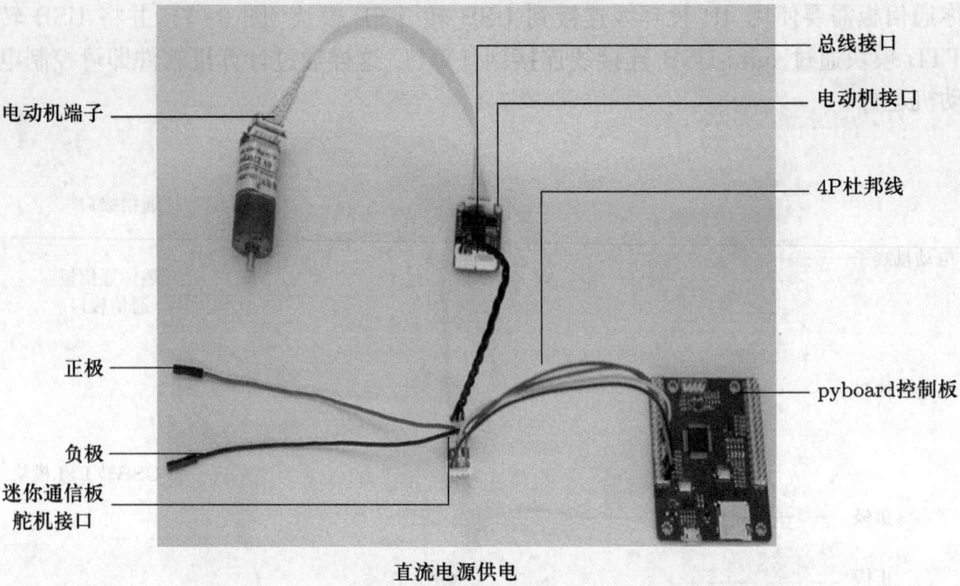

图 3–8 智能电动机驱动器连接 pyboard 控制板

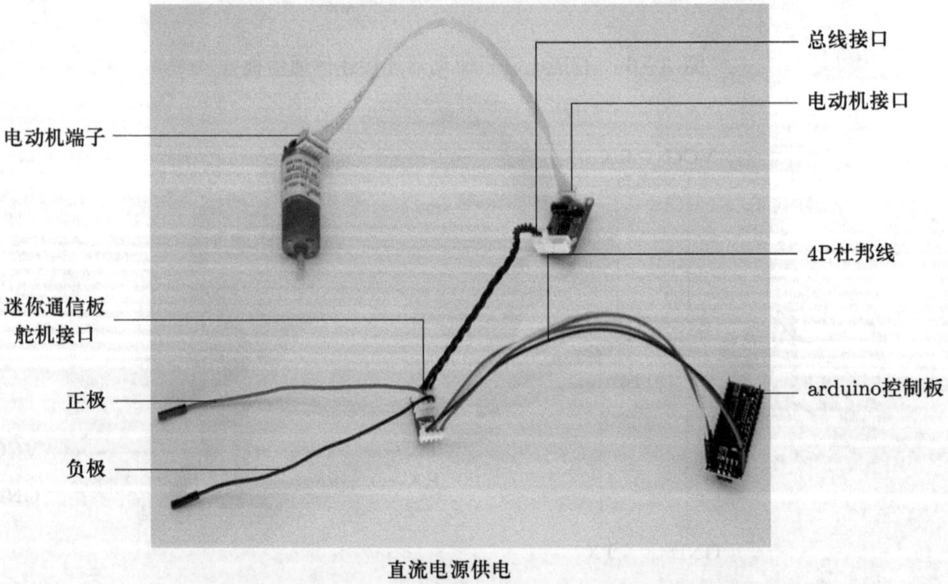

图 3–9 智能电动机驱动器连接 arduino 控制板

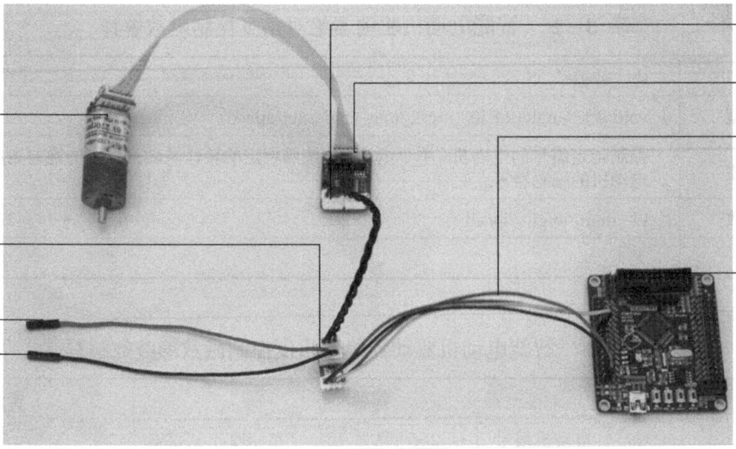

图 3－10 智能电动机驱动器连接 STM32 控制板

的 VCC, 通信板和控制板的 GND 连接共地, 通信板的 RX 接控制板的 TX, 通信板的 TX 接控制板的 RX)。在迷你通信板上给电动机通以直流电源供电, 再将控制板连接到计算机或自行供电, 即可通过控制板控制电动机运行。

3.3.2 智能电动机驱动器的使用及编程库函数

智能电动机驱动器具有强大且多样的功能, 为了方便用户更好地使用智能电动机驱动器以满足各类需求, 厂家会开放电动机驱动器控制库函数, 调用这些函数即可实现相应的功能。

仍以大然芯力智能电动机驱动器为例, 该类智能电动机驱动器通过库函数可以实现位置、转速、力矩闭环控制, 支持多种电动机控制模式, 能够满足多种场景的使用需求。

智能电动机驱动器库函数按功能划分为四大类: 运动控制函数、数据回读函数、参数设置函数、初始化函数。其可实现单一或多个电动机的角度设置、转速设置, 获取电动机当前状态、电动机当前参数, 改变电动机模式、ID 号、波特率, 读写电动机编码器脉冲数、电动机 EEPROM 参数 [7], 进行电动机编码器方向标定, 设置电动机编码器零点, 解锁电动机保护状态等功能。

3.3.2.1 运动控制函数

(1) 单个电动机绝对角度控制

智能电动机驱动器可驱动电动机以一定转速转动到确定的角度, 该角度以编码器零点位置为起始点, 逆时针为正, 顺时针为负。该角度也称绝对角度, 所用函数为 set_angle( ), 其解释如表 3－1 和表 3－2 所示。

表 3-1 智能电动机驱动器绝对角度控制函数解释

函数名	set_angle
函数原型	void set_angle(int id_num, float angle, int speed)
功能描述	控制指定编号的电动机 (单个电动机) 按照指定的转速转动到指定的绝对角度 (相对于电动机的编码器零点而言)
输入参数	id_num, angle, speed
返回值	无

表 3-2 智能电动机驱动器绝对角度控制函数的参数解释

序号	参数	解释	备注
1	id_num	电动机编号 0 ~ 255 (除去 121、126、127) 共 253 个 ID; 121 号为广播编号, 即所有电动机都会接收到控制指令并执行	设置完毕后, 请留出足够的转动时间, 以避免电动机尚未转到指定角度而被下一条转动指令打扰
2	angle	电动机角度 ($-360°$ ~ $360°$)	
3	speed	转速 (r/min)	

例 3.1 /* 采用广播编号, 设置电动机以 100 r/min 转速转至 90°*/

```
set_angle(121,90,100);    //注意调用库函数时,应该遵循所在编程环境的调用方法,
                            这里省略了
```

(2) 单个电动机相对角度控制

智能电动机驱动器可驱动电动机以一定转速转动确定的角度, 该角度以转动开始位置为起始点, 逆时针为正, 顺时针为负。该角度也称相对角度, 所用函数为 step_angle( ), 其解释如表 3-3 和表 3-4 所示。

表 3-3 智能电动机驱动器相对角度控制函数解释

函数名	step_angle
函数原型	void step_angle(int id_num, float angle, int speed)
功能描述	控制指定编号的电动机 (单个电动机) 按照指定的转速转动到指定的相对角度 (相对于电动机当前位置而言)
输入参数	id_num, angle, speed
返回值	无

表 3-4 智能电动机驱动器相对角度控制函数的参数解释

序号	参数	解释	备注
1	id_num	电动机编号 0 ~ 255 (除去 121、126、127) 共 253 个 ID; 121 号为广播编号, 即所有电动机都会接收到控制指令并执行	设置完毕后, 请留出足够的转动时间, 以避免电动机尚未转到指定角度而被下一条转动指令打扰
2	angle	电动机角度 ($-360°$ ~ $360°$) + (-100 ~ 100) 转	
3	speed	转速 (r/min)	

例 3.2 /* 采用广播编号, 设置电动机以 100 r/min 转速转动 90°*/

```
step_angle(121,90,100);
```

(3) 多个电动机按照指定的转速转动到指定的绝对角度

对应于单个电动机绝对角度控制, 智能电机驱动器还可以同时控制多个电动机转动绝对角度, 所用函数为 set_angles( ), 其解释如表 3–5 和表 3–6 所示。

表 3–5 智能电动机驱动器指定多个电动机绝对角度控制函数解释

函数名	set_angles
函数原型	void set_angles(int id_list[20], float angle_list[20], int speed_list[20], int n)
功能描述	控制多个指定编号的电动机按照指定的转速转动到指定的绝对角度
输入参数	id_list, angle_list, speed_list, n
返回值	无

表 3–6 智能电动机驱动器指定多个电动机绝对角度控制函数的参数解释

序号	参数	解释	备注
1	id_list	电动机编号组成的列表	1) 若使用 0 号电动机, 则需将 0 号电动机放在 id_list 的第一个, 否则会丢掉 0 号电动机 2) 函数执行后, 请留出足够的转动时间
2	angle_list	电动机角度组成的列表	
3	speed_list	转速 (r/min) 组成的列表	
4	n	该条指令中需要控制的电动机数目, 根据实际电动机数目填写	

例 3.3 /* 控制 1、2、3 号电动机以 100 r/min 的转速转动到 150° */

```
//定义所需数组
int id_list[20]={1,2,3};     //设置多个电动机的ID号
float angle_list[20]={150,150,150};     //设置多个电动机的角度
int speed_list[20]={100,100,100};     //设置多个电动机的转速
set_angles(id_list,angle_list,speed_list,3);     //调用函数
```

(4) 控制多个电动机按照指定的转速转动指定的相对角度

对应于单个电动机相对角度控制, 智能电动机驱动器还可以同时控制多个电动机转动相对角度, 所用函数为 step_angles( ), 其解释如表 3–7 和表 3–8 所示。

表 3–7 智能电动机驱动器指定多个电动机相对角度控制函数解释

函数名	step_angles
函数原型	void step_angles(int id_list[20], float angle_list[20], int speed_list[20],int n)
功能描述	控制多个指定编号的电动机按照指定的转速转动指定的相对角度
输入参数	id_list, angle_list, speed_list, n
返回值	无

表 3-8　智能电动机驱动器指定多个电动机相对角度控制函数的参数解释

序号	参数	解释	备注
1	id_list	电动机编号组成的列表	1) 若使用 0 号电动机, 需将 0 号电动机放在 id_list 第一个, 否则会丢掉 0 号电动机 2) 函数执行后, 请留出足够的转动时间
2	angle_list	电动机角度组成的列表	
3	speed_list	转速 (r/min) 组成的列表	
4	n	该条指令中需要控制的电动机数目, 根据实际电动机数目填写	

例 3.4　/* 控制 1、2、3 号电动机以 100 r/min 的转速转动 150° */

```
//定义所需数组
int id_list[20]={1,2,3};
float angle_list[20]={150,150,150};
int speed_list[20]={100,100,100};
step_angles(id_list,angle_list,speed_list,3);    //调用函数
```

(5) 设置单个电动机连续转动模式下的转速

智能电动机驱动器可驱动电动机以一定转速转动, 所用函数为 set_speed( ), 其解释如表 3-9 和表 3-10 所示

表 3-9　智能电动机驱动器转速控制函数解释

函数名	set_speed
函数原型	void set_speed(int id_num, int speed, int oc)
功能描述	设置连续转动模式下电动机转速
输入参数	id_num, speed, oc
返回值	无

表 3-10　智能电动机驱动器转速控制函数的参数解释

序号	参数	解释
1	id_num	电动机编号, 即要设置第几号电动机的转速, 这里可以用广播编号
2	speed	电动机转速, 在 oc 取不同值时含义不同: 1) 在开环模式 (oc = 0) 下, 表示 PWM 占空比, 范围为 −1 000 ∼ 1 000, 分别对应 −100% ∼ 100%; 2) 在闭环模式 (oc = 1) 下, 表示转速, 单位为 r/min, 范围为负最大转速 (−MaxSpeed) 至最大转速 (MaxSpeed)
3	oc	转速控制开环/闭环控制位, oc = 0 为转速开环, oc = 1 为转速闭环

例 3.5　/* 设置连续转动模式下的电动机转速 */

```
set_speed(1,500,1);    //设置1号电动机正转,转速为500 r/min,转速为闭环控制
```

(6) 设置多个电动机连续转动模式下的转速

对应于单个电动机的转速控制, 智能电动机驱动器还可控制多个电动机以一定转速转动, 所用函数为 set_speeds( ), 其解释如表 3-11 和表 3-12 所示。

表 3-11 智能电动机驱动器多个电动机转速控制函数解释

函数名	set_speeds
函数原型	void set_speeds(int id_list, int speed_list, int oc, int n)
功能描述	设置多个电动机的转速
输入参数	id_list, speed_list, oc, n
返回值	无

表 3-12 智能电动机驱动器多个电动机转速控制函数的参数解释

序号	参数	解释
1	id_list	电动机编号组成的列表
2	speed_list	转速列表, 在 oc 取不同值时含义不同; 1) 在开环模式下 (oc = 0), 表示 PWM 占空比, 范围为 $-1\ 000 \sim 1\ 000$, 分别对应 $-100\% \sim 100\%$; 2) 在闭环模式下, 表示转速, 单位为 r/min, 范围为负最大转速 (−MaxSpeed) 至最大转速 (MaxSpeed)
3	oc	转速控制开环/闭环控制位, oc = 0 为转速开环, oc = 1 为转速闭环
4	n	该条指令中需要控制的电动机数目, 根据实际电动机数目填写

例 3.6 /* 设置 1、2 号电动机转速分别为 200 r/min, 300 r/min, 且为转速闭环 */

```
int id_list = {1,2};
int speed_list = {200,300};
set_speeds(id_list, speed_list, 1);
```

(7) 设置电动机的扭矩

智能电动机驱动器可控制电动机以一定扭矩转动, 所用函数为 set_torque( ), 其解释如表 3-13 和表 3-14 所示。

表 3-13 智能电动机驱动器扭矩控制函数解释

函数名	set_torque
函数原型	void set_torque (int id_num, double torque)
功能描述	设置电动机的扭矩
输入参数	id_num, torque
返回值	无

表 3-14 智能电动机驱动器扭矩控制函数的参数解释

序号	参数	解释
1	id_num	电动机编号, 即要设置第几号电动机的扭矩, 这里可以用广播编号
2	torque	参数范围为 $-5 \sim 5$; 参数为正, 电动机为正转, 反之为反转; 参数绝对值越大, 电动机扭矩相对越大, 单位为当前近似的电流 (力矩) 值

例 3.7 /* 修改 1 号电动机力矩参数为 0.5*/

```
set_torque(1,0.5);
```

3.3.2.2 数据回读函数

(1) 获取电动机当前 ID 号

智能电动机驱动器可读取电动机 ID 号, 所用函数为 get_id( ), 其解释如表 3-15 和表 3-16 所示。

表 3-15 智能电动机驱动器获取电动机 ID 号函数解释

函数名	get_id
函数原型	int get_id (int id_num)
功能描述	获取电动机当前 ID 号
输入参数	id_num
返回值	电动机当前 ID 号

表 3-16 智能电动机驱动器获取电动机 ID 号函数的参数解释

序号	参数	解释
1	id_num	电动机编号, 被查询电动机的 ID 号, 一般只连接 1 个电动机, 即 ID 号设为 121

例 3.8 /* 返回电动机当前 ID 号 */

```
int getdata_flag;     //定义函数返回值的存储变量,无须函数返回时可不定义
getdata_flag = get_id (121);
```

(2) 获取电动机当前位置

智能电动机驱动器可读取电动机当前位置, 所用函数为 get_angle( ), 其解释如表 3-17 和表 3-18 所示。

表 3-17 智能电动机驱动器获取电动机当前位置函数解释

函数名	get_angle
函数原型	float get_angle (int id_num)
功能描述	获取电动机当前位置
输入参数	id_num
返回值	电动机当前位置, 单位为 °

表 3-18 智能电动机驱动器获取电动机当前位置函数的参数解释

序号	参数	解释
1	id_num	电动机编号, 即要获取的是第几号电动机

例 3.9 /* 返回 1 号电动机当前位置 (角度) */

```
float getdata_flag;     //定义函数返回值的存储变量,无须函数返回时可不定义
getdata_flag = get_angle (1);
```

(3) 获取电动机当前转速

智能电动机驱动器可读取电动机当前转速, 所用函数为 get_curspeed( ), 其解释如表 3–19 和表 3–20 所示。

表 3–19 智能电动机驱动器获取电动机当前转速函数解释

函数名	get_curspeed
函数原型	float get_curspeed (int id_num)
功能描述	获取电动机当前转速
输入参数	id_num
返回值	电动机当前转速, 单位为输出占空比, 如 100 代表 100%

表 3–20 智能电动机驱动器获取电动机当前转速函数的参数解释

序号	参数	解释
1	id_num	电动机编号, 即要获取的是第几号电动机

例 3.10 /* 返回 1 号电动机当前转速 */

```
float getdata_flag;     //定义函数返回值的存储变量,无须函数返回时可不定义
getdata_flag = get_curspeed (1);
```

(4) 获取电动机当前目标转速

智能电动机驱动器可读取电动机当前目标转速, 所用函数为 get_expspeed( ), 其解释如表 3–21 和表 3–22 所示。

表 3–21 智能电动机驱动器获取电动机当前目标转速函数解释

函数名	get_expspeed
函数原型	float get_expspeed (int id_num)
功能描述	获取电动机当前目标转速
输入参数	id_num
返回值	电动机当前目标转速, 单位为输出占空比, 如 100 代表 100%

表 3–22 智能电动机驱动器获取电动机当前目标转速函数的参数解释

序号	参数	解释
1	id_num	电动机编号, 即要获取的是第几号电动机

例 3.11 /* 返回 1 号电动机目标转速 */

```
float getdata_flag;     //定义函数返回值的存储变量,无须函数返回时可不定义
getdata_flag = get_expspeed (1);
```

(5) 获取电动机当前电流

智能电动机驱动器可读取电动机当前电流, 所用函数为 get_current( ), 其解释如表 3-23 和表 3-24 所示。

表 3-23 智能电动机驱动器获取电动机当前电流函数解释

函数名	get_current
函数原型	int get_current (int id_num)
功能描述	获取电动机当前电流
输入参数	id_num
返回值	电动机当前电流, 单位为 A

表 3-24 智能电动机驱动器获取电动机电流函数的参数解释

序号	**参数**	**解释**
1	id_num	电动机编号, 即要获取的是第几号电动机

例 3.12 /* 返回 1 号电动机当前电流 */

```
float getdata_flag;     //定义函数返回值的存储变量,无须函数返回时可不定义
getdata_flag = get_current(1);
```

(6) 获取电动机当前电压

智能电动机驱动器可读取电动机当前电压, 所用函数为 get_voltage( ), 其解释如表 3-25 和表 3-26 所示。

表 3-25 智能电动机驱动器获取电动机当前电压函数解释

函数名	get_voltage
函数原型	float get_voltage (int id_num)
功能描述	获取电动机当前电压
输入参数	id_num
返回值	电动机当前电压, 单位为 V

表 3-26 智能电动机驱动器获取电动机当前电压函数的参数解释

序号	**参数**	**解释**
1	id_num	电动机编号, 即要获取的是第几号电动机

例 3.13 /* 返回 1 号电动机当前电压 */

```
float getdata_flag;      //定义函数返回值的存储变量,无须函数返回时可不定义
getdata_flag = get_voltage (1);
```

(7) 获取电动机当前温度

智能电动机驱动器可读取电动机当前温度，所用函数为 get_temperature( )，其解释如表 3-27 和表 3-28 所示。

表 3-27 智能电动机驱动器获取电动机当前温度函数解释

函数名	get_temperature
函数原型	int get_temperature (int id_num)
功能描述	获取电动机当前温度
输入参数	id_num
返回值	电动机当前温度，单位为 °C

表 3-28 智能电动机驱动器获取电动机当前温度函数的参数解释

序号	参数	解释
1	id_num	电动机编号，即要获取的是第几号电动机

例 3.14 /* 返回 1 号电动机当前温度 */

```
float getdata_flag;      //定义函数返回值的存储变量,无须函数返回时可不定义
getdata_flag = get_temperature (1);
```

(8) 获取电动机当前通信波特率

智能电动机驱动器可读取电动机当前通信波特率，所用函数为 get_baudrate( )，其解释如表 3-29 和表 3-30 所示。

表 3-29 智能电动机驱动器获取电动机当前通信波特率函数解释

函数名	get_baudrate
函数原型	int get_baudrate (int id_num)
功能描述	获取电动机当前通信波特率
输入参数	id_num
返回值	电动机当前通信波特率

表 3-30 智能电动机驱动器获取电动机当前通信波特率函数的参数解释

序号	参数	解释
1	id_num	电动机编号，即要获取的是第几号电动机

例 3.15 /* 返回 1 号电动机当前通信波特率 */

```
int getdata_flag;     //定义函数返回值的存储变量,无须函数返回时可不定义
getdata_flag = get_baudrate (1);
```

(9) 获取电动机当前控制模式

智能电动机驱动器可读取电动机当前控制模式, 所用函数为 get_ctrlmode( ), 其解释如表 3-31 和表 3-32 所示。

表 3-31 智能电动机驱动器获取电动机当前控制模式函数解释

函数名	get_ctrlmode
函数原型	int get_ctrlmode (int id_num)
功能描述	获取电动机当前控制模式
输入参数	id_num
返回值	电动机当前控制模式

表 3-32 智能电动机驱动器获取电动机当前控制模式函数的参数解释

序号	参数	解释
1	id_num	电动机编号, 即要获取的是第几号电动机

例 3.16 /* 返回 1 号电动机当前控制模式 */

```
int getdata_flag;     //定义函数返回参数值存储变量,无须函数返回时可不定义
getdata_flag = get_ctrlmode (1);
```

(10) 获取电动机当前堵转状态

智能电动机驱动器可读取电动机当前堵转状态, 所用函数为 get_stallcase( ), 其解释如表 3-33 和表 3-34 所示。

表 3-33 智能电动机驱动器获取电动机当前堵转状态函数解释

函数名	get_stallcase
函数原型	int get_stallcase (int id_num)
功能描述	获取电动机当前堵转状态
输入参数	id_num
返回值	电动机当前堵转状态, 0 表示未进入堵转, 1 表示进入堵转

表 3-34 智能电动机驱动器获取电动机当前堵转状态函数的参数解释

序号	参数	解释
1	id_num	电动机编号, 即要获取的是第几号电动机

例 3.17 /* 返回 1 号电动机当前堵转状态 */

```
int getdata_flag;     //定义函数返回值的存储变量,无须函数返回时可不定义
getdata_flag = get_stallcase (1);
```

(11) 获取电动机当前转过的圈数

智能电动机驱动器可读取电动机当前转过的圈数, 所用函数为 get_circle( ), 其解释如表 3-35 和表 3-36 所示。

表 3-35 智能电动机驱动器获取电动机当前转过的圈数函数解释

函数名	get_circle
函数原型	int get_circle (int id_num)
功能描述	获取电动机当前转过的圈数
输入参数	id_num
返回值	电动机当前转过的圈数, 单位为圈

表 3-36 智能电动机驱动器获取电动机当前转过的圈数函数的参数解释

序号	参数	解释
1	id_num	电动机编号, 即要获取的是第几号电动机

例 3.18 /* 返回 1 号电动机当前转过的圈数 */

```
int getdata_flag;     //定义函数返回值的存储变量,无须函数返回时可不定义
getdata_flag = get_circle (1);
```

(12) 获取电动机当前停止状态

智能电动机驱动器可读取电动机当前停止状态, 所用函数为 get_stop_flag( ), 其解释如表 3-37 和表 3-38 所示。

表 3-37 智能电动机驱动器获取电动机当前停止状态函数解释

函数名	get_stop_flag
函数原型	int get_stop_flag (int id_num)
功能描述	获取电动机当前停止状态
输入参数	id_num
返回值	电动机当前停止状态, 但没有到达目标位置, stop_flag=0; 当电动机转动到目标位置后, stop_flag=1

表 3-38 智能电动机驱动器获取电动机当前停止状态函数的参数解释

序号	参数	解释
1	id_num	电动机编号, 即要获取的是第几号电动机

例 3.19 /* 返回 1 号电动机当前停止状态 */

```
int getdata_flag;        //定义函数返回值的存储变量,无须函数返回时可不定义
getdata_flag = get_stop_flag (1);
```

(13) 获取电动机当前扭矩值 (PWM 占空比)

智能电动机驱动器可读取电动机当前扭矩值, 所用函数为 get_curtorque( ), 其解释如表 3-39 和表 3-40 所示。

表 3-39 智能电动机驱动器获取电动机当前扭矩值函数解释

函数名	get_curtorque
函数原型	int get_curtorque (int id_num)
功能描述	获取电动机当前扭矩值 (PWM 占空比)
输入参数	id_num
返回值	电动机当前扭矩值, 用 PWM 占空比表示, 单位为%

表 3-40 智能电动机驱动器获取电动机当前扭矩值函数的参数解释

序号	参数	解释
1	id_num	电动机编号, 即要获取的是第几号电动机

例 3.20 /* 返回 1 号电动机当前扭矩值 (PWM 占空比)*/

```
int getdata_flag;        //定义函数返回值的存储变量,无须函数返回时可不定义
getdata_flag = get_curtorque (1);
```

(14) 读取电动机编码器脉冲数值

智能电动机驱动器可读取电动机编码器脉冲数值, 所用函数为 read_ppr( ), 其解释如表 3-41 和表 3-42 所示。

表 3-41 智能电动机驱动器读取电动机编码器脉冲数值函数解释

函数名	read_ppr
函数原型	int read_ppr (int id_num)
功能描述	读取电动机的编码器脉冲数值
输入参数	id_num
返回值	电动机的编码器脉冲数值

表 3-42 智能电动机驱动器读取电动机编码器脉冲数值函数的参数解释

序号	参数	解释
1	id_num	电动机编号, 总线上只有一个电动机时可以用广播编号 121

例 3.21 /* 读取 1 号电动机编码器脉冲数值 */

```
int m;      //任意定义变量
m = read_ppr(1);    //m为1号电动机编码器脉冲数值
```

(15) 读取 EEPROM 中指定位置的电动机参数值

智能电动机驱动器可读取电动机 EEPROM 中指定位置的电动机参数值, 所用函数为 read_e2( ), 其解释如表 3-43 和表 3-44 所示。

表 3-43 智能电动机驱动器读取参数函数解释

函数名	read_e2
函数原型	int read_e2(int id_num, int address)
功能描述	读取 EEPROM 中指定位置的电动机参数值
输入参数	id_num, address
返回值	EEPROM 中对应位置的值

表 3-44 智能电动机驱动器读取参数函数的参数解释

序号	参数	解释
1	id_num	电动机编号, 总线上只有一个电动机时可以用广播编号 121
2	address	EEPROM 中的相对位置编号, 0 代表 0x00, 以此类推, 每一位的具体含义如表 3-65 所示

例 3.22 /* 读取 1 号电动机的 ID 号 */

```
int m;      //任意声明变量或数组
m = read_e2(1, 0);    //此时m的值为1号电动机的ID号
```

(16) 读取 EEPROM 中电动机的全部参数值

智能电动机驱动器可读取电动机 EEPROM 中的全部参数值, 所用函数为 read_e2_all( ), 其解释如表 3-45 和表 3-46 所示。

表 3-45 智能电动机驱动器读取全部参数函数解释

函数名	read_e2_all
函数原型	int read_e2_all (int id_num)
功能描述	读取 EEPROM 中的全部参数值
输入参数	id_num
返回值	返回电动机全部参数值

读取 EEPROM 中全部的参数值, 保存在全局变量 e2_data 数组中。

表 3-46 智能电动机驱动器读取全部参数函数的参数解释

序号	参数	解释
1	id_num	电动机编号, 总线上只有一个电动机时可以用广播编号 121

例 3.23 /* 读取 1 号电动机的全部参数值 */

```
read_e2_all (1);    //此时1号电动机的全部参数值可在e2_data全局变量数组中查看
```

3.3.2.3 参数设置函数

(1) 设置电动机编号

智能电动机驱动器可设置电动机编号, 所用函数为 set_id( ), 其解释如表 3-47 和表 3-48 所示。

表 3-47 智能电动机驱动器设置电动机编号函数解释

函数名	set_id
函数原型	void set_id(int id_num, int id_new)
功能描述	设置电动机编号
输入参数	id_num, id_new
返回值	无

表 3-48 智能电动机驱动器设置电动机编号函数的参数解释

序号	参数	解释
1	id_num	需要重新设置编号的电动机编号, 如果不知道电动机当前编号, 可以用广播编号 121, 但是这时总线上只能连一个电动机, 否则多个电动机会被设置成相同编号
2	id_new	新电动机编号, 电动机编号范围 0~255 (除去 121、126、127, 共 253 个), 默认为 0

例 3.24 /* 将原编号为 1 的电动机设置新编号为 2 */

```
set_id(1,2);
```

(2) 设置电动机通信波特率

智能电动机驱动器可设置电动机通信波特率, 所用函数为 set_baud( ), 其解释如表 3-49 和表 3-50 所示。

表 3-49 智能电动机驱动器设置通信波特率函数解释

函数名	set_baud
函数原型	void set_baud (int id_num, int baud)
功能描述	设置电动机通信波特率
输入参数	id_num, baud
返回值	无

表 3-50 智能电动机驱动器设置通信波特率函数的参数解释

序号	参数	解释
1	id_num	电动机编号, 即要设置第几号电动机的通信波特率
2	baud	要设置的通信波特率, 可设置的列表为 [19 200, 57 600, 115 200, 230 400, 500 000, 1 000 000]

例 3.25 /* 设置编号为 1 的电动机的波特率为 115 200 */

```
set_baud(1,115200);
```

(3) 改变电动机模式

智能电动机驱动器可设置电动机模式, 所用函数为 set_mode( ), 其解释如表 3-51 和表 3-52 所示。

表 3-51 智能电动机驱动器改变电动机模式函数解释

函数名	set _mode
函数原型	void set_mode(int id_num, int mode_num)
功能描述	改变电动机模式
输入参数	id_num, mode_num
返回值	无

电动机有 4 种模式: 阻尼模式、锁死模式、待机模式、连续转动模式。

1) 当处于阻尼模式时, 电动机可以被掰动, 但是电动机具有阻力。

2) 当处于锁死模式时, 电动机控制程序启动, 将电动机固定在某个角度, 不能被掰动。

3) 当处于待机模式时, 电动机可以被随意被掰动, 阻力很小。

4) 当处于连续转动模式时, 电动机变成减速电动机, 可以在指定转速下连续转动。

表 3-52 智能电动机驱动器改变电动机模式函数的参数解释

序号	参数	解释
1	id_num	电动机编号, 总线上只有一个电动机时可以用广播编号 121
2	mode_num	用来选择不同的模式: 1) mode_num=1, 阻尼模式; 2) mode_num=2, 锁死模式; 3) mode_num=3, 待机模式; 4) mode_num=4, 连续转动模式

例 3.26 /* 设置电动机为阻尼模式 */

```
set_mode(121,1);     //121为电动机(共同) ID号, 1代表阻尼模式
```

(4) 解锁电动机保护状态

智能电动机驱动器可解锁电动机保护状态, 所用函数为 unlock_stall( ), 其解释如表 3-53 和表 3-54 所示。

表 3-53 智能电动机驱动器解锁电动机保护状态函数解释

函数名	unlock_stall
函数原型	void unlock_stall (int id_num)
功能描述	解锁电动机保护状态
输入参数	id_num
返回值	无

在电动机进入保护状态 (过载保护、电压保护、温度保护) 后, 不响应电动机转动指令, 电动机回读及修改 EEPROM 指令仍可使用。在排除导致电动机保护的原因后 (负载、供电电压、温度过高), 可通过本条指令或重新上电解锁保护状态。

1) 过载保护, 即电动机因负载过大进入自我保护状态。

2) 电压保护, 电动机允许的供电范围为 6~12 V, 不在该范围内则进入保护状态。

3) 温度保护, 在长时间大负载运转或堵转导致电动机过热时, 进入温度保护状态, 默认触发温度保护值为 60 °C (触发保护值可通过修改 EEPROM 设置)。

表 3-54 智能电动机驱动器解锁电动机保护状态函数的参数解释

序号	参数	解释
1	id_num	电动机编号, 总线上只有一个电动机时可以用广播编号 121

例 3.27 /* 解锁 1 号电动机保护状态 */

```
unlock_stall(1);
```

(5) 电动机编码器方向标定

智能电动机驱动器可标定电动机编码器方向, 所用函数为 calibrate_hall( ), 其解释如表 3-55 和表 3-56 所示。

表 3-55 智能电动机驱动器编码器方向标定函数解释

函数名	calibrate_hall
函数原型	void calibrate_hall(int id_num)
功能描述	电动机编码器方向标定函数
输入参数	id_num
返回值	无

不同电动机编码器的接线方向会有所不同, 最终影响闭环控制, 所以在初次使用时, 需要首先调用该指令, 进行编码器方向标定。标定后驱动器会将对应参数保存下来, 所以正常情况下, 只需标定一次即可 (同一个电动机)。另外, 标定的同时会自动测试电动机最大转速 (MaxSpeed), 并同步更新 EEPROM 中 MaxSpeed 参数。

表 3-56　智能电动机驱动器编码器方向标定函数的参数解释

序号	参数	解释
1	id_num	电动机编号, 总线上只有一个电动机时可以用广播编号 121

例 3.28　/*1 号电动机编码器方向标定 */

```
calibrate_hall(1);
```

(6) 设置电动机编码器零点

智能电动机驱动器可设置电动机编码器零点, 所用函数为 set_zero_position( ), 其解释如表 3-57 和表 3-58 所示。

表 3-57　智能电动机驱动器设置电动机编码器零点函数解释

函数名	set_zero_position
函数原型	void set_zero_position (int id_num)
功能描述	设置电动机当前位置为编码器零点
输入参数	id_num
返回值	无

设置电动机当前位置为编码器的零点位置, 用于电动机的绝对角度控制方式。

表 3-58　智能电动机驱动器设置电动机编码器零点函数的参数解释

序号	参数	解释
1	id_num	电动机编号, 总线上只有一个电动机时可以用广播编号 121

例 3.29　/* 设置 1 号电动机当前位置为编码器零点 */

```
set_zero_position (1);
```

(7) 修改电动机当前正转方向

智能电动机驱动器可设置电动机正转方向, 即可设置逆时针方向为正或为负, 所用函数为 change_dir( ), 其解释如表 3-59 和表 3-60 所示。

表 3-59　智能电动机驱动器修改电动机当前正转方向函数解释

函数名	change_dir
函数原型	void change_dir (int id_num)
功能描述	修改电动机当前正转方向
输入参数	id_num
返回值	无

调用该函数, 可以将电动机正转方向设置为反向。例如, 当前正转方向为顺时针, 调用该函数后, 电动机正转方向改为逆时针, 以此类推。

表 3–60 智能电动机驱动器修改电动机当前正转方向函数的参数解释

序号	参数	解释
1	id_num	电动机编号, 即要设置的是第几号电动机

例 3.30 /* 修改 1 号电动机当前正转方向 */

```
change_dir (1);
```

(8) 配置电动机减速器及编码器参数

智能电动机驱动器可配置电动机减速器及编码器参数, 所用函数为 config_motor( ), 其解释如表 3–61 和表 3–62 所示。

表 3–61 智能电动机驱动器配置电动机参数函数解释

函数名	config_motor
函数原型	int config_motor (int id_num, int i, int ppr)
功能描述	配置电动机减速器及编码器参数
输入参数	id_num
返回值	无

配置电动机的齿轮减速比 i 及霍尔编码器基础脉冲数 ppr, 则该函数功能与 write_ppr 函数的基本一致, 两者参数的换算关系为 $\mathrm{PPR} = 4 \times \mathrm{i} \times \mathrm{ppr}$。

表 3–62 智能电动机驱动器配置电动机参数函数的参数解释

序号	参数	解释
1	id_num	电动机编号, 即要获取的是第几号电动机
2	i	齿轮减速比
3	ppr	电动机霍尔编码器基础脉冲数

例 3.31 /* 配置 1 号电动机减速器减速比为 50, 编码器参数的基础脉冲数为 11*/

```
config_motor (1,50,11);
```

(9) 写入电动机的编码器脉冲数值

智能电动机驱动器可写入电动机的编码器脉冲数值, 所用函数为 write_ppr( ), 其解释如表 3–63 和表 3–64 所示。

表 3-63　智能电动机驱动器写入编码器参数函数解释

函数名	write_ppr
函数原型	void write_ppr(int id_num, int PPR)
功能描述	写入电动机的编码器脉冲数值
输入参数	id_num, PPR
返回值	无

给电动机写入对应的编码器输出脉冲 PPR 数据。PPR 指电动机输出轴转动一圈编码器输出的脉冲数量。

表 3-64　智能电动机驱动器写入编码器参数函数的参数解释

序号	参数	解释
1	id_num	电动机编号, 总线上只有一个电动机时可以用广播编号 121
2	PPR	电动机的编码器输出脉冲, PPR = 4× 编码器基础脉冲数 × 电动机减速比, PPR = PPR_H × 100 + PPR_L

例 3.32　/* 写入 1 号电动机的编码器脉冲数值为 2 200*/

```
write_ppr(1,2200);
```

(10) 修改 EEPROM 中指定位置的电动机参数值

智能电动机驱动器可修改 EEPROM (表 3-65) 中指定位置的电动机参数值, 所用函数为 write_e2( ), 其解释如表 3-66 和表 3-67 所示。

表 3-65　EEPROM 表

编号	项目	描述	初始默认值	
00	ID	电动机编号	0x00	0
01	BAUDRATE	波特率选择	0x03	3
02	MotorDir	电动机方向	0x00	0
03	Angle_Kp	角度 PID P 参数	0x10	16
04	Angle_Ki	角度 PID I 参数	0x01	1
05	Angle_Kd	角度 PID D 参数	0x50	80
06	PPR_H	编码器输出脉冲数高位	0x27	39
07	PPR_L	编码器输出脉冲数低位	0x3C	60
08	PosError	目标位置容错	0x03	3
09	InitMode	电动机刚上电时的初始模式	0x10	16
10	Speed_Kp	转速 PID P 参数	0x02	2
11	Speed_Ki	转速 PID I 参数	0x14	20

续表

编号	项目	描述	初始默认值	
12	Speed_Kd	转速 PID D 参数	0x32	60
13	StallMode	堵转保护模式选择 (关闭/开环转速模式/力矩控制模式)	0x11	17
14	StallTime	堵转保护触发时间, 范围为 [3,10], 单位为 s	0x05	5
15	Stall_PWM	堵转后输出的 PWM 占空比 =Stall_PWM×10, 默认值为 200 (表示 20%PWM 占空比)	0x14	20
16	Stall_Current	堵转后输出的电流 =Stall_Current/10 (A), 默认值为 0.2 A	0x02	2
17	Current_Kp	电流 PID P 参数	0x02	2
18	Current_Ki	电流 PID I 参数	0x00	0
19	Current_Kd	电流 PID D 参数	0x00	0
20	Max_Current	堵转保护电流阈值 = Max_Current/10 (A), 默认值为 1 A	0x0A	10
21	Max_Temp	温度保护阈值	0x3C	60
22	Min_Voltage	低压保护阈值	0x05	5
23	Max_Voltage	高压保护阈值	0x0D	13
24	Stop_Time	转速位置切换时间 (×10 ms)	0x04	4
25	MaxSpeed	电动机最大转速 = MaxSpeed×10 (r/min), 默认值为 70 r/min FLASH 预留	0x07	7
26、27	Free	EEPROM 预留	0x00	0
28	HallDir	编码器方向标志位	0x01	1
29	Motor_Number	电动机厂家识别号	0x65	0x60+0x05
30	Product_Version	产品版本号	0x02	2
31	Product_Number	产品识别号	0x0C	12

注: 1. 编码器输出脉冲数指电动机输出轴转动一圈, 编码器输出的脉冲数 PPR, 计算公式为 PPR = 4 × 编码器基础脉冲数 × 电动机减速比, PPR = PPR_H × 100 + PPR_L。

2. PosError 代表的是电动机编码器的角度信息值, 1 个单位代表 0.5°, 表中的 3 代表电动机当前的目标位置容错值为 1.5°。

3. 0x00 为关闭堵转保护; 0x11 为打开堵转保护, 堵转之后进入阻尼模式; 0x13 为打开堵转保护, 堵转之后进入待机模式; 0x14 为打开堵转保护, 堵转之后进入恒定 PWM(Stall_PWM); 0x16 为打开堵转保护, 堵转之后进入恒定电流/力矩 (Stall_Current)。

4. Stop_Time 代表的是电动机由转速模式切换到位置控制模式的时间, 也就是转速模式减速后转为位置控制的时间, 该时间参数值可以减少转速位置切换后的超调, 保证了控制的精准度, 当前表中参数表示为 40 ms。

表 3-66　智能电动机驱动器修改参数函数解释

函数名	write_e2
函数原型	void write_e2(int id_num, int address, int value)
功能描述	修改 EEPROM 中指定位置的电动机参数值
输入参数	id_num, address, value
返回值	无

表 3－67 智能电动机驱动器修改参数函数的参数解释

序号	参数	解释
1	id_num	需要修改参数电动机编号，如果不知道电动机当前编号，可以用广播编号 121，但是这时总线上只能连一个电动机，否则多个电动机会被设置成相同参数
2	address	EEPROM 地址
3	value	EEPROM 中对应地址的设置目标值

例 3.33 /* 修改 1 号电动机编号 */

```
write_e2(1,0,2);      //修改1号电动机编号为2号
```

3.3.2.4 初始化函数

智能电动机驱动器可初始化电动机 EEPROM 中的部分参数值，所用函数为 e2_init( )，其解释如表 3－68 和表 3－69 所示。

表 3－68 智能电动机驱动器初始化函数解释

函数名	e2_init
函数原型	void e2_init(int id_num)
功能描述	初始化电动机 EEPROM 中的部分参数值
输入参数	id_num
返回值	无

表 3－69 智能电动机驱动器初始化函数的参数解释

序号	参数	解释
1	id_num	电动机编号，总线上只有一个电动机时可以用广播编号 121

利用该函数可将电动机 EEPROM 参数表中除了 ID、波特率 (BAUDRATE)、电动机正转方向标志位 (MotorDir)、电动机 PPR 参数的高位和低位 (PPR_H、PPR_L)、霍尔编码器方向标志位 (HallDir) 以外的电动机参数值初始化成默认值。

例 3.34 /* 初始化 1 号电动机 EEPROM 中的全部参数值 */

```
e2_init (1);
```

从智能电动机驱动器的库函数可以看出，它几乎涵盖了电动机所有的控制功能，在这些功能函数的基础上，可以通过逻辑或循环调用这些库函数，自行编写驱动电动机的主程序，将这些功能展现出来，发挥它们的作用。

在使用智能电动机驱动器驱动电动机的过程中，我们可以做一些应用案例，本书后面要讲到的智能平衡车和麦克纳姆轮移动平台将使用智能电动机驱动板进行开发。

参考文献

[1] 王其军, 杨坤, 苏占彪, 等. 基于硬件 FOC 的无刷直流电动机驱动器设计 [J]. 传感器与微系统, 2021, 40(6): 89－91.

[2] 张雷, 刘青松, 王震坡. 四轮轮毂电机驱动电动汽车电液复合制动平顺性控制策略 [J]. 机械工程学报, 2020, 56(24): 125－134.

[3] 戈宝军, 牛焕然, 林鹏, 等. 多跨距无刷双馈电动机转子绕组设计及特性分析 [J]. 电机与控制学报, 2021, 25(6): 37－45.

[4] 刘建, 张明华. 适用于射频能量收集系统的新型宽带整流电路设计 [J]. 华南师范大学学报: 自然科学版, 2021, 53(1): 1－5.

[5] 海涛, 陆代泽, 韦文, 等. 基于 STM32 的方波信号发生器的设计与检测 [J]. 广西科技大学学报, 2021, 32(1): 24－30.

[6] 高阵雨, 胡金春, 朱煜, 等. 基于迭代学习的正弦信号幅相特性测量 [J]. 控制工程, 2019, 26(7): 1304－1307.

[7] 石红. 串行 EEPROM 在 MCS-51 单片机系统中的应用 [J]. 西南民族大学学报: 自然科学版, 2003, 29(4): 477－480.

第 4 章 智能伺服舵机：关节模块控制

4.1 舵机的起源、作用与发展

舵叶是轮船上用于控制方向的部件 [1] (图 4-1)。驱动舵叶的机器即为轮船舵机。出于相似的目的，舵机也被用于飞机升降和方向的控制 [2]，如图 4-2 所示，飞机尾部使用升降舵和方向舵，副翼的升降也是用舵机驱动的。

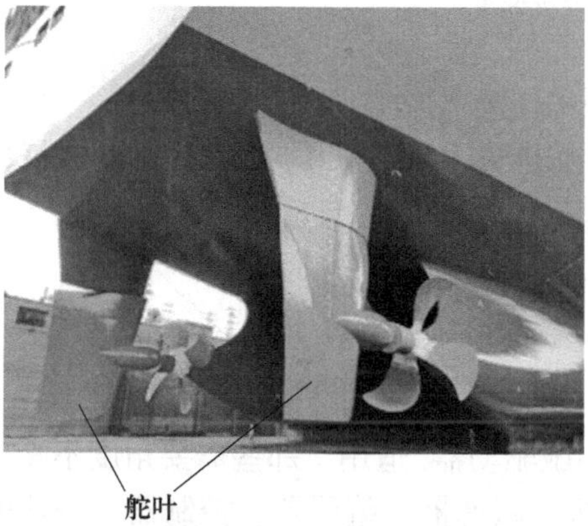

图 4-1 轮船及其舵叶 (引自搜狐网)

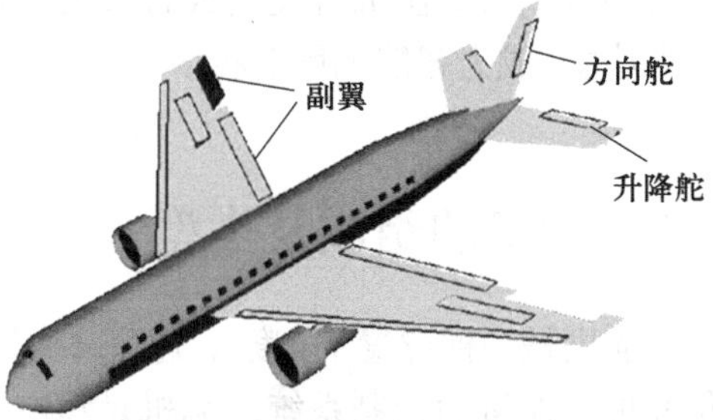

图 4-2 飞机上使用舵机的部位 (引自网易网)

由于舵机在轮船和飞机上的成功应用，自然地，一些小型化舵机在船模、航模、车模等模型类产品上也得到了广泛应用。舵机在船模和航模上的使用是其在轮船或飞机上的翻版，如图 4-3 和图 4-4 所示。其在车模上主要用于控制转弯方向 (图 4-5)。

纵观前面介绍的舵机应用场景，其共同特点在于驱使被控物体转动有限角度。机器人关节也具备转动有限角度特性，因此舵机也被用作机器人关节模块驱动。如图 4-6 所示的变胞机器人 [3-4]，使用了 17 个舵机，可实现关节的灵活运动，并能变幻成多种动物形态，做到“一机多用” [5]。

图 4-3　船模中的舵机

图 4-4　航模中的舵机

图 4-5　车模中的舵机

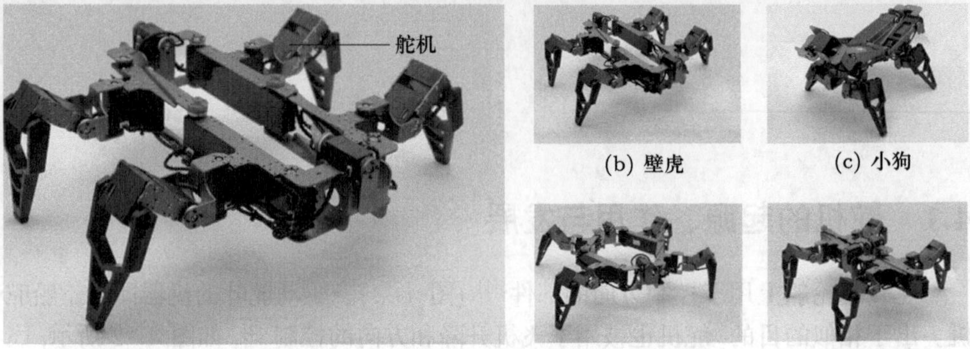

(a) 一般形态　(b) 壁虎　(c) 小狗　(d) 蜘蛛　(e) 竹节虫

图 4-6　变胞机器人

在机器人关节控制中不仅关注角度，还关注速度、加速度和力/力矩等一系列运动特性。随着在机器人领域的深入应用，舵机也逐渐打破了原有的局限，发展出诸多功能，成为智能伺服舵机。

4.2　舵机的组成及类型

舵机是一种位置 (角度)、速度、力矩伺服驱动器，适用于那些需要角度不断变化并可以保持的控制系统。舵机是集电动机、减速器、编码器、控制器于一体的运动控制模块 (图 4-7)。电动机输出轴与减速器输入轴相连，减速器输出轴安装编码器用于监测转动角度，电动机、编码器与控制器相连，形成驱控一体化的执行单元。

按照电动机类型，舵机可以分为有刷铁芯舵机、空心杯舵机和无刷舵机。舵机内部动力源为电动机。按照有无换向器，电动机可以分为有刷电动机和无刷电动机两类。按照有无铁芯转子，电动机可大致分为铁芯电动机和空心杯电动机两类。有刷电动机价格低，电刷往复摩擦导致寿命较短。无刷电动机采用开关器件实现电流换向，替代了传统的接触式换向器和电刷，因此避免了电刷的往复摩擦，拥有超长的使用寿命，但其制作成本相对较高。铁芯电动机由于铁芯形成涡流而造成电能损耗，导致其能量密度较低。空心杯电动机采用的是无铁芯转子，因此得名。这种新

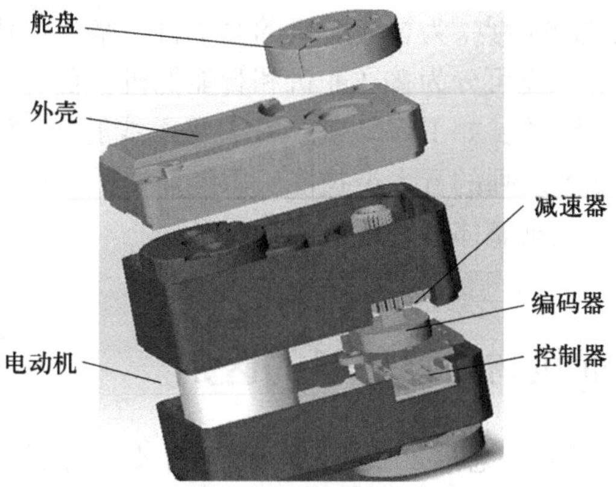

图 4-7　舵机的组成

颖的转子结构消除了铁芯造成的电能损耗, 能量密度较高, 空心杯电动机与同等功率的铁芯电动机相比, 其质量、体积减小 $1/4 \sim 1/2$。铁芯电动机和空心杯电动机都可以做成有刷和无刷两种形式。

按照控制信号, 舵机又可分为数字舵机和模拟舵机。其区别在于: 数字舵机在控制舵机转动到某一角度时只需发送一次信号, 随后舵机会自动保持位置; 而模拟舵机需要持续不断地发送模拟信号才能维持指定位置。由于数字舵机拥有一系列优点, 其在舵机中所占比重逐渐增加, 相应地, 模拟舵机用得越来越少。

数字舵机还可分为脉冲宽度调制 (pulse width modulation, PWM) 舵机 [6] 和总线舵机 [7]。从外观上看, PWM 舵机一般在底部伸出一根线 (图 4-8)。这就导致 PWM 舵机只能将唯一的一根线插到专门的控制板上, 如果一个系统中有多个 PWM 舵机, 则需要将所有 PWM 舵机都接到控制板上才能实现整体控制。而总线舵机一般在壳体上露出 2 个以上插口 (图 4-9), 可以实现多个舵机互相串联, 最后将一个舵机与控制板相连即可控制所有舵机。总线舵机将使机器人系统更加简洁。

图 4-8　底部出线的 PWM 舵机

图 4-9　留出插口的总线舵机

除上述区别外, PWM 舵机和总线舵机在控制信号内容上有本质区别。PWM 舵机的控制信号中一般只能包含舵机的位置和运转时间信息。总线舵机基于总线协议, 其控制信号可以包含除位置和时间之外的诸多信息, 如力矩、输出电流、PID 参数、零点位置、堵转保护时间等一些与运动相关的参数, 使得舵机功能愈加丰富。除此之外, 总线舵机还允许舵机向主控制器反馈数据, 使得舵机可以被用作传感器。

总线舵机传递诸多参数的特点，为智能舵机的诞生打下坚实基础。

按照功能类型，舵机还可分为普通舵机和智能舵机。普通舵机一般仅具有基础的运动控制和参数反馈功能，如 PWM 舵机和普通总线舵机。智能舵机作为智能驱动器的一种，拥有 2.2 节所列的五大类技能。智能舵机的运用可使小型机器人摆脱呆滞笨拙的运动现状，实现整体运动智能化的提升。

4.3 智能伺服舵机与普通舵机的区别

智能伺服舵机除了具备总线舵机互相串联 (图 4–10) 的特性外，还具备并联 (图 4–11) 和混联特性 (图 4–12)。因此，智能伺服舵机开放了最大的连线自由度，方便用户以最简洁、最方便的方式构建线束体系。智能伺服舵机甚至可以使用无线通信方式，进一步减少线缆的束缚，从而实现随处可动。

图 4–10 智能伺服舵机的串联

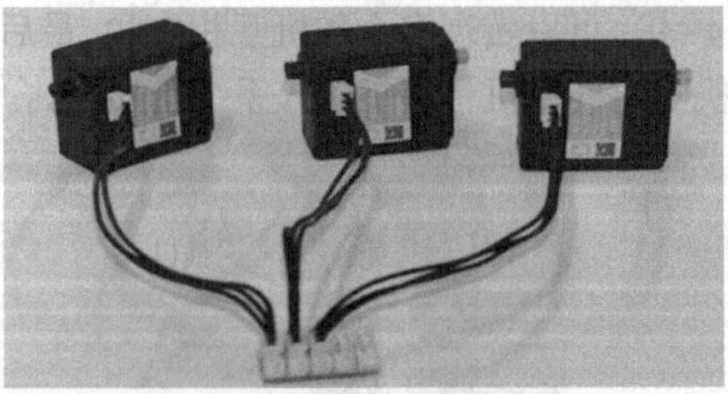

图 4–11 智能伺服舵机的并联

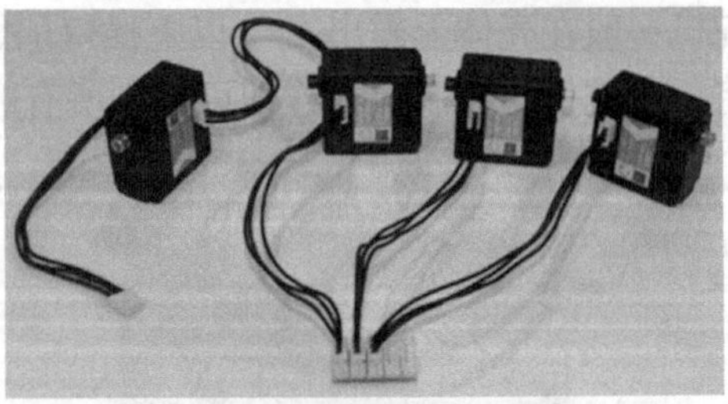

图 4–12 智能伺服舵机的混联

除连线区别外，智能伺服舵机与普通舵机在驱动板上也有巨大的不同。普通 PWM 舵机因功能简单，其驱动板也极为简单，最主要器件为 PWM 发生芯片 (图 4–13)。而智能伺服舵机因需集成众多功能，其控制板上拥有一块具备运算分析处理能力的 CPU 及传感器等辅助器件 (图 4–14)。正是由于 CPU 的存在，使得舵机的智能化拥有无限可能。

从功能角度来看，普通 PWM 舵机一般只能进行位置和速度等基础运动控制；一般总线舵机会增加一点参数反馈功能；而智能伺服舵机因其拥有含智能算法的

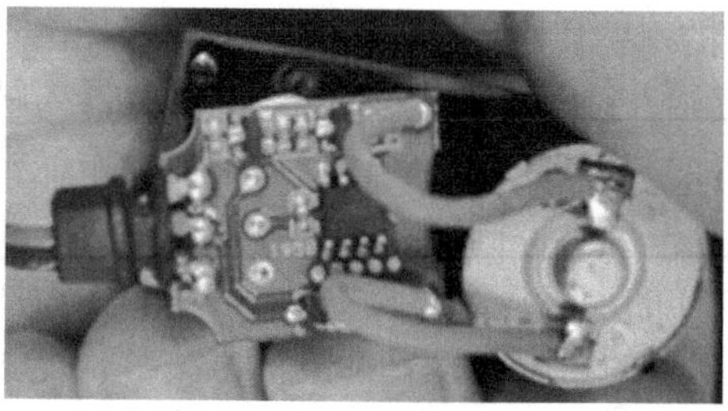

图 4−13　普通 PWM 舵机控制板

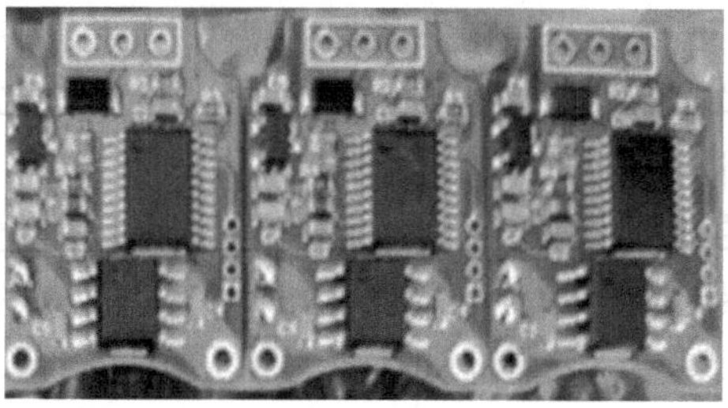

图 4−14　智能伺服舵机控制板

CPU, 可实现诸多功能, 即智能驱动器的五大类技能。

4.4　智能伺服舵机的应用

广义上, 舵机因其驱动器属性可用于一切运动设备。智能伺服舵机多用于轻量型机器人, 如人形机器人 [8]、多足机器人 [9]、机械臂 [10]、商用机器人、水下机器人 [11] 等。通常舵机既是上述机器人的驱动器, 也充当其主要结构部件。因此, 机器人设计过程中的主要工作是依据舵机的尺寸和安装方式合理地设计结构件, 以便在固定舵机的同时达到最大的运动限度。同时, 舵机的模块化、集成化特点, 使得机器人结构简单、轻便, 易于生产与装配。

4.4.1　人形机器人

人形机器人每个关节都由舵机驱动。根据其动作复杂度或自由度数, 一个人形机器人需要 7~21 个舵机 (图 4−15 和图 4−16)。通常舵机被直接安装于关节处, 其输出轴线与关节轴线重合, 可直接驱动相应关节。

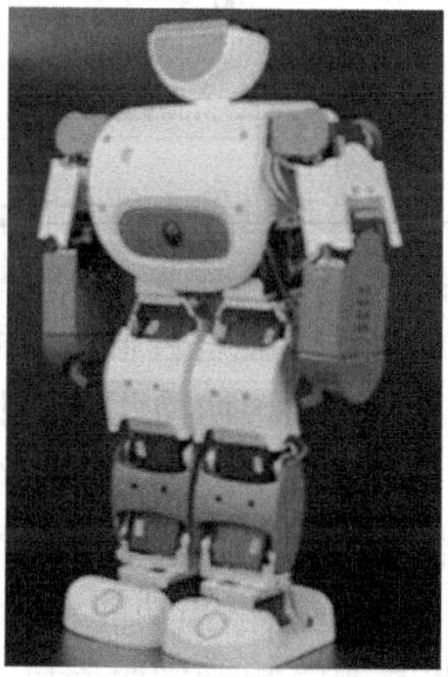

图 4−15　带外壳的人形机器人

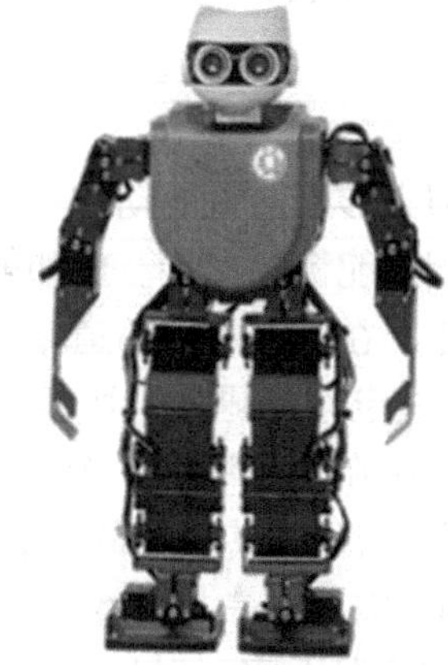

图 4−16　结构件版人形机器人

除充当结构件和驱动器外，人形机器人的一些使用场景对智能伺服舵机提出了对应的功能需求。例如动作一致性，人形机器人经常用于表演群舞，众多机器人跳舞时，为避免群体动作杂乱无章，其动作必须整齐划一。此时便需要智能伺服舵机的参数反馈和零点标定功能加以支持。设计一个可将机器人完美放置并贴合的模具，使得每一台机器人放进模具时都保持同样的姿态，将机器人放置其中。然后回读机器人身体中每个舵机的角度。再将回读到的角度与该姿态下标准关节角度做对比，记录误差。由此得到每台机器人标定后的角度误差数据，最后再将该误差插补进控制模型中。以此达成多个机器人动作一致性目的。再如防夹手功能，人形机器人使用过程中不可避免地会与人交互，机器人舵机扭力往往较大，如果夹到人手将会造成剧烈疼痛，严重时还可能夹破流血。为避免这种危险，便需要智能伺服舵机具备碰撞感知、堵转保护、柔性模式等一系列功能。碰撞感知可检测是否夹到人手；堵转保护可在检测到夹手后对人进行保护；柔性模式可在进入保护后允许人将对应的关节松开，以便取出手指。

4.4.2 多足机器人

多足机器人一般包括四足机器人、六足机器人等 (图 4–17 至图 4–19)。舵机一般用于多足机器人的腿部驱动，其输出轴线与腿部关节轴线重合。通常舵机会参与到多足机器人腿部结构的构造中。

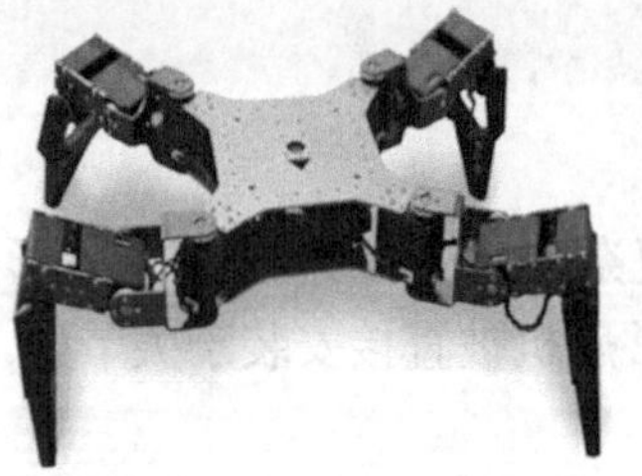

图 4–17 四足机器人

图 4–18 六足机器人 (引自搜狐网)

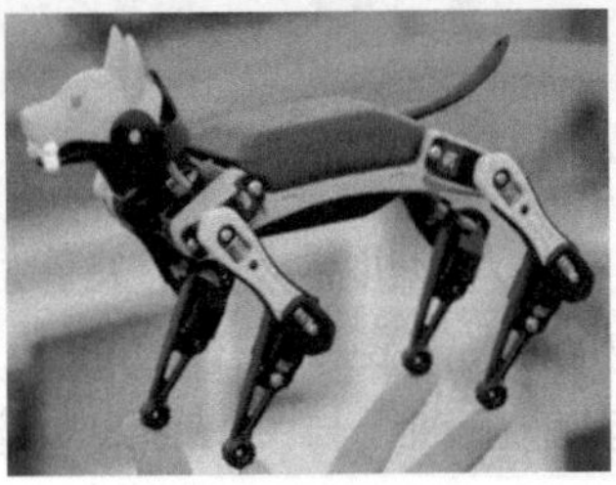

图 4–19 机械狗

除类似人形机器人的动作一致性和防夹手需求外，足式机器人部分特有功能也需要智能伺服舵机的支持。例如触地感知，足式机器人通过交替变换支撑腿和摆动腿实现行走。在坑洼不平的道路上，检测摆动腿落足时其足尖是否触达地面是一项重要任务，决定着该腿是否切换为支撑腿，及其余支撑腿是否切换为摆动腿。一般的处理方式是在足尖添加一个压力传感器，此方式固然有效，但增加了系统成本和复杂度，同时对压力传感器的安装精度及其周围结构件的装配精度和一致性有较高要求，否则便需要经常标定维护。使用智能伺服舵机的碰撞感知功能，可在不增加系统成本的情况下实现对足尖是否触地的检测。此时便将智能伺服舵机当作传感器使用。再如四足机器人腿部刚度调节功能，足式机器人站立于地面背负执行器件作业时, 为避免被作业物体或外界的冲击带来的扰动, 其腿部需要保持足够的支撑刚度; 而当机器人奔跑或者下落过程中, 为避免足底与地面的撞击对自身或所背负物体带来惯性损伤, 其腿部应具备一定柔性以抵消冲击影响。此时就需要智能伺服舵机参数调节功能的参与。因为电动机 PID 控制中 P 参数直接影响电动机维持位置的刚度, 可以通过改变不同场景下腿部舵机的 P 参数调整舵机输出刚度, 从而调整足式机器人腿部刚度。

4.4.3 机械臂

舵机类机械臂是对工业机械臂的小型化, 一般分为四轴、五轴 (图 4–20) 和六轴机械臂。舵机一般用于其关节的直接驱动。

图 4–20 五轴机械臂

这类机械臂也有很多常用功能需要智能伺服舵机的支持。例如示教编程, 此时便需要智能伺服舵机的参数反馈和记忆功能参与。进行示教编程时, 每掰动机械臂到一个姿态就回读其舵机角度及其他相关参数, 并将参数记录于控制器, 重复上述过程便可记录机械臂的运动轨迹, 实现示教编程。再如自适应抓持, 机械臂的一项重要工作是携带机械手执行抓持任务。抓持任务希望机械手在包络物体的同时保持一定握力。普通舵机只能在机械手触达物体后停止运动并保持刚性, 无法输出持续握力, 即只构成形封闭。智能伺服舵机借助运动自适应功能, 在机械手触达物体后虽然外表上不再继续转动, 但其保持了继续转动的趋势, 从而使得机械手输出持续握力, 即对物体同时构成形封闭和力封闭, 达到最佳的抓持效果。

4.4.4 商用机器人

如今, 用于迎宾、导览、接待等工作的商用机器人越来越普及 (图 4–21)。起初商用机器人被戏称为大号的平板计算机, 没有四肢运动。有些在底盘上加装轮子使之能够移动, 此时也仅被认为是加上轮子的平板计算机。很多依然没有手臂或者只有无法运动的装饰性手臂, 因而无法与人进行肢体交互。随着人们对商用机器人的交互性要求越来越高, 其手臂及手爪的运动能力要求被越来越多地提及。商用机器人被要求能够通过手臂指引、握手、跳舞、抓取以及表达更多肢体语言。

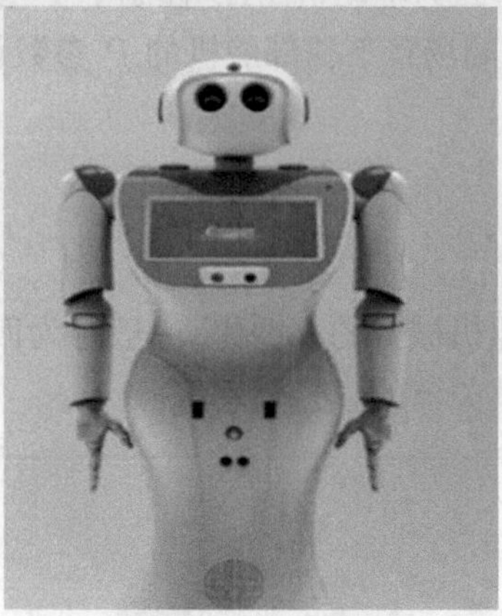

图 4-21 商用机器人

舵机由于集成度高、控制方便的特点, 在商用机器人的上述趋势中得到越来越多的应用。商用机器人中, 出于外观和传递扭矩需要, 舵机输出轴线有时不与关节轴线重合。智能伺服舵机因其堵转保护、碰撞检测、运动自适应、柔性模式等一系列有助于改善交互体验、安全性的功能, 正帮助商用机器人向着友好、实用的方向发展。

4.4.5 水下机器人

水下机器人也普遍采用舵机驱动, 如机器鱼 (图 4-22) 皆可由舵机驱动。因水下环境对防水的严格要求, 一般水下舵机采取不可拆卸式密封 (图 4-23), 因而对舵机的可靠性提出极高要求, 内部任何部件的损坏将导致整个舵机不可修复。智能伺服舵机因其内部诸多保护机制 (堵转、过压、过流), 极大地提升了舵机的可靠性。

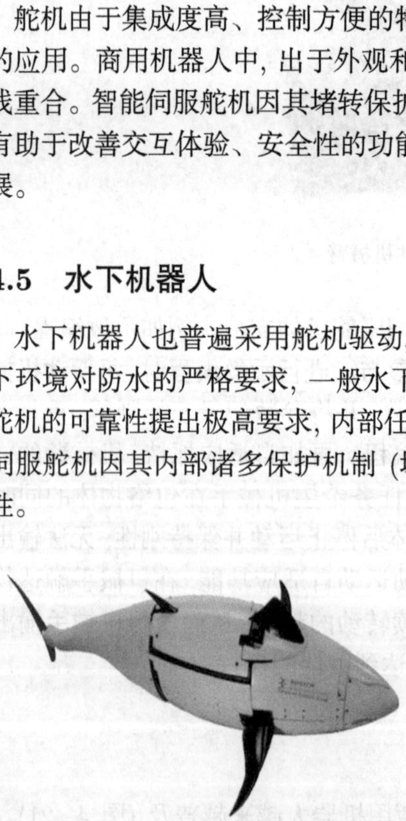

图 4-22 机器鱼 (引自搜狐网)

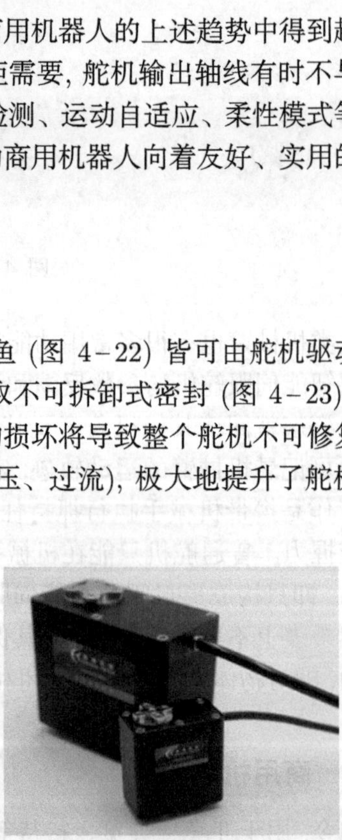

图 4-23 不可拆卸式水下舵机

4.4.6 车模、航模、船模的智能化升级

传统车模、船模、航模寻求驱动可靠性和智能化升级时也倾向于摒弃普通舵机，而使用智能伺服舵机。模型类产品对舵机的要求主要体现在可靠性和使用寿命。普通舵机驱动板过于简单、易烧毁。智能伺服舵机优良的控制性能和一系列保护功能使其更加可靠、耐用。如图 4-24 所示智能网联车模型，其转弯装置使用智能伺服舵机，可长时间平稳运行。

图 4-24 使用智能伺服舵机做转弯装置的智能网联车模型

4.5 智能伺服舵机的使用方式及开发案例

总体上伺服舵机分为两种：一种是 PWM 式舵机；另一种是智能伺服舵机。虽然它们大多采用的三线式结构 (电源正负极和一个信号线)，但因控制信号差异导致本质不同。PWM 式舵机采用控制电压信号输出占空比的方式控制舵机。智能伺服舵机多采用总线通信方式，使用方式简易、快捷，兼具优质、可靠、智能化的特点。作为机器人运动智能化的核心部件，相比于 PWM 式舵机，智能伺服舵机能够更好地服务于运动型服务机器人。

4.5.1 智能伺服舵机的电气连接方式

智能伺服舵机的电气连接架构如图 4-25 所示，主要器件包括通信板、主控、电源以及一些必要的连接线。其中，通信板用于辅助舵机与主控进行双向通信。主控先与通信板连接，再转接至舵机。舵机运动需要较大功率，运动过程中受负

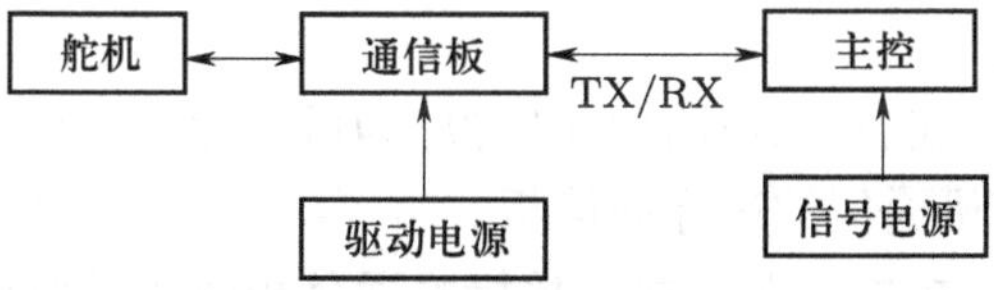

图 4-25 智能伺服舵机的电气连接架构

载、启停、碰撞等因素影响，其功率波动较大。为避免功率波动给控制电路造成影响，一般将舵机驱控系统电源分成两部分，即驱动电源和信号电源。驱动电源经过通信板给舵机供电，也可直接给舵机供电。信号电源给主控及通信板的弱电部分供电。

下面以大然芯力智能伺服舵机为例详细介绍智能伺服舵机的电气连接方式。该类舵机连接线如图 4-26 所示。此连接线为三线式结构，末端采用 5264-3pin 端子，3 根线分别接舵机的 BUS 信号线、VCC 电源线、GND 接地线。

图 4-26 舵机连接线示意

大然芯力智能伺服舵机有两种出线方式：一种是在舵机外壳上留出 3 个接线端子 (图 4-27 左)，再外接连接线与其他设备相连；另一种是在舵机外壳上直接出线 (图 4-27 右)，进而连接到其他设备上。

图 4-27 智能伺服舵机的两种接线方式

本书介绍智能伺服舵机与 3 种控制板——pyboard 控制板、arduino 控制板和 STM32 控制板的连接方式。在连接以上这些控制板时，需要将控制板的 (串口) 数据发送引脚与舵机的 (串口) 总线信号线相连，并且将控制板和舵机的 GND 接地线连到一起共地，给舵机通以直流电源，再将控制板连接到计算机上或另行供电。

下面以具备不同引线方式的大然芯力标准伺服舵机 (预留端口) 和大扭力伺服舵机 (直接出线) 为例具体说明智能伺服舵机的结构与电气连接方式。

(1) 标准伺服舵机

标准伺服舵机的结构包括齿轮及主轴、电动机、电位器、舵机驱动板 (图 4-28)，结构精简，效用强大。

大然芯力智能伺服舵机配备两种通信板，即可与计算机直接通信的标准通信板和仅用于控制板与舵机通信的迷你通信板。

如图 4-29 所示，标准伺服舵机连接标准通信板时将舵机连接线的两端分别接到舵机接口和通信板舵机接口，并在通信板的供电接口供以额定 7.4 V 的直流电

图 4-28　标准伺服舵机的结构

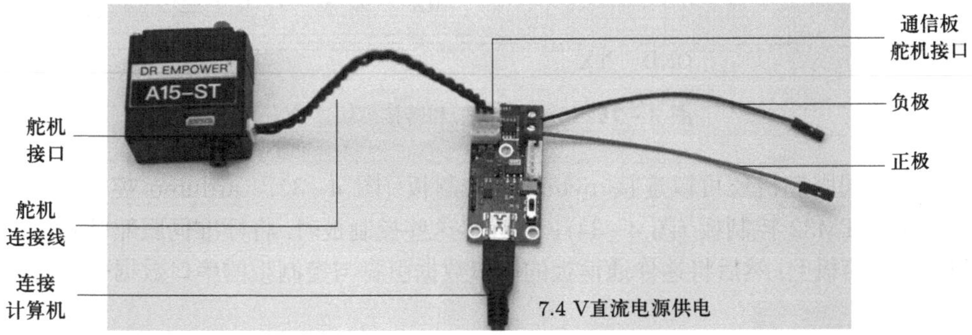

图 4-29　标准伺服舵机连接通信板

压, 用以给舵机供电。再将通信板通过 mini-USB 线连接到计算机上, 打开通信板开关, 即可通过计算机软件控制舵机。

如图 4-30 所示, 标准伺服舵机连接迷你通信板时将舵机连接线的两端分别接到舵机接口和迷你通信板舵机接口, 并在迷你通信板的供电接口供以额定 7.4 V 的直流电压。迷你通信板使用 4P 杜邦线连接到 USB 转 TTL 模块上 [将迷你通信板 4P 连接线一侧的 XH2.54-4P 端子接入其 4P 排针上, 然后将 4P 连接线另一侧的杜邦端子分别接在 USB 转 TTL 模块的对应引脚上, 注意相关引脚的对应情况

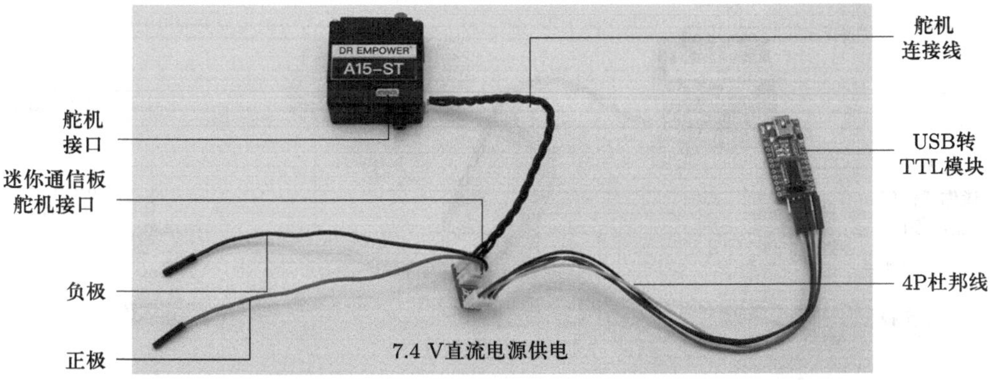

图 4-30　标准伺服舵机连接迷你通信板

(图 4-31)], 并将 USB 转 TTL 模块通过 mini-USB 连接线连接到计算机上, 便可通过计算机软件控制舵机。

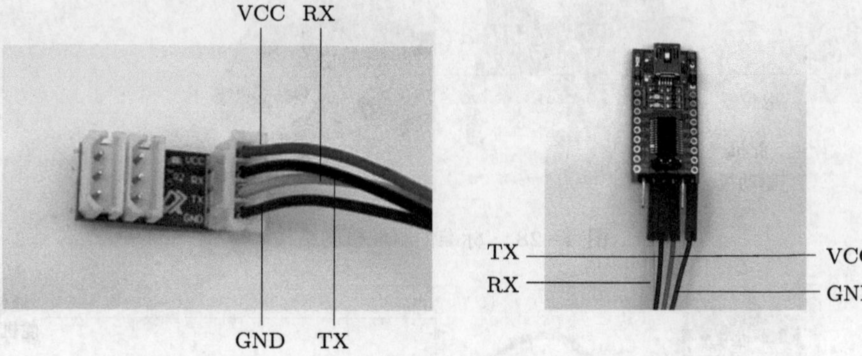

图 4-31 迷你通信板和转接模块连接

标准伺服舵机还可以连接 pyboard 控制板 (图 4-32)、arduino 控制板 (图 4-33)、STM32 控制板 (图 4-34)。在连接这些控制板时, 将标准伺服舵机先连接到迷你通信板上, 然后将迷你通信板的串口数据引脚与控制板的串口数据引脚通过

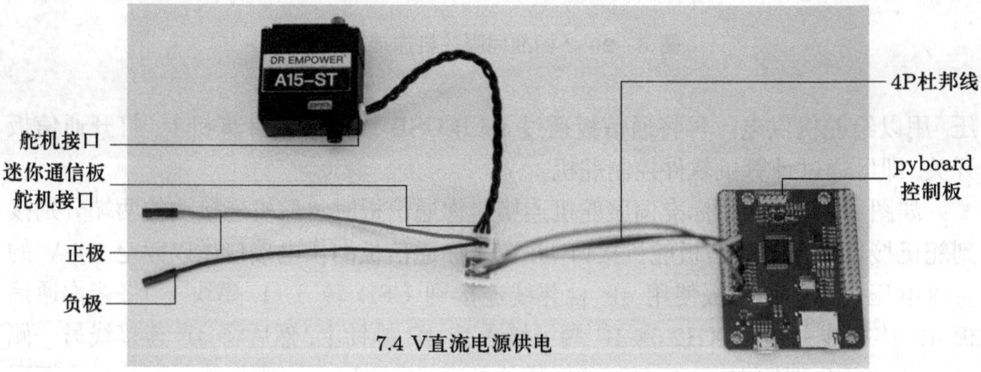

图 4-32 标准伺服舵机连接 pyboard 控制板

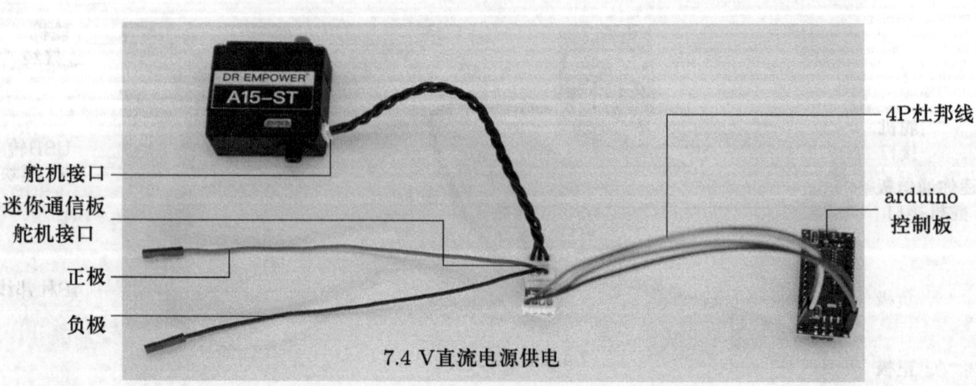

图 4-33 标准伺服舵机连接 arduino 控制板

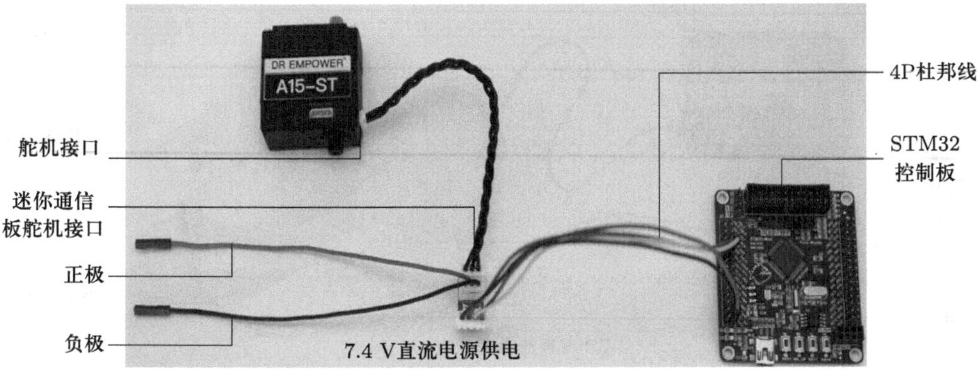

图 4-34 标准伺服舵机连接 STM32 控制板

4P 杜邦线连接 (通信板的 VCC 接控制板的 VCC, 通信板和控制板的 GND 连接共地, 通信板的 RX 接控制板的 TX, 通信板的 TX 接控制板的 RX), 给舵机通以额定 7.4 V 的直流电源, 再将控制板连接到计算机上或自行供电, 即可通过控制板控制舵机运行。

(2) 大扭力伺服舵机

如图 4-35 所示, 大扭力伺服舵机连接标准通信板时将引出的舵机连接线接到通信板舵机接口, 并在通信板的供电接口供以额定 7.4 V 的直流电压, 用以给舵机供电。再将通信板通过 mini-USB 线连接到计算机上, 打开通信板开关, 即可通过计算机软件控制舵机。

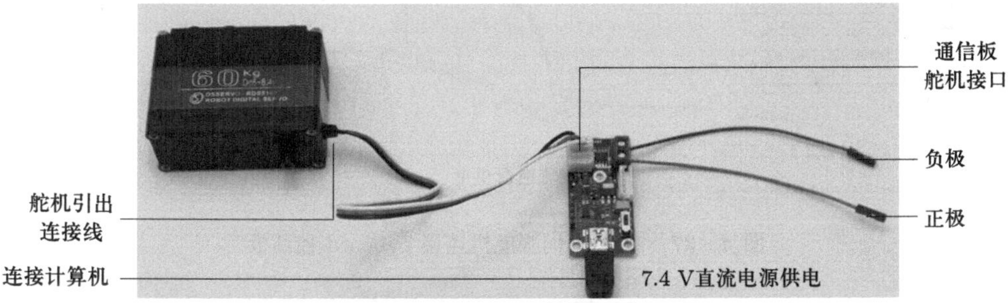

图 4-35 大扭力伺服舵机连接通信板

如图 4-36 所示, 大扭力伺服舵机连接迷你通信板时将引出的舵机连接线接到迷你通信板舵机接口, 并在迷你通信板的供电接口供以额定 7.4 V 的直流电压。迷你通信板使用 4P 杜邦线连接到 USB 转 TTL 模块上 [将迷你通信板 4P 连接线一侧的 XH2.54-4P 端子接在其 4P 排针上, 然后将 4P 连接线另一侧的杜邦端子分别接在 USB 转 TTL 模块的对应引脚上, 注意相关引脚的对应情况 (图 4-31)], 并将 USB 转 TTL 模块通过 mini-USB 线连接到计算机, 这样通过计算机软件即可控制舵机。

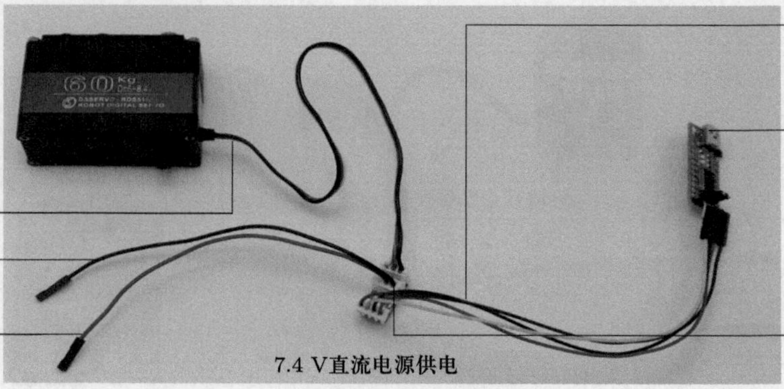

图 4-36　大扭力伺服舵机连接迷你通信板

大扭力伺服舵机亦可以连接 pyboard 控制板 (图 4-37)、arduino 控制板 (图 4-38) 和 STM32 控制板 (图 4-39)。在连接这些控制板时, 将大扭力伺服舵机先连接到迷你通信板, 然后将迷你通信板的串口数据引脚与控制板的串口数据引脚通过 4P 杜邦线连接 (通信板的 VCC 接控制板的 VCC, 通信板和控制板的 GND 连

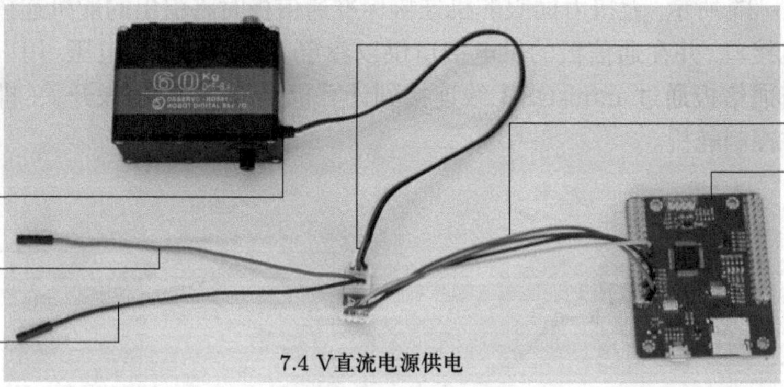

图 4-37　大扭力伺服舵机连接 pyboard 控制板

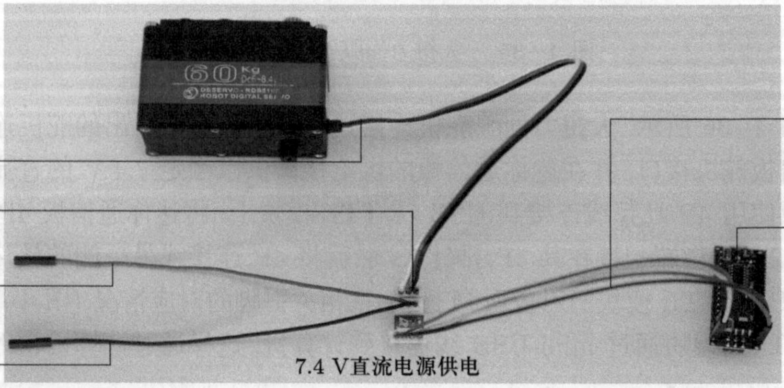

图 4-38　大扭力伺服舵机连接 arduino 控制板

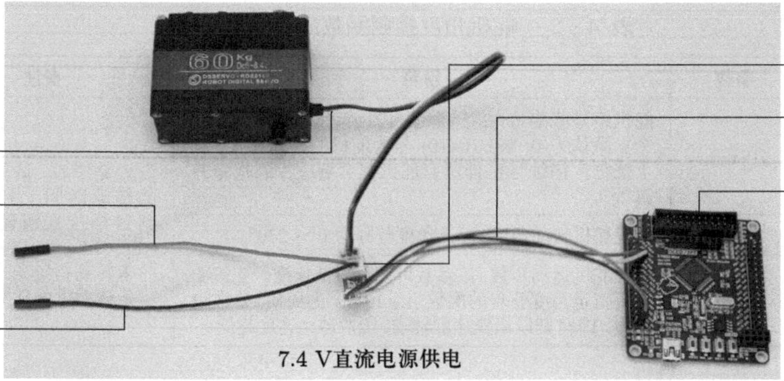

图 4－39　大扭力伺服舵机连接 STM32 控制板

接共地，通信板的 RX 接控制板的 TX，通信板的 TX 接控制板的 RX)，给舵机通以额定 7.4 V 的直流电源，再将控制板连接到计算机或自行供电，即可通过控制板控制舵机运行。

其他类型舵机的结构和电气连接方式与以上方式相似，这里不再赘述。

4.5.2　智能伺服舵机的使用及编程库函数

智能伺服舵机具有强大且多样的功能。为方便用户更好地使用智能伺服舵机以满足各类需求，舵机厂商一般都会提供控制舵机的库函数，直接调用这些函数即可实现相应功能。

仍以大然芯力智能伺服舵机为例，该类智能伺服舵机的库函数体现了智能伺服舵机的四大类技能，包括运动控制函数、状态回读函数、参数设置函数和初始化函数。自主决策技能与舵机内部参数相关，因此其也体现于参数设置函数中。固件升级作为一种特殊技能，将通过特别操作实现，这里不作介绍。

4.5.2.1　运动控制函数

(1) 设置单个舵机有限角度控制模式下的转动位置及速度

智能伺服舵机可控制其在一定时间内转动到相对于零点位置一定角度的位置，逆时针为正，顺时针为负，使用的函数为 set_angle( )，其解释如表 4－1 和表 4－2 所示。

表 4－1　舵机角度控制函数解释

函数名	set_angle
函数原型	void set_angle(int id_num, float angle, int step)
功能描述	控制指定编号的舵机 (单个舵机) 按照指定的速度转动到指定的角度
输入参数	id_num, angle, step
返回值	无

表 4-2　舵机角度控制函数的参数解释

序号	参数	解释	备注
1	id_num	舵机编号范围 0～255 (除去 121、126、127, 共 253 个), 默认为 0; 121 (0x79) 号为舵机的共同编号 (以下统称广播编号), 即所有舵机都会响应控制指令并执行	设置完毕后, 请留出足够的转动时间 (舵机转动到目标位置所需时间为 step×10 ms), 以避免舵机尚未转到指定角度而被下一条转动指令打扰
2	angle	设置舵机转动角度, 可选角度范围为 0°～270°	
3	step	设置舵机运动步数, 该参数可调节转动速度。舵机要达到指定角度分步的次数, 以 10 ms 为周期, 步数设置为 "1" 时则以最快速度转动, 步数越大速度越低	

例 4.1　/* 设置 1 号舵机以最高转速转至 90° */

```
set_angle(1,90,1);    //注意调用库函数时,应该遵循所在编程环境的调用方法,
                        这里省略了
```

(2) 设置多个舵机有限角度控制模式下的转动位置及速度

智能伺服舵机可控制多个舵机在一定时间内转动到相对于零点位置一定角度的位置, 并做到同起同停, 逆时针为正, 顺时针为负, 使用的函数为 set_angles( ), 其解释如表 4-3 和表 4-4 所示。

表 4-3　多个舵机角度控制函数解释

函数名	set_angles
函数原型	void set_angles(int id_list[20], float angle_list[20], int step, int n)
功能描述	控制多个指定编号的舵机按照指定的速度转动到指定的角度
输入参数	id_list, angle_list, step, n
返回值	无

表 4-4　多个舵机角度控制函数的参数解释

序号	参数	解释	备注
1	id_list	舵机编号组成的列表, 用户需先自定义列表, 20 为默认列表长度	1) 若使用 0 号舵机, 则需将 0 号舵机放在 id_list 的第一个, 否则会丢掉 0 号舵机; 2) id_list 和 angle_list 的长度要保持一致; 3) 设置完毕后, 请留出足够的转动时间, 以避免舵机尚未转到指定角度而被下一条转动指令打扰
2	angle_list	舵机角度组成的列表 (角度范围: 0°～270°)	
3	step	步数, 这里多个舵机共用同一个步数, 以保证在不 "丢步" 的情况下多个舵机同时启动、同时停止	
4	n	用来选择控制多个舵机的协议, 目前有两个版本, 分别对应于 n=1、n=2, 默认 n=1。当 n=1, 使用长协议控制; 当 n=2, 使用短协议控制	

例 4.2　/* 设置 0、1、2 和 3 号舵机以最高速度转动到 90° */

```
//定义所需数组
int id_list[20]={0,1,2,3};      //中括号中的数字应不小于大括号中的数字的个数
float angle_list[20]={90,90,90,90};
```

```
set_angles(id_list,angle_list,1,2);
```

(3) 设置连续转动模式舵机的扭矩

智能伺服舵机可控制舵机以一定扭矩转动，逆时针为正，顺时针为负，使用的函数为 set_torque( )，其解释如表 4–5 和表 4–6 所示。

表 4–5　舵机力矩设置函数解释

函数名	set_torque
函数原型	void set_torque (int id_num, double torque)
功能描述	设置连续转动模式下舵机的扭矩
输入参数	id_num, torque
返回值	无

表 4–6　舵机力矩设置函数的参数解释

序号	参数	解释
1	id_num	舵机编号，即要设置第几号舵机的连续转动模式下的扭矩，这里可以用广播编号
2	torque	参数范围为 −3~3；参数为正，舵机则正转，反之则反转（参数的绝对值表示力矩的相对大小）

例 4.3　/* 修改 1 号舵机扭矩参数为 0.5*/

```
set_torque(1,0.5);
```

(4) 设置连续转动模式下舵机的转动速度

智能伺服舵机可控制舵机以一定速度转动，逆时针为正，顺时针为负，使用的函数为 set_speed( )，其解释如表 4–7 和表 4–8 所示。

表 4–7　舵机转动速度控制函数解释

函数名	set_speed
函数原型	void set_speed(int id_num, int speed)
功能描述	设置连续转动模式下舵机的转动速度
输入参数	id_num, speed
返回值	无

表 4–8　舵机转动速度控制函数的参数解释

序号	参数	解释
1	id_num	舵机编号，即要设置第几号舵机的模式
2	speed	舵机转动速度（−1 000~1 000）；速度为正，舵机则正转，反之则反转；数字绝对值越大，速度越快

例 4.4 /* 设置连续转动模式下舵机的转动速度 */

```
set_speed(1,350);     //设置1号舵机正转,速度为350 (比例,无单位)
```

4.5.2.2 状态回读函数

(1) 回读当前舵机状态信息

智能伺服舵机可回读舵机状态信息, 如角度位置等, 使用的函数为 get_state( ), 其解释如表 4-9 和表 4-10 所示。

表 4-9　回读舵机状态函数解释

函数名	get_state
函数原型	int get_state(int id_num, int para_num, int o_m)
功能描述	获取舵机当前所处状态
输入参数	id_num, para_num, o_m
返回值	1) 所有信息组成的列表; 2) 当前舵机编号; 3) 返回当前角度; 4) 返回当前期望角度; 5) 返回到达期望角度剩余的步数;

表 4-10　回读舵机状态函数的参数解释

序号	参数	解释	备注
1	id_num	需要返回参数的舵机编号 (除总线上只有一个舵机外, 勿使用广播编号)	servo_rpara[ ] 数组为返回参数存储数组, 0~4 位存储数据分别为舵机编号、当前舵机角度、当前期望角度、舵机所需运行时长 (ms)、当前舵机模式。此数组已定义为全局变量, 允许在 main 函数中直接调用。返回的数据可作为是否继续下一步的标志
2	para_num	要查询的参数编号, 可返回一个指定参数: 1) para_num=0, 返回所有信息组成的列表; 2) para_num=1, 返回当前舵机编号; 3) para_num=2, 返回当前角度; 4) para_num=3, 返回当前期望角度; 5) para_num=4, 返回舵机所需运行时长	
3	o_m	用来指明总线上有一个舵机或多个舵机, 一个舵机对应 1, 多个舵机对应 0; 如果总线上只有一个舵机可以采用广播编号, 此时 o_m=1	

例 4.5 /* 返回 1 号舵机当前角度 */

```
float getdata_flag;     //定义函数返回参数值的存储变量
getdata_flag = get_state(1,2,1);     //可直接返回当前角度的参数，2为参数编号
```

或者:

```
float m;     //任意声明变量或数组
get_state(1,2,1);
m=servo_rpara[1];     //此时m的值为当前舵机角度
```

(2) 回读 EEPROM 中指定位置的舵机参数值

智能伺服舵机可回读 EEPROM 中指定位置的参数值, 使用的函数为 read_e2( ), 其解释如表 4-11 和表 4-12 所示。

表 4–11　回读舵机指定参数函数解释

函数名	read_e2
函数原型	int read_e2(int id_num, int address)
功能描述	读取 EEPROM 中指定位置的舵机参数值
输入参数	id_num, address
返回值	返回舵机发送过来的 16 位数据

表 4–12　回读舵机指定参数函数的参数解释

序号	参数	解释
1	id_num	舵机编号 (总线上只有一个舵机时可以用广播编号 121)
2	address	EEPROM 中的相对位置, 0 代表 0x00, 以此类推, 每一位的具体含义如表 4–13 所示

表 4–13　标准伺服舵机 EEPROM 表

地址	项目	描述	初始值	范围
00	ID	舵机编号	0	0~253
01	OFFSET1	角度偏移量低位	70	0~99
02	OFFSET2	角度偏移量高位	0	—
03	ParaP	PID 参数 P 参数	20	1~200
04	ParaI	PID 参数 I 参数	0	0~200
05	ParaD	PID 参数 D 参数	40	0~249
06	MaxDuty	PWM 最大占空比 (最大力矩)	100	10~100
07	MinDuty	PWM 最小占空比 (最小力矩)	0	0~30
08	PosError	目标位置容错	2	1~20
09	InitMode	舵机刚上电时的初始模式	17	17~20
10	StallLimit	堵转保护限制	20	5~100
11	StallControl	堵转后是否响应控制指令	1	0~1
12	BaudRate	波特率选择 (1–19 200, 2–57 600)	1	1~2
13	STALLTIME	触发堵转保护时间	5	4~10
14	dcsP_S	控制模式停转后 P 参数	40	0~100
15	Software_Vers	软件版本	3	—
16	Free	预留	1	—
17	Ctrl_ORI	E2 14 位是否有效 (值为 0 有效)	0	0~1

注: 每款舵机的 EEPROM 表不尽相同, 使用 read_e2 读取参数时, 以具体舵机的 EEPROM 表显示的参数及其位置为准。

例 4.6　/* 读取 1 号舵机 PID 中的 P 参数 */

```
int m;      //任意声明变量或数组
m=read_e2(1,3);    //此时m的值为1号舵机PID中P参数数值
```

(3) 回读 EEPROM 中连续位置的参数值

智能伺服舵机可回读 EEPROM 中连续位置的参数值, 使用的函数为 read_e2_all( ), 其解释如表 4-14 和表 4-15 所示。

表 4-14　回读舵机 EEPROM 连续参数函数解释

函数名	read_e2_all
函数原型	void read_e2_all(int id_num)
功能描述	读取 EEPROM 中连续位置的舵机参数值
输入参数	id_num
返回值	舵机参数

表 4-15　回读舵机 EEPROM 连续参数函数的参数解释

序号	**参数**	**解释**
1	id_num	被读取参数的舵机编号, 连接一个舵机时可以用广播编号, 返回的数据保存在数组 servo_rdata[16] 中

例 4.7　/* 读取 1 号舵机 EEPROM 中参数值 */

```
read_e2_all(1);
```

4.5.2.3　参数设置函数

(1) 设置舵机工作模式

智能伺服舵机可设置舵机工作模式, 使用的函数为 change_mode( ), 其解释如表 4-16 和表 4-17 所示。

表 4-16　舵机模式设置函数解释

函数名	change_mode
函数原型	void change_mode(int id_num, int mode_num)
功能描述	改变舵机模式
输入参数	id_num, mode_num
返回值	无

舵机有 4 种模式: 阻尼模式、锁死模式、待机模式、连续转动模式。

1) 当处于阻尼模式时, 舵机可以被掰动, 但是舵机具有阻力, 转动越快, 阻力越大。

2) 当处于锁死模式时, 舵机控制程序启动, 将舵机固定在某个角度, 不能被掰动。

3) 当处于待机模式时, 舵机可以被随意掰动, 阻力很小。

4) 当处于连续转动模式时, 舵机变成减速电动机, 可以在指定速度下整周连续转动。

表 4-17 舵机模式设置函数的参数解释

序号	参数	解释
1	id_num	舵机编号, 即要设置第几号舵机的模式
2	mode_num	用来选择不同的模式: 1) mode_num=1, 阻尼模式; 2) mode_num=2, 锁死模式; 3) mode_num=3, 待机模式; 4) mode_num=4, 连续转动模式

例 4.8 /* 设置舵机为阻尼模式 */

```
change_mode(121,1);     //121为舵机(共同)ID号, 1代表阻尼模式
```

(2) 解锁舵机保护状态

智能伺服舵机可解锁舵机保护状态, 使用的函数为 unlock_stall( ), 其解释如表 4-18 和表 4-19 所示。

表 4-18 舵机解锁保护状态函数解释

函数名	unlock_stall
函数原型	void unlock_stall(int id_num)
功能描述	解锁舵机的保护状态 (温度、电压、过载保护)
输入参数	id_num
返回值	无

表 4-19 舵机解锁保护状态函数参数及解释

序号	参数	解释
1	id_num	舵机编号, 即要解锁的是第几号舵机

例 4.9 /* 解锁 1 号舵机的保护状态 */

```
unlock_stall(1);
```

(3) 修改 EEPROM 中的舵机参数值

智能伺服舵机可修改 EEPROM 中的参数值, 使用的函数为 write_e2( ), 其解释如表 4-20 和表 4-21 所示。

表 4-20 舵机 EEPROM 参数修改函数解释

函数名	write_e2
函数原型	void write_e2(int id_num, int address, int value)
功能描述	修改 EEPROM 中指定位置的舵机参数值
输入参数	id_num, address, value
返回值	无

表 4-21　舵机 EEPROM 参数修改函数的参数解释

序号	参数	解释
1	id_num	舵机编号, 如果不知道当前舵机编号, 可以用广播编号 121, 但是这时总线上只能连一个舵机, 否则多个舵机会被设置成相同参数值
2	address	EEPROM 中的参数位置编号, 0 代表 0x00, 以此类推, 每一位的具体含义如表 4-13 所示
3	data	EEPROM 数据

例 4.10　/* 修改 1 号舵机角度偏移量低位为 180° */

```
write_e2(1,1,180);      //第二个1代表EEPROM表中的位置
```

(4) 修改舵机编号

智能伺服舵机可修改舵机编号, 使用的函数为 set_id( ), 其解释如表 4-22 和表 4-23 所示。

表 4-22　舵机编号修改函数解释

函数名	set_id
函数原型	void set_id(int id_num, int id_new)
功能描述	设置舵机编号
输入参数	id_num, id_new
返回值	无

表 4-23　舵机编号修改函数参数及解释

序号	参数	解释
1	id_num	需要重新设置编号的舵机编号, 如果不知道当前舵机编号, 可以用广播编号 121, 但是这时总线上只能连一个舵机, 否则多个舵机会被设置成相同编号
2	id_new	新舵机编号, 舵机编号范围 0~255 (除去 121、126、127, 共 253 个), 默认为 0

例 4.11　/* 改变 1 号舵机的编号为 2 */

```
set_id(1,2);
```

(5) 修改 PID 参数

智能伺服舵机可修改舵机 PID 参数。使用的函数为 set_pid( ), 其解释如表 4-24 和表 4-25 所示。

表 4-24　舵机 PID 参数修改函数解释

函数名	set_pid
函数原型	void set_pid(int id_num, int pid)
功能描述	设置舵机 PID 控制中的 P 参数
输入参数	id_num, pid
返回值	无

表 4-25　舵机 PID 参数修改函数的参数解释

序号	参数	解释
1	id_num	需要重新设置 PID 的舵机编号，如果不知道当前舵机编号，可以用广播编号 121，但是这时总线上只能连一个舵机，否则多个舵机会被设置成相同 PID
2	pid	P 参数，调节 PID 参数可改变舵机响应速度，但过大则导致舵机超调，默认值为 20，调节时在此值附近给值，一般情况下不需要改变

例 4.12　/* 修改 1 号舵机角度 PID 的 P 参数为 21*/

```
set_pid(1,21);
```

4.5.2.4　初始化函数

智能伺服舵机可初始化舵机的 EEPROM 参数，使用的函数为 e2_init( )，其解释如表 4-26 和表 4-27 所示。

表 4-26　舵机初始化参数函数解释

函数名	e2_init
函数原型	void e2_init(int id_num)
功能描述	初始化 EEPROM 中除 ID 号、波特率外的所有值
输入参数	id_num
返回值	无

表 4-27　舵机初始化参数函数参数及解释

序号	参数	解释
1	id_num	舵机编号，不可以广播

例 4.13　/* 初始化 1 号舵机 EEPROM 中的参数值 */

```
e2_init(1);
```

4.5.3　基于智能伺服舵机的简易开发示例

4.5.3.1　垃圾自动投掷器

智能伺服舵机可通过修改其 P 参数改变输出刚度，且舵机刚度与 P 参数的大小正相关。因此当设置 P 参数在合理范围内时，舵机将在受到外力时产生微小扰动。可以通过数据反馈功能探知扰动发生的时间及大小。利用上述想法，我们可以开发一个简易的垃圾自动投掷器，如图 4-40 所示，其主要部件包括：① 收集仓，用于接收投掷的垃圾；② 悬臂，用于连接舵机主动轴与收集仓，放大垃圾自重，使舵机更易产生扰动；③ 大然 A03-SS 舵机，用于感知垃圾是否投放及投掷垃圾；④ 垃圾桶，用于存放垃圾；⑤ arduino 主控，运行工作程序；⑥ 电池。其工作流程如下。

第 1 步: 将垃圾放进收集仓。

第 2 步: 垃圾自重压向悬臂, 使得舵机产生一定扰动 (转动)。

第 3 步: 上位机不间断读取舵机的位置角度, 检测是否发生变化以及变化量是否在有效范围内, 以便监测扰动发生的时间和大小。

第 4 步: 若上位机检测到舵机角度变化且该变化在合理范围内, 则舵机带动悬臂将垃圾投进垃圾桶。

第 5 步: 垃圾倒进桶后, 舵机带动悬臂恢复到初始位置, 等待下次垃圾投放。

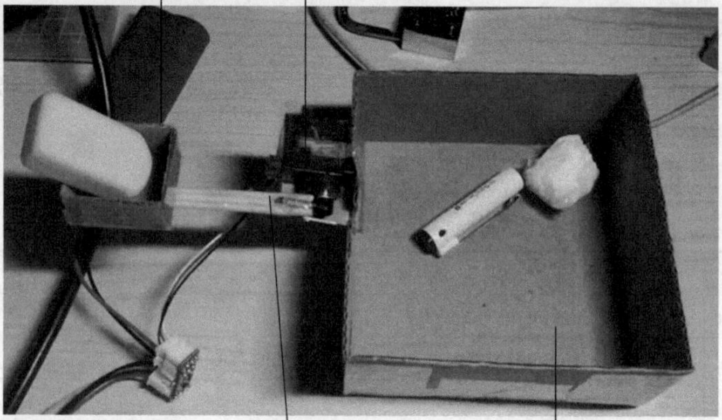

图 4−40 简易垃圾自动投掷器

上述装置的一个关键技术环节为给舵机设置合适的 P 参数, 以获得恰当的位置刚度。不同位置刚度下舵机对重物的感应能力不同, 即灵敏度不同。

4.5.3.2 称重器

智能伺服舵机拥有力矩控制功能, 基于此功能可以设计一个简易称重器, 如图 4−41 所示, 其主要部件包括: ① 杠杆, 用于承受重物; ② 吊绳, 用于吊起重物, 连接重物与杠杆; ③ 大然 A03-SS 舵机, 用于感知物体质量; ④ arduino 主控, 运行工作程序; ⑤ 电池。其工作流程如下。

事先准备: 标定该装置中舵机输出力矩与物体质量之间的转换关系。

第 1 步: 将重物挂于吊绳末端。

第 2 步: 舵机逐步加大输出力矩, 直至通过杠杆将重物吊起。

第 3 步: 舵机逐步加大输出力矩过程中, 主控不断回读舵机角度。

第 4 步: 主控检测到角度变化时表示重物被吊起, 随即记录舵机输出力矩。

第 5 步: 根据舵机输出力矩与物体质量之间的转换关系测定物体质量。

称重器使用了 A03-SS 舵机在连续转动模式下的近似力矩控制功能, 其中一个关键技术环节为标定舵机连续转动模式下速度参数大小与物体质量之间的数量关

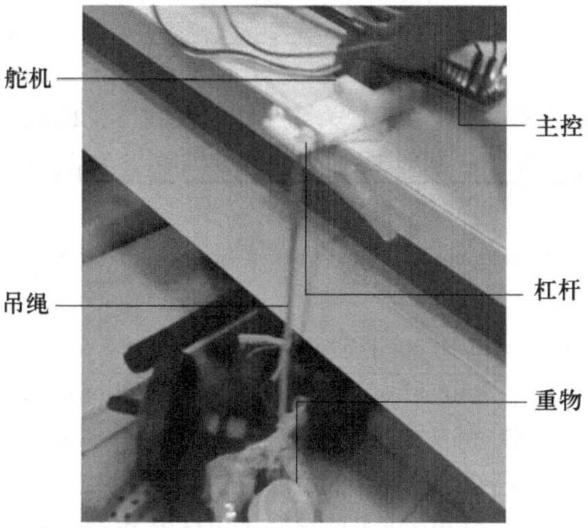

图 4-41 简易称重装置

系。当物体悬挂于杠杆上时, 通过逐步增加速度参数, 将物体吊起。

4.5.3.3 电动螺丝刀

智能伺服舵机拥有连续旋转、固定力矩输出和运动自适应功能, 基于此可以设计一款简易电动螺丝刀 (图 4-42)。其主要部件包括: ① 螺丝刀头; ② 连接器, 用于连接螺丝刀头与舵机输出轴; ③ 大然 A03-SS 舵机; ④ arduino 主控, 运行工作程序; ⑤ 电池。其工作流如下。

第 1 步: 安装合适的螺丝刀头, 并将螺丝刀头对准螺丝。

第 2 步: 设置舵机力矩并令其连续转动。

第 3 步: 舵机带动螺丝连续转动。

第 4 步: 螺丝到位后舵机以既定力矩拧紧螺丝。

第 5 步: 取出螺丝刀。

调整舵机转速可改变螺丝刀输出转矩, 该转矩即对应将螺丝拧紧所需力矩。

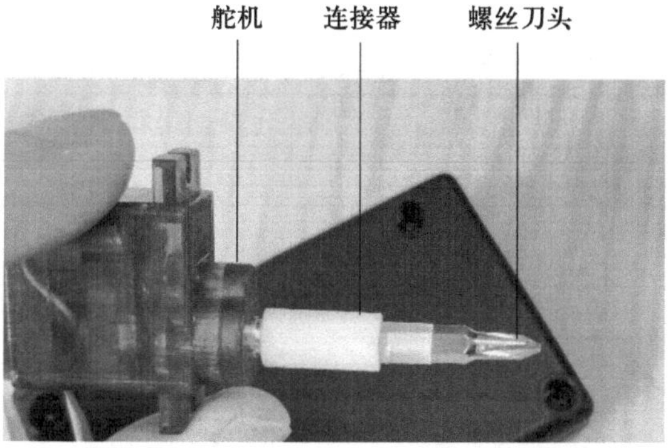

图 4-42 简易电动螺丝刀

参考文献

[1] 冯福钦. 增强船舶液压舵机安全性配置关键点 [J]. 中国船检, 2020(10): 69-71.

[2] 安卓玉, 雷春牛, 孙亚南, 等. 某型飞机舵机回中时间超差的故障分析 [J]. 航空维修与工程, 2020(10): 85-87.

[3] Tang Z, Qi P, Dai J S. Mechanism design of a biomimetic quadruped robot [J]. Industrial Robot, 2017, 44(4): 512-520.

[4] Zhang C S, Zhang C, Dai J S, et al. Stability margin of a metamorphic quadruped robot with a twisting trunk [J]. Journal of Mechanisms and Robotics, 2019, 11(6): 064501.

[5] 戴建生, 康熙, 宋亚庆, 等. 可重构机构与可重构机器人——分岔演变的运动学分析、综合及其控制 [M]. 北京: 高等教育出版社, 2021.

[6] 姚强, 王亚刚. 基于 STC15F2K60S2 的多路 PWM 舵机控制器设计 [J]. 软件导刊, 2018, 17(6): 132-135.

[7] 罗明亮, 严铖, 唐剑超, 等. 基于 CAN 总线的双通道舵机设计 [J]. 微电机, 2020, 53(4): 93-98.

[8] 刘春龙, 叶天迟. 人形机器人的步态研究与设计 [J]. 吉林工程技术师范学院学报, 2019, 35(11): 107-110.

[9] 王森, 姚燕安, 武建昫. 一种新型可调整闭链多足机器人的设计与分析 [J]. 机械工程学报, 2020, 56(19): 191-199.

[10] 刘崇伟, 高雪官, 周裕东. 刚柔结合的充电机械臂设计 [J]. 机械设计与研究, 2021, 37(3): 33-37.

[11] 祁翔, 张心光, 邓寅喆. 基于广义最小二乘法的 ROV 水下机器人模型在线参数辨识 [J]. 船舶工程, 2021, 43(5): 111-113, 144.

第 5 章　机器人本体运动智能

5.1　机器人本体运动智能的定义

机器人本体运动智能, 顾名思义就是机器人整体运动面对不同场景需求所应展现的功能。单个驱动器转动促使单个关节 (或连带部分从动关节) 运动, 多个驱动器同时转动可带来更多部位运动, 直至整体运动。由此可见, 驱动器运动智能构成机器人本体运动智能的基础。从控制结构上看, 从驱动器运动智能到机器人本体运动智能是一个由底层到上层、由局部到整体的过程。

机器人运动过程中需要具备各种不同功能, 如自主避障 [1] 等。通常情况下, 机器人通过视觉传感器 [2] 识别障碍物, 然后调整运动轨迹以避开。这一过程中既有传感器的识别作用, 又有机器人自身运动的作用。有些情况下, 机器人无法通过调整运动轨迹的方式避开障碍物, 此时只能通过改变自身形态以越过或通过间隙穿过障碍物。图 5–1 所示为一款变胞机器人在遇到比当前形态狭小的窄道后, 收缩躯干, 以另一种形态穿越窄道。该功能与机器人收缩躯干这一基础运动能力密不可分。机器人的基础运动能力是完成目标任务的基石, 也是运动智能的基础与重要体现。

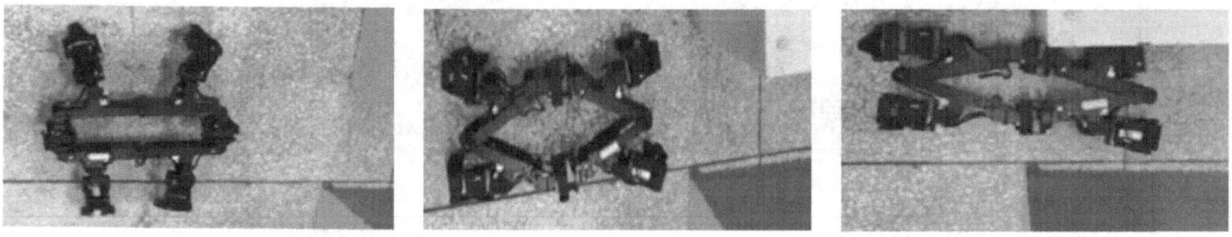

(a) 遇见窄道　　(b)收缩躯干　　(c) 通过窄道

图 5–1　变胞机器人收缩躯干钻进狭窄空间

图 5–2 展示了一款四足机器人的自主恢复功能。该机器人被踢翻后, 首先通过姿态感知传感器测得其跌倒的状态, 再规划其四肢运动以重新站立。这也是其本体运动智能的体现。

图 5–3 展示了变胞机器人 [3] 由收缩状态被远程抛出, 落地之后自行展开并恢复到工作姿态的过程。首先为了适应抛摔与滚落过程, 机器人收缩成球状; 落地并

(a) 被踢翻　(b) 开始翻身　(c) 重新站立

图 5-2　一款四足机器人的自主恢复过程

(a) 收缩抛出　(b) 一次展开　(c) 以小狗形态站立　(d) 以小狗形态侧卧　(e) 二次展开　(f) 恢复初始状态

图 5-3　变胞机器人远程抛送过程

静止后, 机器人通过巧妙的变构过程将自身恢复到特定姿态; 最后在该姿态下变换到工作姿态。这一过程中, 变胞机器人也展现了一种典型的本体运动智能。

图 5-4 展示了一款人形机器人维持自身平衡同时自主行走 [4] 的过程。为维持身体平衡, 该机器人需要确保自身重心在地面上的投影始终落在脚掌上。迈出一条腿前, 其躯干需向另一条腿的方向移动, 以将重心在地面上的投影移动到另一侧

脚掌上。如图 5-4 所示, 机器人首先将躯干向其右侧移动, 此时迈出左腿; 随后将左腿放下, 双脚着地; 躯干回正; 再将躯干向其左侧移动; 然后迈出右腿。以此循环, 实现向前行走的目的。由此可见, 机器人行走迈腿并不是杂乱无章、没有原则的。其自有一套内部的行为逻辑, 该行为逻辑也是机器人本体运动智能的体现。

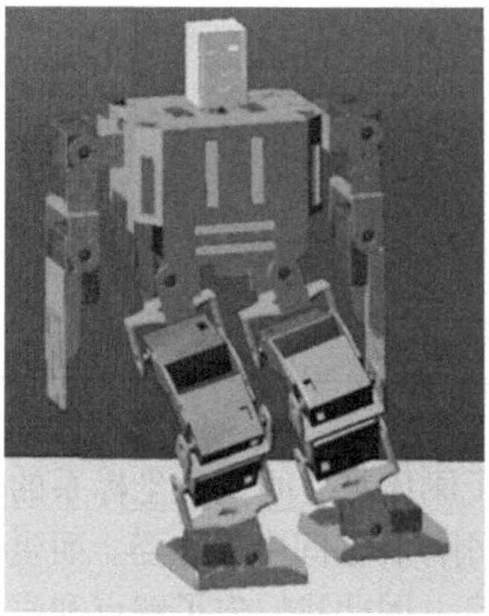

(a) 左腿抬起、躯干右倾

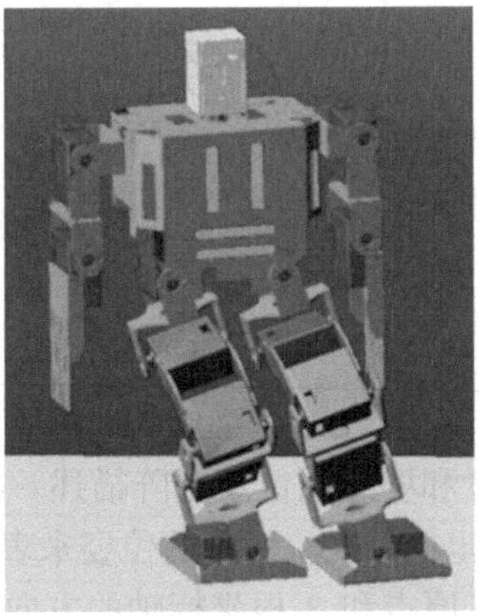

(b) 左腿迈出、躯干右倾

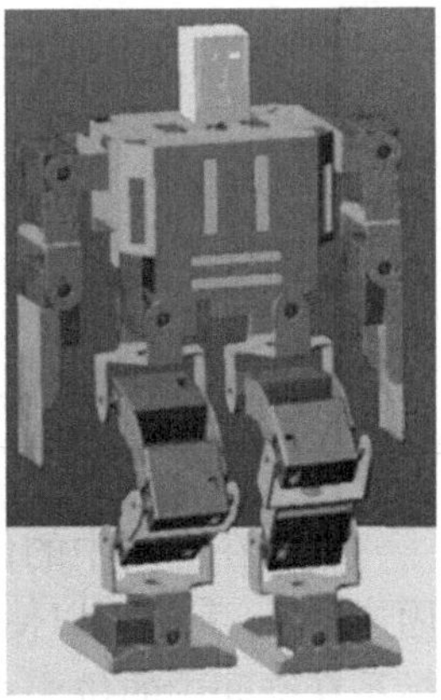

(c) 左脚落地、躯干回正

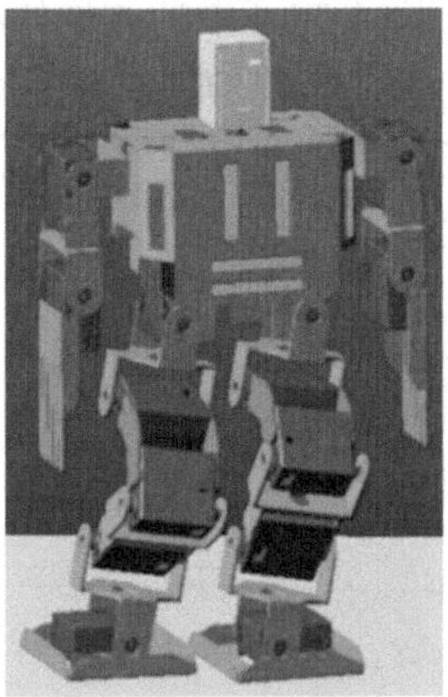

(d) 右腿抬起、躯干左倾

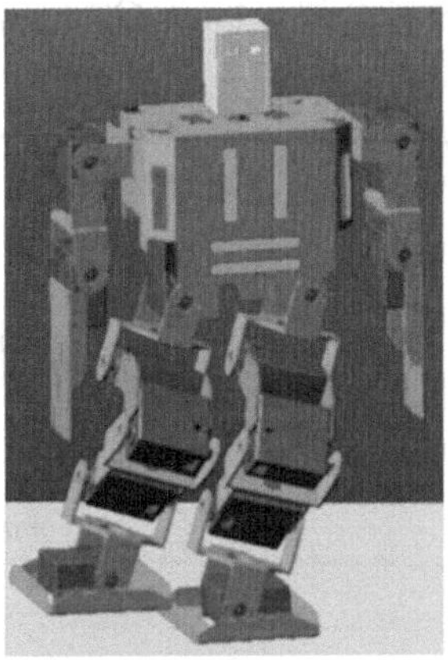

(e) 右腿迈出、躯干左倾

图 5-4 一款人形机器人的行走过程

5.2 描述刚体空间位置与姿态的数学方法

5.2.1 刚体与坐标系的关系

我们知道刚体是不可拆分且不可变形的, 而空间直角坐标系一旦定义之后也具备同样性质。因此, 如果将空间直角坐标系固连在刚体上, 使二者间保持固定的位置和姿态关系, 就可以用空间直角坐标系的位置和姿态 (以后简称位姿) 表征刚体的位置和姿态。如图 5-5 所示, 坐标系在刚体上的位置可任意选取, 一般以计算和表示方便为准。

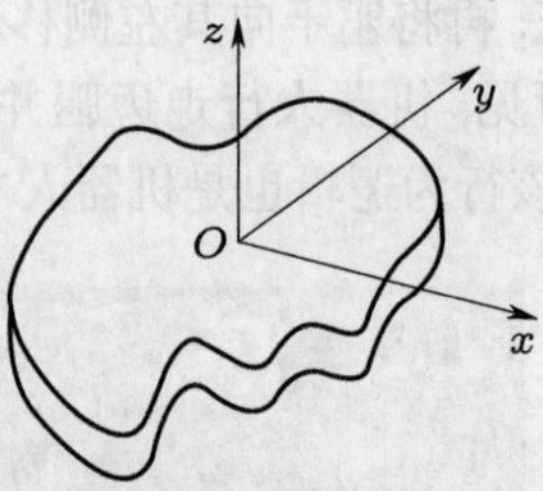

图 5-5　刚体与坐标系的固连关系

5.2.2　确定刚体位姿的矩阵方法

刚体在空间中的位置和姿态用位姿矩阵描述。鉴于刚体与空间直角坐标系的固连关系，我们可以使用坐标系在空间中的位姿来表示刚体在空间中的位姿。而坐标系在空间中的位姿由其原点和 3 根坐标轴的方向确定。因此我们先了解点和直线方向在空间中的描述，进而综合出刚体在空间中的位姿矩阵。

空间中设有全局坐标系 O_0-$x_0y_0z_0$，点 A 在其中的方位如图 5-6 所示，x_0^A、y_0^A 和 z_0^A 分别为点 A 在 x_0、y_0 和 z_0 轴上的投影，则点 A 的位置向量 $\boldsymbol{p}_0^A$ 可用式 (5-1) 表示为

$$\boldsymbol{p}_0^A = \begin{bmatrix} x_0^A \\ y_0^A \\ z_0^A \end{bmatrix} \tag{5-1}$$

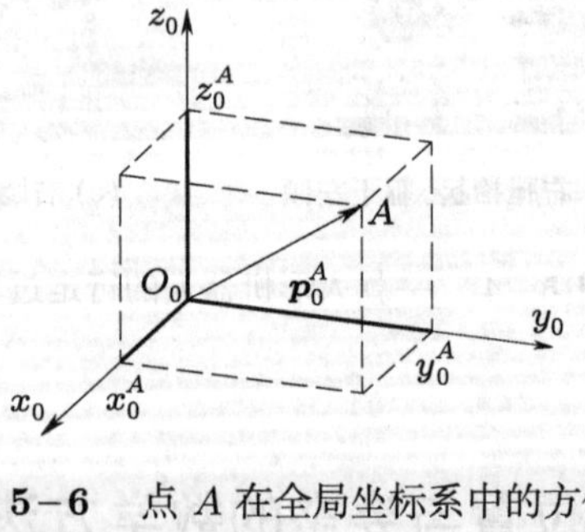

图 5-6　点 A 在全局坐标系中的方位

直线方向向量 $\boldsymbol{i}_A$ 是单位向量，其与参考系 x_0、y_0 和 z_0 轴的夹角分别为 α、β 和 γ (图 5-7)。则向量 $\boldsymbol{i}_A$ 可以表示为

$$\boldsymbol{i}_A = \begin{bmatrix} \cos \widehat{\boldsymbol{i}_A \boldsymbol{x}_0} \\ \cos \widehat{\boldsymbol{i}_A \boldsymbol{y}_0} \\ \cos \widehat{\boldsymbol{i}_A \boldsymbol{z}_0} \end{bmatrix} = \begin{bmatrix} \cos\alpha \\ \cos\beta \\ \cos\gamma \end{bmatrix} \tag{5-2}$$

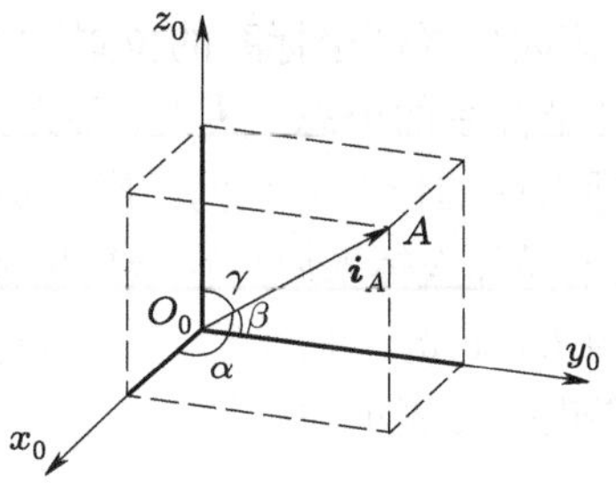

图 5–7 向量 $\boldsymbol{i}_A$ 在全局坐标系中的表示

式 (5–2) 即为直线方向在全局坐标系中的向量描述。其中, $\widehat{\boldsymbol{i}_A\boldsymbol{x}_0}$ 表示 $\boldsymbol{i}_A$ 与 x_0 轴的夹角, $\widehat{\boldsymbol{i}_A\boldsymbol{y}_0}$ 表示 $\boldsymbol{i}_A$ 与 y_0 轴的夹角, $\widehat{\boldsymbol{i}_A\boldsymbol{z}_0}$ 表示 $\boldsymbol{i}_A$ 与 z_0 轴的夹角。

假设全局坐标系 O_0-$x_0y_0z_0$ 中存在一个局部坐标系 O_0-$x_1y_1z_1$, 该局部坐标由全局坐标系 O_0-$x_0y_0z_0$ 旋转而得, 其原点与全局坐标系重合, 其坐标轴与全局坐标系坐标轴存在一定角度, 如图 5–8 所示。

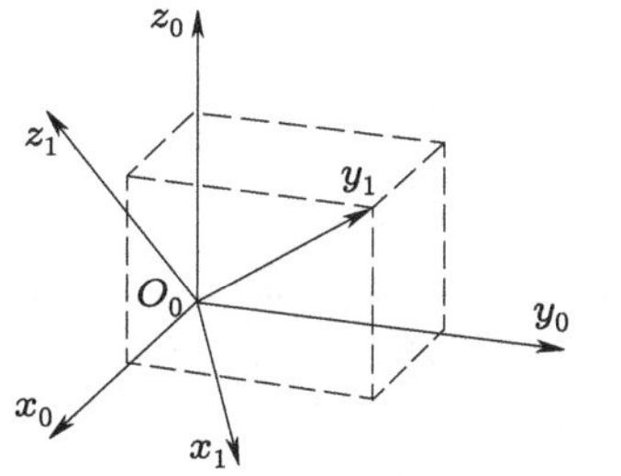

图 5–8 坐标系 O_0-$x_1y_1z_1$ 在全局坐标系中的表示

利用单位向量的方向描述, 可以分别表示坐标系 O_0-$x_1y_1z_1$ 3 个坐标轴在全局坐标系 O_0-$x_0y_0z_0$ 下的方向向量。设 x_1、y_1 和 z_1 轴在全局坐标系中的方向向量分别为 $\boldsymbol{i}_1$、$\boldsymbol{j}_1$ 和 $\boldsymbol{k}_1$, 则

$$\boldsymbol{i}_1=\begin{bmatrix}\cos\widehat{\boldsymbol{x}_1\boldsymbol{x}_0}\\ \cos\widehat{\boldsymbol{x}_1\boldsymbol{y}_0}\\ \cos\widehat{\boldsymbol{x}_1\boldsymbol{z}_0}\end{bmatrix},\quad \boldsymbol{j}_1=\begin{bmatrix}\cos\widehat{\boldsymbol{y}_1\boldsymbol{x}_0}\\ \cos\widehat{\boldsymbol{y}_1\boldsymbol{y}_0}\\ \cos\widehat{\boldsymbol{y}_1\boldsymbol{z}_0}\end{bmatrix},\quad \boldsymbol{k}_1=\begin{bmatrix}\cos\widehat{\boldsymbol{z}_1\boldsymbol{x}_0}\\ \cos\widehat{\boldsymbol{z}_1\boldsymbol{y}_0}\\ \cos\widehat{\boldsymbol{z}_1\boldsymbol{z}_0}\end{bmatrix} \tag{5-3}$$

将上述 3 个向量从左至右依次排列组成 3×3 阶矩阵, 可得坐标系 O_0-$x_1y_1z_1$ 在全局坐标系中的姿态矩阵如下

$$\boldsymbol{R}_0^1=[\boldsymbol{i}_1\quad \boldsymbol{j}_1\quad \boldsymbol{k}_1]=\begin{bmatrix}\cos\widehat{\boldsymbol{x}_1\boldsymbol{x}_0} & \cos\widehat{\boldsymbol{y}_1\boldsymbol{x}_0} & \cos\widehat{\boldsymbol{z}_1\boldsymbol{x}_0}\\ \cos\widehat{\boldsymbol{x}_1\boldsymbol{y}_0} & \cos\widehat{\boldsymbol{y}_1\boldsymbol{y}_0} & \cos\widehat{\boldsymbol{z}_1\boldsymbol{y}_0}\\ \cos\widehat{\boldsymbol{x}_1\boldsymbol{z}_0} & \cos\widehat{\boldsymbol{y}_1\boldsymbol{z}_0} & \cos\widehat{\boldsymbol{z}_1\boldsymbol{z}_0}\end{bmatrix} \tag{5-4}$$

由此得到局部坐标系在全局坐标系中的姿态矩阵。所有局部坐标系均可由全局坐

标系经平移和旋转得到, 平移改变局部坐标系的位置 (可用其原点在全局坐标系中的坐标表示), 旋转改变局部坐标系的姿态。因此, 要完全确定一个局部坐标系, 还需要知道其原点在全局坐标系中的位置。我们已经知道点的位置在全局坐标系中的向量描述, 借此便可以确定局部坐标系原点在全局坐标系中的位置。设新局部坐标系 O_2-$x_2y_2z_2$, 其坐标轴与 O_0-$x_1y_1z_1$ 的平行, 原点 O_2 在全局坐标系中的位置向量为 $\boldsymbol{P}_2$, 则该坐标系的位姿矩阵可表示为

$$\boldsymbol{T}_0^2=\left[\begin{array}{ccc|c}\multicolumn{3}{c|}{\boldsymbol{R}_0^2} & \boldsymbol{P}_2\\ \hline 0 & 0 & 0 & 1\end{array}\right] \tag{5-5}$$

式中, $\boldsymbol{R}_0^2$ 为局部坐标系 O_2-$x_2y_2z_2$ 在全局坐标系中的姿态矩阵。值得注意的是, 局部坐标系 O_2-$x_2y_2z_2$ 相当于将局部坐标系 O_0-$x_1y_1z_1$ 从 O_0 点平移到 O_2 点, 如图 5-9, 因而 $\boldsymbol{R}_0^2=\boldsymbol{R}_0^1$。

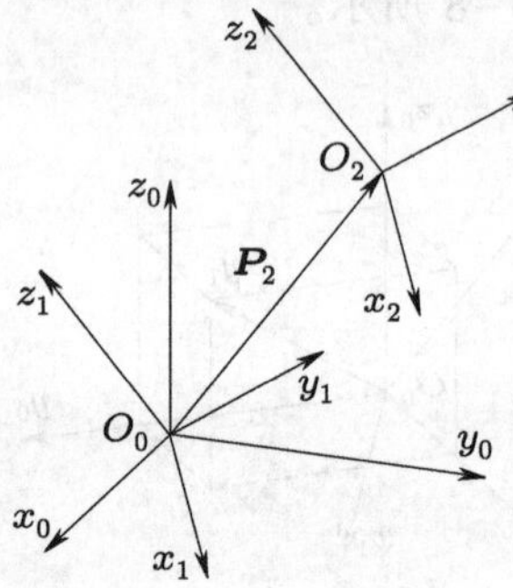

图 5-9　坐标系 O_2-$x_2y_2z_2$ 与坐标系 O_0-$x_1y_1z_1$ 间的平移关系

式 (5-5) 便可表征与坐标系 O_2-$x_2y_2z_2$ 固连的刚体在全局坐标系中的位姿, 其中, $\boldsymbol{P}_2$ 表示刚体位置, $\boldsymbol{R}_0^2$ 表示刚体姿态。

5.3　D-H 参数、变换矩阵和坐标变换

5.3.1　D-H 参数简介

Denavit 和 Hartenberg 采用 4 个独立的参数描述机构中相邻关节轴线间的位置和姿态关系, 这组参数常被称为 D-H 参数 [5]。首先, 建立第 i 个关节局部坐标系 O_i-$x_iy_iz_i$, 其原点 O_i 为第 i 个关节中心, z_i 轴为第 i 个关节轴线方向, x_i 轴为第 i 个关节轴线与第 $i+1$ 个关节轴线的公垂线, 并且指向第 $i+1$ 个关节, y_i 轴按照右手定则 [6] 确定。按照相同的方法, 建立第 $i+1$ 个关节局部坐标系 O_{i+1}-$x_{i+1}y_{i+1}z_{i+1}$, 如图 5-10 所示, 图中 a_i 和 α_i 为杆件参数, d_{i+1} 和 θ_{i+1} 为关节参数, 各参数的定义如下。

1) a_i: 从 z_i 轴到 z_{i+1} 轴沿 x_i 轴平移的距离, 用来描述连杆的长度。
2) α_i: 从 z_i 轴到 z_{i+1} 轴绕 x_i 轴转动的角度, 用来描述连杆的扭角。
3) d_{i+1}: 从 x_i 轴到 x_{i+1} 轴沿 z_{i+1} 轴平移的距离, 用来描述关节间的偏距。
4) θ_{i+1}: 从 x_i 轴到 x_{i+1} 轴绕 z_{i+1} 轴转动的角度, 用来描述关节的转角。

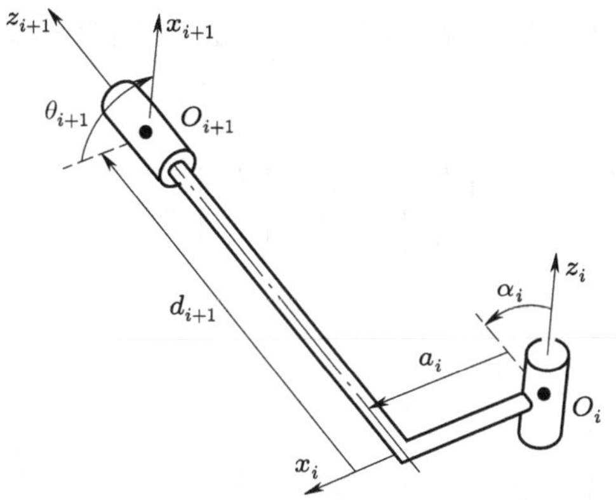

图 5–10 D–H 参数示意

5.3.2 基于 D–H 参数的变换矩阵

通过 D–H 参数的定义可知, 其表征的是相邻杆件之间的位置和姿态关系。而与杆件固连的坐标系可表征杆件在空间中的位姿。因而可以由 D–H 参数获得相邻杆件坐标系间的变换关系。利用 D–H 参数可以将杆件坐标系 O_i-$x_iy_iz_i$ 到其相邻杆件坐标系 O_{i+1}-$x_{i+1}y_{i+1}z_{i+1}$ 的变换矩阵 $\boldsymbol{T}_i^{i+1}$ 表示为

$$\boldsymbol{T}_i^{i+1}=\begin{bmatrix}\cos\theta_{i+1} & -\sin\theta_{i+1} & 0 & a_i\\ \cos\alpha_i\sin\theta_{i+1} & \cos\alpha_i\cos\theta_{i+1} & -\sin\alpha_i & -d_{i+1}\sin\alpha_i\\ \sin\alpha_i\sin\theta_{i+1} & \sin\alpha_i\cos\theta_{i+1} & \cos\alpha_i & d_{i+1}\cos\alpha_i\\ 0 & 0 & 0 & 1\end{bmatrix} \tag{5-6}$$

有了相邻杆件坐标系间的变换矩阵 [7], 便可以比较方便地求得末端件坐标系 O_6-$x_6y_6z_6$ (假定有 6 根活动杆件串联) 与全局坐标系 O_0-$x_0y_0z_0$ 之间的变化矩阵。由于机器人杆件之间存在串联性, 末端坐标系与全局坐标系之间的变换矩阵可由两者间各个相邻杆件坐标系变换矩阵依次相乘得到, 即

$$\boldsymbol{T}_0^6=\boldsymbol{T}_0^1\boldsymbol{T}_1^2\boldsymbol{T}_2^3\boldsymbol{T}_3^4\boldsymbol{T}_4^5\boldsymbol{T}_5^6 \tag{5-7}$$

式中, $\boldsymbol{T}_0^6$ 为全局坐标系到末端件坐标系的变换矩阵; $\boldsymbol{T}_0^1$ 为全局坐标系到杆 1 坐标系的变换矩阵; $\boldsymbol{T}_1^2$ 是杆 1 坐标系到杆 2 坐标系的变换矩阵; 其他符号以此类推。

5.3.3 利用变换矩阵进行坐标变换

空间中同一点在不同坐标系下有不同坐标值。因为共同表示同一个点, 这些坐标值之间存在一定联系。而各个坐标系之间的变换矩阵便是这些坐标值联系的纽带。假设点 P 在坐标系 $O_i\text{-}x_iy_iz_i$ 中的位置矢量为 $\boldsymbol{P}_i=[x_i \quad y_i \quad z_i]^{\mathrm{T}}$, 在坐标系 $O_j\text{-}x_jy_jz_j$ 中的位置矢量为 $\boldsymbol{P}_j=[x_j \quad y_j \quad z_j]^{\mathrm{T}}$, 则两个坐标值之间存在如下变换关系

$$\begin{bmatrix}\boldsymbol{P}_i\\1\end{bmatrix}=\boldsymbol{T}_i^j\begin{bmatrix}\boldsymbol{P}_j\\1\end{bmatrix} \quad 或 \quad \begin{bmatrix}\boldsymbol{P}_j\\1\end{bmatrix}=(\boldsymbol{T}_i^j)^{-1}\begin{bmatrix}\boldsymbol{P}_i\\1\end{bmatrix} \tag{5-8}$$

即

$$\begin{bmatrix}x_i\\y_i\\z_i\\1\end{bmatrix}=\boldsymbol{T}_i^j\begin{bmatrix}x_j\\y_j\\z_j\\1\end{bmatrix} \quad 或 \quad \begin{bmatrix}x_j\\y_j\\z_j\\1\end{bmatrix}=(\boldsymbol{T}_i^j)^{-1}\begin{bmatrix}x_i\\y_i\\z_i\\1\end{bmatrix} \tag{5-9}$$

5.4 机器人本体运动智能的技术组成

与驱动器运动智能一样, 机器人本体运动智能也需要一系列算法的支持才能实现。运行这类算法的器件称为主控制器, 简称主控, 属于上层控制器。宏观上, 机器人本体运动智能依赖于运动建模 [8]、感知决策 [9] 和轨迹规划 [10] 算法。这三方面算法也是机器人本体运动智能的技术组成。

5.4.1 机器人运动建模

机器人运动模型是描述其运动输入量与输出量之间关系的数学模型, 具体表现为其各驱动关节运动参数与机器人执行部件运动参数之间的数量关系。上述运动参数包括位置/角度、速度、加速度、力/力矩。本节主要介绍机器人运动学模型。机器人运动学模型分为运动学正解模型和运动学逆解模型。运动学正解模型 [11] 将驱动关节运动参数作为输入、执行部件运动参数作为输出; 运动学逆解模型 [12] 将执行部件运动参数作为输入、驱动器运动参数作为输出。

通常, 建立机器人运动学模型时遵循如下 4 个步骤。

1) 将机器人参数化表示: 便于纸面运算。根据建模目的标出机器人相关参数, 主要包括部件长度、高度、宽度等机器人属性参数。该类参数在运动过程中不会发生改变。图 5-11 所示为一款可以扭动躯干的四足机器人, 其参数化表示如图 5-12 所示。图 5-12 中列出了其躯干杆件长度和腿部各杆件长度。

2) 将运动状态数字化表示: 确定输入和输出 (影响因素和目标)。根据建模目的

图 5−11　一款可以扭动躯干的四足机器人

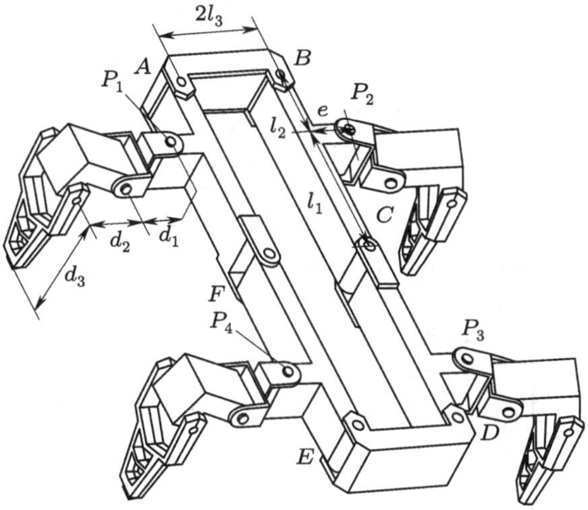

图 5−12　扭动躯干四足机器人的参数化表示 [3]

建立机器人各部分坐标系, 包括全局坐标系、局部坐标系; 标出机器人各关节位置、角度、速度、加速度等参数; 标出执行部件的位置、姿态、速度、加速度等参数。上述参数为运动变量, 在运动过程中不断变化。例如图 5−13 中标出了一款三轴机械臂的各项运动学参数, 其中, $\theta_0 \sim \theta_2$ 为机器人关节角度参数, 坐标系 $O_0\text{-}x_0y_0z_0$ 为全局坐标系, $O_i\text{-}x_iy_iz_i$ $(i=0,1,2)$ 为各关节的局部坐标系, $O_3\text{-}x_3y_3z_3$ 为机械臂执行部件坐标系。

3) 确定坐标系之间的转换关系: 变换矩阵。步骤 2) 中提到在机器人各部位建立坐标系, 其中全局坐标系是所有局部坐标系及变量的衡量尺度。局部坐标系在全局坐标系中的表达既可作为机器人对应部件的运动状态, 又表示为点坐标值从局部坐标系到全局坐标系的转换关系。因为这个变换关系可以用矩阵表达, 所以其又称为变换矩阵, 是运动建模中最为常用的矩阵。假设坐标系 $O_i\text{-}x_iy_iz_i$ 在全局坐标系 $O_0\text{-}x_0y_0z_0$ 中的表达为 $\boldsymbol{T}_0^i$ ($\boldsymbol{T}_0^i$ 是一个 4×4 阶矩阵), 设一点 A 在局部坐标系

$O_i\text{-}x_iy_iz_i$ 中的位置向量为 $\boldsymbol{P}_A^i$, 则点 A 在全局坐标系中的位置向量为

$$\boldsymbol{P}_A^0=\boldsymbol{T}_0^i\boldsymbol{P}_A^i \tag{5-10}$$

反之有

$$\boldsymbol{P}_A^i=(\boldsymbol{T}_0^i)^{-1}\boldsymbol{P}_A^0 \tag{5-11}$$

4) 确定输入与输出之间的转换关系。对于运动学正解模型, 输入与输出的关系可直接用执行部件坐标系在全局坐标系中的表达表示, 即一个 4×4 阶矩阵。以图 5-13 所示机械臂为例, 其执行部件坐标系 $O_3\text{-}x_3y_3z_3$ 在全局坐标系 $O_0\text{-}x_0y_0z_0$ 中的表达 $\boldsymbol{T}_0^3$ 中包含所有影响执行部件位姿的属性参数和关节运动参数, 因此 $\boldsymbol{T}_0^3$ 即为以关节运动参数为输入、执行部件位姿为输出的运动正解模型。

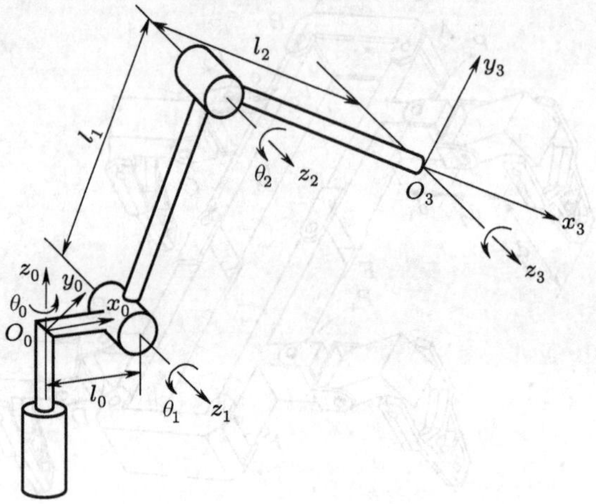

图 5-13 一款三轴机械臂的参数示意

运动学逆解模型中输入通常为执行部件运动参数在全局坐标系中的表达。以输入为执行部件的坐标为例, 假定执行部件在全局坐标系中的位置向量为 $\boldsymbol{P}$。首先将该位置向量通过变换矩阵变换成在局部坐标系中的表达。该局部坐标系应为包含执行部件和影响其坐标的驱动关节参数 (输出参数) 的最 "小" 坐标系。例如图 5-14 中展示的一款四足机器人, 其全局坐标系为 $O_0\text{-}x_0y_0z_0$, 执行部件为足尖点 F。影响足尖点位置的输出参数为 θ_1、θ_2 和 θ_3, 而包含足尖点和这些参数的最 "小" 坐标系为 $O_1\text{-}x_1y_1z_1$。首先利用变换矩阵将足尖点 F 在全局坐标系 $O_0\text{-}x_0y_0z_0$ 中的位置向量变换到局部坐标系 $O_1\text{-}x_1y_1z_1$ 中, 得出 $\boldsymbol{P}_1$。然后在局部坐标系 $O_1\text{-}x_1y_1z_1$ 中建立 $\boldsymbol{P}_1$ 关于 θ_1、θ_2 和 θ_3 的方程组。最后求解该方程组便可得到 θ_1、θ_2 和 θ_3 的表达式, 由此得到该四足机器人的运动学逆解模型。有些情况下, 全局坐标系就是包含执行部件和影响其运动参数的输出参数的最 "小" 坐标系, 例如图 5-13 所示的三轴机械臂。

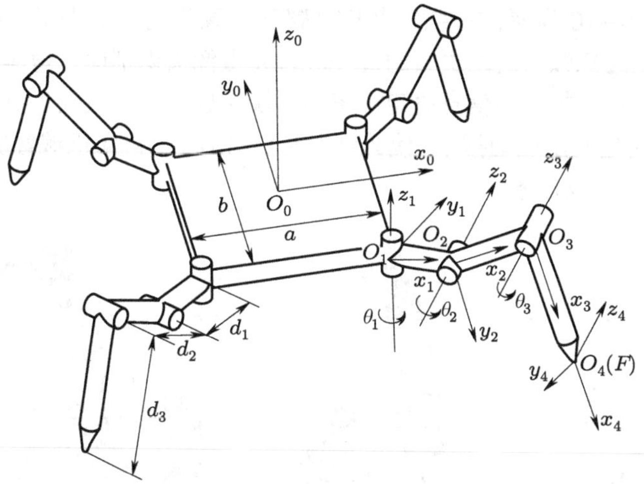

图 5-14 一款四足机器人的参数示意

本书后续将对诸多机器人运动学建模过程进行详细讲解, 以便读者对上述过程产生更深刻的体会。更多机器人机构分析与运动建模方法, 读者可参考高等教育出版社机器人科学与技术丛书中的《机构学与机器人学的几何基础与旋量代数》[13] 以及现代数学基础丛书中的《旋量代数与李群、李代数》(修订版)[14]。

5.4.2 感知与运动决策

本书第 2 章讲到运动智能与其他智能存在互补关系, 共同构成人工智能。其他智能包括机器视觉 [15] 等感知类智能。同时感知类智能又是机器人本体运动智能的组成部分。例如, 机器人抓取一个物体, 首先通过视觉确定物体的大小、形状、位置等信息, 然后伸手靠近物体将其抓起。在此过程中, 运动起到执行作用, 视觉起到感知作用, 机器人主控基于视觉得到的信息做出运动决策因而起到决策作用。主控、视觉、运动三方结合, 共同完成从感知到决策再到执行的过程。因此上述过程中的感知与运动决策是运动智能技术组成之一。

感知与运动决策是机器人自主完成任务的关键一环。从某种意义上讲, 可以将其分解并简化为如图 5-15 所示的模型, 即感知智能探得 “物体是什么” “环境是什么” 等信息, 决策智能依据上述信息决定要做什么, 最后依据运动模型执行相应动作以完成操作任务。

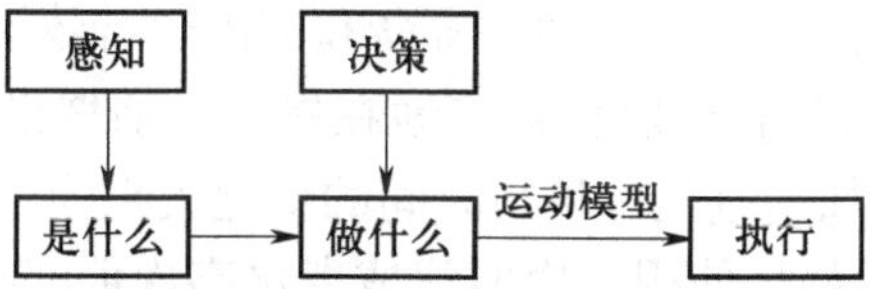

图 5-15 感知与运动决策模型

下面以图 5-16 所示的一款搭载机械臂和摄像头的智能小车完成抓取方块任务过程为例，阐述感知与运动决策的过程。首先摄像头识别前方物体的大小、形状和位置；然后主控根据上述信息决定小车向方块靠近直至方块处于机械臂的操作范围内，向小车底盘发出运动指令，使其到达指定位置后，再向机械臂发出抓取指令；最后机械臂执行完成任务。

(a) 感知：是什么　　(b) 决策：做什么　　(c) 执行

图 5-16　一款搭载机械臂和摄像头的智能小车

基于上述逻辑，我们可以利用感知与运动决策模式解决任何涉及机器人自主操作的问题。在这一过程中，将机器人本体用于执行环节，将传感器用于感知环节，将主控用于决策环节。

5.4.3　轨迹与路径规划

感知与运动决策面向的是某项具体操作。对于由多项操作组合而成的系统性工作，就需要将多个感知与运动决策过程串联，组成一条行动轨迹或路径。而路径的生成需要依据任务实际情况和特定规则，这一过程就是路径规划。

对机器人而言，轨迹规划分为关节轨迹规划 [16] 和末端轨迹规划 [17]。关节轨迹规划即规划机器人各关节从当前位置转动 (移动) 到目标位置过程中的加速度、速度和路程分配方式，以在满足该关节宏观位置角度变化、运转时长的前提下，获得更好的运动性能，一般指平滑度、柔顺度。下面以一个转动关节从 0° 在 2 s 内转动到 90° 的过程为例。如果不对该过程加以规划，则关节会在启动瞬间产生 45°/s 的角速度，并在 90° 位置瞬间降为 0。由此将在启动和停止瞬间产生几乎无限大的加速度，从而引起较大冲击，影响电动机寿命和整体运行效果。如图 5-17 所示，如果在启动伊始增设一个匀加速过程，对应地在停转之前增设一个匀减速过程，则可大大降低冲击影响。匀加速过程位移与时间的变化关系为二次曲线，其中加速度在瞬间从 0 变为固定值。如果使用三次曲线或者更高次曲线拟合位移与时间的变化关系，则可进一步降低电动机运转冲击，使其运转更加平滑、柔顺。

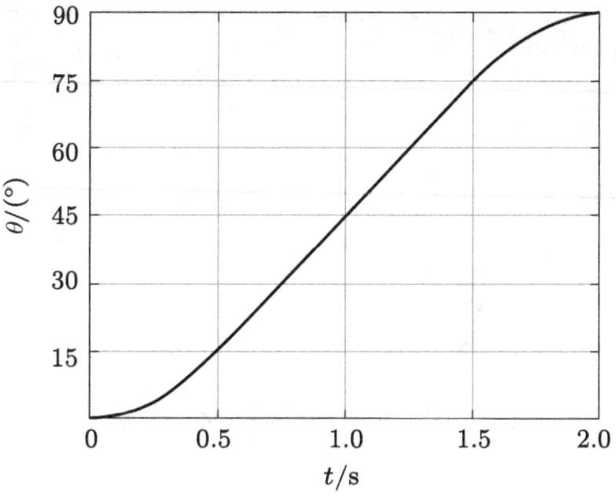

图 5-17 拥有首尾对称匀加速过程的关节位移曲线

末端轨迹规划指规划机器人末端在空间中应工作要求走过的一段轨迹 (图 5-18)。这条轨迹需经过关键节点。末端轨迹规划一般使用插补法, 首先计算当前位置与目标点之间的距离和方向, 然后在该方向上选择路径点以逐次逼近方式到达目标点。值得注意的是, 上述过程需要传感器检测障碍物, 如发现障碍物则需要规划躲避障碍物的轨迹。

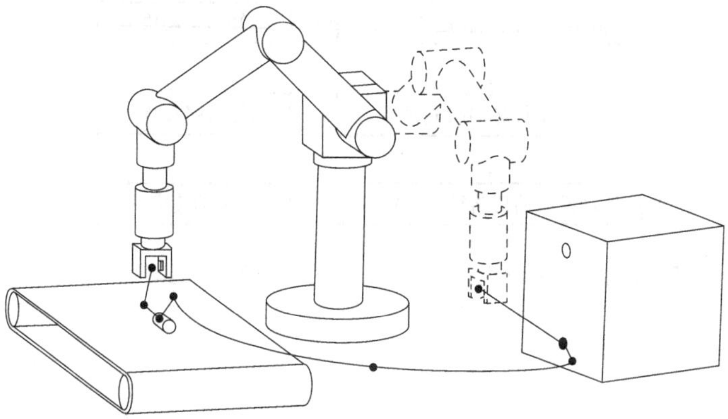

图 5-18 机器人末端轨迹规划示意

路径规划 [18] 一般指规划机器人整体在空间中的运动路径。如图 5-19 所示, 机器人在地面上移动, 起初以直线方式向拐角移动, 接近拐角时以弧线路径转动调整方向, 接着向下一个拐角移动。机器人驶向和绕过所有拐角的路径构成了机器人整体运动路径。客观上, 机器人有无数条运动路径到达目标位置, 路径规划本质上是以一定标准选择 (收敛) 一条有效路径。该标准可依据实际情况制定。

基于机器人本体运动智能的三项技术组成——运动模型、感知与运动决策和轨迹与路径规划, 可以将机器人自主完成系统性工作分解并简化为如图 5-20 所示的结构。首先依据一定原则确定各个子任务 (每个子任务都将由感知与运动决策加以完成); 然后将各个操作任务按时间顺序排列, 根据空间关系、障碍物等信息做出

图 5-19　由多个拐点组成的机器人运动轨迹 (引自网易网)

轨迹与路径规划; 最终将规划与决策变成执行信息, 交由机器人依据运动模型逐个完成。

由图 5-20 可知, 机器人运动模型处于本体运动智能的底层, 是机器人完成操作任务的基本保障。就像处于一线的士兵听从上级命令一样, 运动模型不折不扣地完成轨迹规划和运动决策发出的指令。本书后续将在多款机器人的介绍中重点阐述其基本运动建模方法和过程, 以便读者能够利用传感器和上层的路径规划驱使机器人完成指定任务。

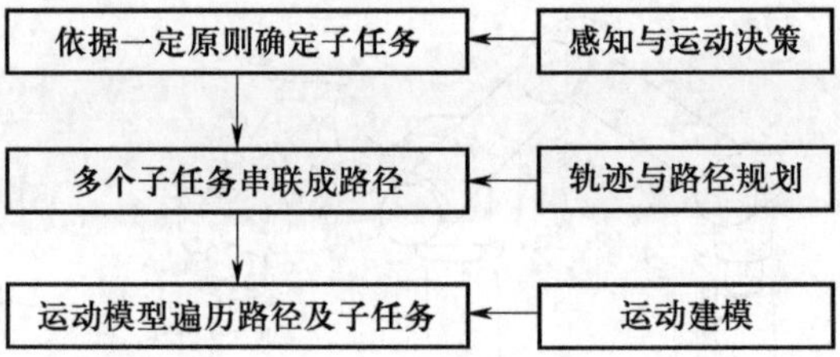

图 5-20　机器人自主完成系统性工作的技术结构和分工

参考文献

[1] 任子玉. 智能车自主避障路径规划研究综述 [J]. 软件导刊, 2017, 16(10): 209-212.

[2] Afifi A, Woo B. Simultaneous localization and mapping solutions using monocular and stereo visual sensors with baseline scaling system [J]. Positioning, 2019, 10(4): 51-72.

[3] Zhang C S, Wang X, Wang X Y, Modeling for a metamorphic quadruped robot with a twisting trunk: Kinematic and workspace [C]// IECON 2017-43rd Annual Conference of the IEEE Industrial Electronics Society. Beijing, 2017: 6886-6892.

[4] 钟浩然, 李新宇, 高亮, 等. 适应非平整地面的双足机器人柔顺步态优化方法 [J]. 华中科技大学学报: 自然科学版, 2021, 49(7): 97-102.

[5] Zhang T, Song Y T, Wu H P, et al. A novel method to identify DH parameters of the rigid serial-link robot based on a geometry model [J]. Industrial Robot, 2021, 48(1): 157-167.

[6] 蒋莉, 刘岚, 王苇. 由右手螺旋法则引发的教学思考 [J]. 新疆师范大学学报: 自然科学版, 2016, 35(2): 58 – 62.

[7] 刘锋. 齐次变换矩阵在机器人运动学中的应用 [J]. 河南科技, 2020, 39(28): 22 – 24.

[8] Ye W, Chai X X, Zhang K T. Kinematic modeling and optimization of a new reconfigurable parallel mechanism [J]. Mechanism and Machine Theory, 2020, 149(2): 103850.

[9] 李晓婷, 贾婧, 孟云霞. 基于深度学习的自组织态势感知与决策系统 [J]. 火力与指挥控制, 2021, 46(4): 147 – 151.

[10] Svinin M, Goncharenko I, Kryssanov V, et al. Motion planning strategies in human control of non-rigid objects with internal degrees of freedom [J]. Human Movement Science, 2018, 63: 209 – 230.

[11] 黄昔光, 刘丙槐. 对称型平台并联机器人正运动学的解析解 [J]. 上海交通大学学报, 2016, 50(10): 1530 – 1534.

[12] 张华文. 六自由度串联机器人运动学逆解算法研究 [J]. 国外电子测量技术, 2021, 40(4): 53 – 57.

[13] 戴建生. 机构学与机器人学的几何基础与旋量代数 [M]. 北京: 高等教育出版社, 2014.

[14] 戴建生. 旋量代数与李群、李代数 (修订版) [M]. 北京: 高等教育出版社, 2020.

[15] Shotabdi R, Chowdhury T H, Debashish D, et al. A computer vision and artificial intelligence based cost-effective object sensing robot [J]. International Journal of Intelligent Robotics and Applications, 2019, 3(4): 457 – 470.

[16] 孙汉旭, 贾庆轩, 张秋豪, 等. 基于三分支机器人关节空间轨迹规划的研究 [J]. 北京邮电大学学报, 2006, 29(3): 81 – 85.

[17] 王俊刚, 汤磊, 谷国迎, 等. 超冗余度机械臂跟随末端轨迹运动算法及其性能分析 [J]. 机械工程学报, 2018, 54(3): 18 – 25.

[18] 周燕萍, 刘以安. 一种移动机器人的路径规划算法研究 [J]. 机械设计与制造, 2017(8): 253 – 256.

下篇

整机开发与控制

第 6 章　平衡小车开发与控制

6.1　平衡车的起源与发展

平衡车 [1] (图 6–1), 是具有自平衡能力的双轮平台。载人时, 平衡车根据人体重心变化调整自身运动状态, 从而完成对运动方向的控制 [2] (图 6–2)。因其轻便、流畅的运动方式, 平衡车成为都市交通工具的一种 (图 6–3)。

图 6–1　Segway PT 平衡车 (引自新浪科技网)

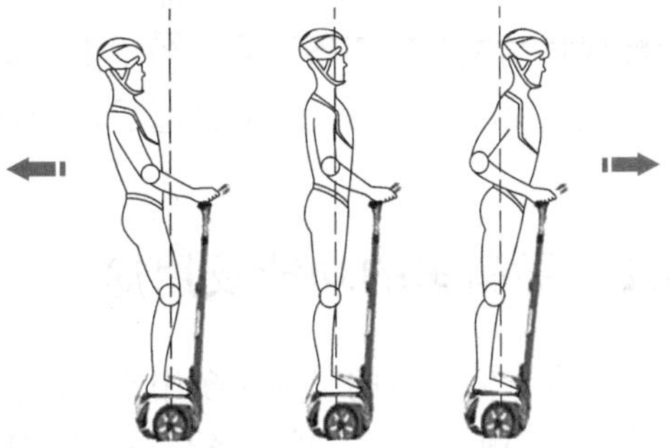

图 6–2　平衡车运动控制示意 (引自搜狐网)

图 6–3　平衡车用作代步工具 (引自网易网)

平衡车最早由迪恩 · 卡门 [3] (图 6–4) 发明, 他创办 Segway 公司并于 2002 年向政府部门进行销售, 后面向大众销售。平衡车一经推出便大受欢迎。2008 年北京奥运会期间, 工作人员驾驶平衡车出现在大众视野, 引起热议, 标志着平衡车进入我国市场。后国内逐渐涌现了几百家平衡车厂商, 其中最为著名的当属纳恩博, 作为小米生态链成员企业, 其已将 Segway 公司全资收购。

图 6–4　平衡车发明人迪恩 · 卡门 (引自搜狐网)

平衡车以其独特的魅力得到快速发展, 据统计, 目前国内包含大厂和小作坊在内有近万家平衡车生产厂家。而据中研普华研究报告《2020 — 2025 年平衡车市场发展现状调查及供需格局分析预测报告》分析显示, 目前平衡车在国内的市场体量更是超过 2 000 亿元。从世界范围看, 其市场体量和应用场景将更加广阔。

6.2　平衡车的功能及用途

如今人们常见的平衡车多用于短途代步和娱乐 (图 6–5), 颇受年轻人喜爱。除此之外, 平衡车也在其他领域有特定应用。例如平衡车配合平板推车可以升级为运载工具 (图 6–6), 能够在短距离平坦路面上提升搬运效率, 适合在厂区使用。又如

图 6–5　用于代步、娱乐 (引自搜狐网)

图 6–6　用作运载 (引自搜狐网)

平衡车可以用来编排舞蹈 (图 6–7), 成为艺术的一部分。再如很多警务、安保巡逻场景也使用平衡车 (图 6–8), 称作 “智能单警”。

图 6–7 用作编舞 (引自搜狐网)

图 6–8 用于警务巡逻 (引自搜狐网)

平衡车还有更多更广泛的用途, 未来也有更广阔的发展前景。下面将以教学实训为目的介绍使用智能电动机驱动器的低成本平衡小车的基本技术环节和开发方法, 以期读者能够较快地学会平衡车的开发, 并付诸实践。

6.3 平衡小车动力学理论模型

两轮自平衡小车是一种特殊的移动机器人, 它在机械设计方面相对容易。开发两轮自平衡小车最具挑战性的任务是如何控制其保持竖直平衡, 并且平稳且准确地完成前进、后退、加速、减速和转向等动作。本节主要介绍平衡小车的动力学模型, 为后续控制系统架构和运动控制程序开发奠定基础。

本节建立的动力学模型 [4] 以保持平衡小车竖直平衡为目标, 可用于仿真, 亦可用于一些复杂的控制器设计。值得注意的是, 利用 PID 控制器控制平衡小车运动并不需要动力学模型, 但是为了能更好地理解, 并且能够定量、准确地分析和设计控制系统, 以提高平衡小车的可控性, 建立准确的物理系统数学模型仍然是必要的任务。在建立两轮自平衡小车动力学模型时, 为了把握其主要特性, 需要进行一定程度的简化。对平衡小车模型作如下假设:

1) 平衡小车结构对称, 在车轮中心连线两侧对称布局;

2) 车轮始终与地面接触, 在运动过程中不打滑;

3) 平衡小车在车轮转轴方向没有运动。

如图 6–9 所示, 两轮平衡小车是一个经典的倒立摆系统。表 6–1 给出了小车数学模型一些基本符号的定义, 即将小车参数化。根据图 6–9 所建立的坐标系, 可得到车轮的位移坐标

$$\begin{cases} y_{\mathrm{w}} = \theta_{\mathrm{w}} R \\ z_{\mathrm{w}} = 0 \end{cases} \tag{6-1}$$

对式 (6-1) 求解二阶导数, 得

$$\begin{cases} \ddot{y}_{\mathrm{w}} = \ddot{\theta}_{\mathrm{w}} R \\ \ddot{z}_{\mathrm{w}} = 0 \end{cases} \tag{6-2}$$

车体摆动部分的质心位置为

$$\begin{cases} y = y_{\mathrm{w}} + L\sin\theta \\ z = L\cos\theta \end{cases} \tag{6-3}$$

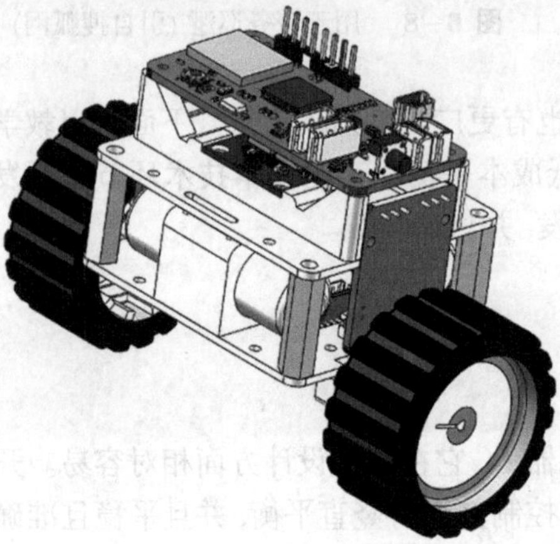

(a)

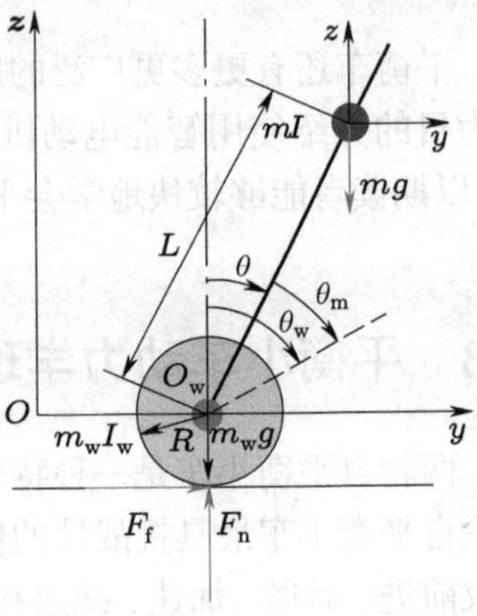

(b)

图 6-9　平衡小车的 3D 模型 (a) 和简图 (b)

表 6-1　平衡小车数学模型中符号的定义

符号	物理意义
m, I	小车摆动部分 (简称车身) 的质量, 绕质心的转动惯量
$m_{\mathrm{w}}, I_{\mathrm{w}}$	车轮 (含电动机转子、减速器齿轮等) 的质量, 绕电动机轴转动惯量
L	车身质心与电动机轴距离
R	车轮半径
c_{w}	车体和车轮轴之间的阻尼系数
$\theta, \theta_{\mathrm{w}}$	车身倾角, 车轮转角
$y_{\mathrm{w}}, z_{\mathrm{w}}$	小车车轮轴在前进方向的位置, 竖直方向的位置
y, z	车身质心在前进方向的位置, 竖直方向的位置
$F_{\mathrm{h}}, F_{\mathrm{v}}$	小车车体与车轮轴之间的水平方向作用力, 竖直方向作用力
M	电动机力矩
$F_{\mathrm{n}}, F_{\mathrm{f}}$	地面对车轮的支持力, 地面对车轮的摩擦力

对式 (6-3) 求解二阶导数, 得

$$\begin{cases} \ddot{y} = \ddot{\theta}_{\mathrm{w}} R - L\dot{\theta}^2 \sin\theta + L\ddot{\theta}\cos\theta \\ \ddot{z} = -L\ddot{\theta}\sin\theta - L\dot{\theta}^2\cos\theta \end{cases} \tag{6-4}$$

根据牛顿第二定律对车轮进行受力分析, 如图 6-10 所示, 在 y 轴方向有

$$m_{\mathrm{w}}\ddot{y}_{\mathrm{w}} = F_{\mathrm{f}} - F_{\mathrm{h}} \tag{6-5}$$

在 z 轴方向有

$$m_{\mathrm{w}}\ddot{z}_{\mathrm{w}} = F_{\mathrm{n}} - m_{\mathrm{w}}g - F_{\mathrm{v}} = 0 \tag{6-6}$$

在车轮转动方向的力矩平衡方程为

$$I_{\mathrm{w}}\ddot{\theta}_{\mathrm{w}} = M - F_{\mathrm{f}}R - c_{\mathrm{w}}(\dot{\theta}_{\mathrm{w}} - \dot{\theta}) \tag{6-7}$$

联立式 (6-2)、式 (6-5) 和式 (6-7), 消去摩擦力 F_{f}, 可得

$$m_{\mathrm{w}}\ddot{\theta}_{\mathrm{w}}R = \frac{[M - I_{\mathrm{w}}\ddot{\theta}_{\mathrm{w}} - c_{\mathrm{w}}(\dot{\theta}_{\mathrm{w}} - \dot{\theta})]}{R} - F_{\mathrm{h}} \tag{6-8}$$

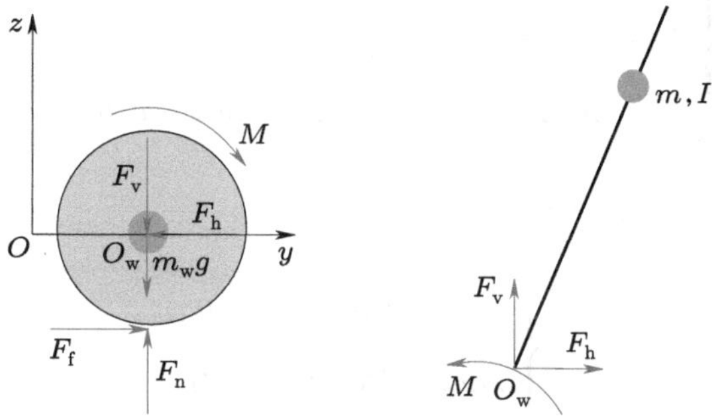

图 6-10 平衡小车的受力分析: 车轮 (左), 车体 (右)

对车体进行受力分析, y 轴方向力平衡方程为

$$F_{\mathrm{h}} = m\ddot{y} \tag{6-9}$$

z 轴方向力平衡方程为

$$F_{\mathrm{v}} = mg + m\ddot{z} \tag{6-10}$$

车身绕其质心的转动方程为

$$I\ddot{\theta} = F_{\mathrm{v}} L\sin\theta - F_{\mathrm{h}} L\cos\theta + c_{\mathrm{w}}(\dot{\theta}_{\mathrm{w}} - \dot{\theta}) - M \tag{6-11}$$

将式 (6-4) 代入式 (6-9) 和式 (6-10) 得

$$F_{\mathrm{h}} = m(\ddot{\theta}_{\mathrm{w}} R + L\ddot{\theta}\cos\theta - L\dot{\theta}^2\sin\theta) \tag{6-12}$$

$$F_{\mathrm{v}} = mg + m(-L\ddot{\theta}\sin\theta - L\dot{\theta}^2\cos\theta) \tag{6-13}$$

将式 (6-12) 和式 (6-13) 代入式 (6-11) 并化简得

$$mLR\ddot{\theta}_{\mathrm{w}}\cos\theta - c_{\mathrm{w}}\dot{\theta}_{\mathrm{w}} + (mL^2 + I)\ddot{\theta} - mgL\sin\theta + c_{\mathrm{w}}\dot{\theta} + M = 0 \tag{6-14}$$

将式 (6-12) 代入式 (6-8) 并化简得

$$(m_{\mathrm{w}}R^2 + mR^2 + I_{\mathrm{w}})\ddot{\theta}_{\mathrm{w}} + c_{\mathrm{w}}\dot{\theta}_{\mathrm{w}} + mRL\ddot{\theta}\cos\theta - mRL\dot{\theta}^2\sin\theta - c_{\mathrm{w}}\dot{\theta} - M = 0 \tag{6-15}$$

令

$$\begin{cases} A = mLR\cos\theta \\ B = -c_{\mathrm{w}} \\ C = (mL^2 + I)\ddot{\theta} - mgL\sin\theta + c_{\mathrm{w}}\dot{\theta} + M \\ D = m_{\mathrm{w}}R^2 + mR^2 + I_{\mathrm{w}} \\ E = mRL\ddot{\theta}\cos\theta - mRL\dot{\theta}^2\sin\theta - c_{\mathrm{w}}\dot{\theta} - M \end{cases} \tag{6-16}$$

则式 (6-14) 和式 (6-15) 可改写为

$$\begin{cases} A\ddot{\theta}_{\mathrm{w}} + B\dot{\theta}_{\mathrm{w}} + C = 0 \\ D\ddot{\theta}_{\mathrm{w}} - B\dot{\theta}_{\mathrm{w}} + E = 0 \end{cases} \tag{6-17}$$

求解式 (6-17) 得

$$\begin{cases} \ddot{\theta}_{\mathrm{w}} = -\dfrac{C + E}{A + D} \\ \dot{\theta}_{\mathrm{w}} = \dfrac{AE - CD}{B(A + D)} \end{cases} \tag{6-18}$$

式 (6-18) 即为平衡小车动力学系统的一个简化模型。基于此模型，可以更好地理解平衡小车系统。在已知车体摆角、角速度、角加速度的情况下，可由式 (6-18) 求出车轮的角速度和角加速度值。

6.4 平衡小车开发与控制实践

前文介绍了平衡小车的理论模型。本节将结合理论模型，利用 PID 算法 [5] 进行开发实践。因平衡小车使用含编码器的直流减速电动机作为驱动，因此本节选用第 4 章介绍的智能电动机驱动器作为其核心驱动器。

6.4.1 平衡小车的运动控制系统架构

智能平衡小车的控制系统主要包括：① 主控制器；② 电池；③ 惯性测量单元；④ 电动机驱动器；⑤ 含编码器的直流减速电动机。主控制器与电动机驱动器数据传输主要采用 UART 半双工单口串行总线；与惯性测量单元之间采用 I2C 总线通信。图 6-11 展示了平衡小车电控系统的元器件连线拓扑图。以下主要对电气控制元器件和通信方式进行介绍。

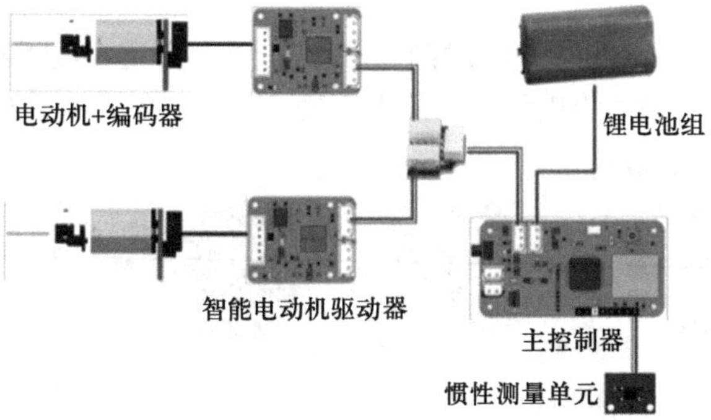

图 6-11 平衡小车电控系统拓扑图

(1) pyboard 主控制器

pyboard 是支持完整 MicroPython 软件功能的微控制器开发板。它能通过 USB 连接到计算机，内置一个 USB 闪存来保存 Python 程序，接通电源即可运行，且与 Windows、Mac 和 Linux 兼容。内置的 pyb 模块包含控制板上可用外设的功能和类，如 UART、I2C、SPI、ADC 和 DAC。本例选用大然 pyboard 控制器。

(2) 锂电池组

平衡小车用两个 1S 锂电池串联供电。1 个 1S 锂电池的电压为 3.7 V，容量为 6 000 mAh，可持续电流 $\geqslant 4$ A，过载保护值 $\leqslant 8$ A。

(3) 惯性测量单元 MPU6050 GY-521

惯性测量单元是测量物体三轴姿态角 (或角速度) 以及加速度的装置。一般地，一个惯性测量单元包含了三个单轴的加速度计和三个单轴的陀螺仪。加速度计检测物体在载体坐标系独立三轴的加速度信号，而陀螺仪检测载体相对于导航坐标系的角速度信号，测量物体在三维空间中的角速度和加速度，并以此解算出物体的姿态。

(4) 智能电动机驱动器 S05-MD

大然芯力智能电动机驱动器为带 AB 双相增量式霍尔编码器的直流减速电动

机量身打造, 适配于市面上常见的多种规格的电动机, 可实现相对、绝对角度控制, 开环、闭环速度控制和力矩控制, 适用于多种控制平台, 如 STM32、arduino、树莓派和 MicroPython 等。

(5) 直流霍尔编码减速电动机

平衡小车使用两个相同的直流霍尔编码减速电动机。电压为直流 3 ~ 12 V, 减速比为 1∶30, 编码器 AB 双向 7 线, 霍尔响应频率为 100 kHz, 基础脉冲数 (分辨率) 为 7ppr①, 磁环触发级数为 14 级 (7 对级)。

6.4.2 平衡小车的组装与制作

智能平衡小车的机械结构较简单, 主要由底座和顶座两部分组成, 底座主要包括底板、电动机和轮子等, 顶座主要包括固定支架、主控制器、传感器和电池等。下面将详细介绍平衡小车的装配流程。

(1) 底座的组装

将电动机放入固定支架, 通过两个 M2 螺栓将其固定在底板左右两端, 安装后电动机接线口朝上; 最后将电动机轴插入轮毂。图 6-12 展示了安装前后的底座。

(a) 装配前 (b) 装配后

图 6-12 底座的装配

(2) 顶座的组装

将电动机驱动器通过两个 M2 自攻螺钉固定在顶座支架的左右两侧, 驱动板与主控制器连接的接口位于支架上方, 并朝向内侧, 如图 6-13(b) 所示。

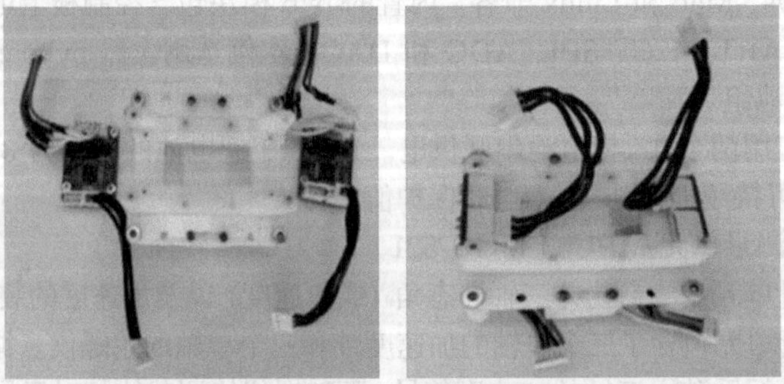

(a) 装配前 (b) 装配后

图 6-13 顶座的装配

① ppr 是指每转的脉冲数 (pulse per rotation)。

(3) 底座与顶座的连接

首先将电动机与驱动板的接口连接起来, 然后通过 4 个 M3×6 螺钉将底座与顶座固定在一起, 如图 6-14 所示。

(a) 电动机与驱动板的连接

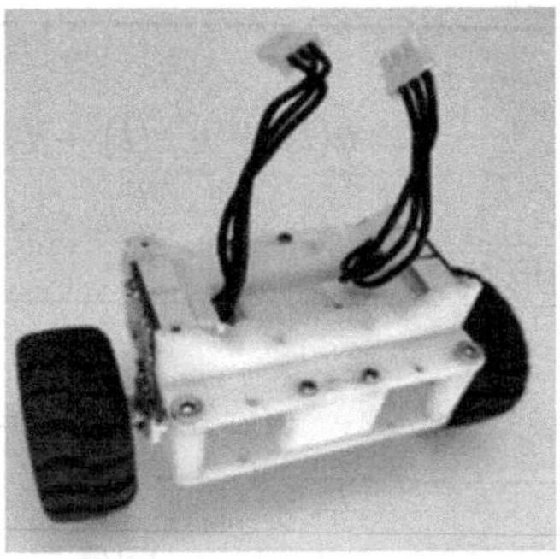

(b) 底座和顶座的固定

图 6-14 底座与顶座的装配

(4) 主控制器、惯性测量单元和电池的安装固定

分别通过两个 M2 自攻螺钉将主控制器固定在顶座支架的顶端后侧, 将惯性测量单元固定在顶座支架的顶端前侧, 如图 6-15 所示。最后把两个电池分别固定在顶端支架的前后端面。安装电池后, 按所设计的电控系统连线, 即可得到平衡小车的总装配体, 如图 6-16 所示。

图 6-15 主控制器和惯性测量单元的安装

图 6-16 电池的安装

6.4.3 PID 控制程序开发

6.4.3.1 位置式 PID 控制器

本节智能小车的平衡和运动控制均采用 PID 控制器。图 6-17 所示为 PID 控制器原理图。PID 控制器是一种将比例、积分、微分相结合的并联控制器。它属于线性控制器, 以系统的设定值 $r(t)$ 与系统实际输出值 $c(t)$ 所构成的差值 $e(t)$ 为输入。

$$e(t) = r(t) - c(t) \tag{6-19}$$

对 $e(t)$ 的比例、积分和微分求和构成控制方程, 用来控制系统的被控量。其控制量的表达式为

$$u(t) = Ke(t) + I\int e(t)\mathrm{d}t + D\frac{\mathrm{d}e(t)}{\mathrm{d}t} \tag{6-20}$$

其传递函数的形式为

$$G(s) = \frac{U(s)}{E(s)} = K + I\frac{1}{s} + Ds \tag{6-21}$$

式中, K 为比例系数; I 为积分时间常数; D 为微分时间常数。

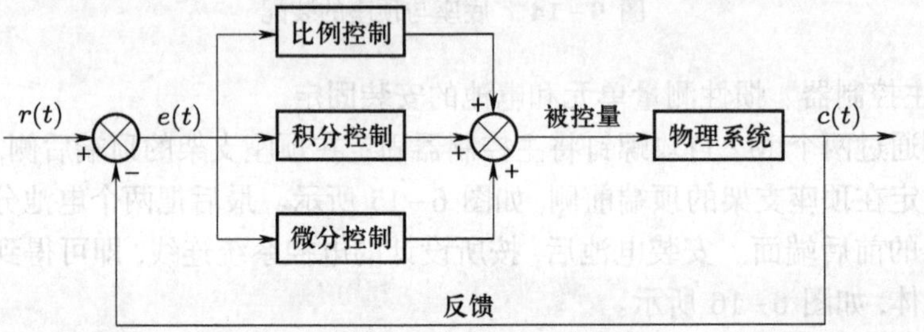

图 6-17 PID 控制器原理

目前绝大多数的控制系统都采用数字 PID 控制。数字 PID 控制算法又分为位置型和增量型两种。位置型数字 PID 控制算法用来调整控制量的绝对位置值, 而增量型数字 PID 控制算法用来调整控制量的相对变化量。本例采用位置型数字 PID 控制算法。

数字式控制主要采用采样的方式。系统通过采样感知到标准值与输出值的偏差, 并以其为输入计算出控制量。因此必须先对式 (6-20) 所示的方程进行离散化处理。取采样的时刻点 NT 代替连续时间值 t。T 表示采样周期。用所有采样点偏差值的和与采样周期 T 的乘积表示积分环节, 如式 (6-22)。用当前采样周期偏差和前一采样周期偏差的差值与 T 的比值替代微分, 如式 (6-22)。则位置型 PID 控制器的离散表达式可表示为

$$\begin{cases} t = NT \\ \displaystyle\int_0^t e(t)\mathrm{d}t \approx T\sum_{j=0}^{N} e(jT) \\ \displaystyle\frac{\mathrm{d}e(t)}{\mathrm{d}t} \approx \frac{e(NT) - e(NT-T)}{T} \end{cases} \tag{6-22}$$

由式 (6-22) 可以得出, 采样周期 T 必须尽可能小, 才能保证控制的精度。将式 (6-22) 代入式 (6-20), 可得

$$u(N) = Ke(NT) + IT\sum_{j=0}^{N} e(jT) + D\frac{1}{T}[e(NT) - e(NT - T)] \tag{6-23}$$

根据式 (6-23), 可以编写位置型 PID 控制器的实现代码。本书支持资源[①] 提供了用 Python 语言编写的平衡小车控制程序。程序中定义了一个 PID 控制器类 class Pid( )。PID 控制器是平衡小车运动控制的基础。基于合理的控制系统框架与合适的 PID 参数即可实现对两轮自平衡小车的平衡、速度和方向的控制。

Pid 类的程序文档如下:

```
class Pid( ):
    """
      定义一个 PID 的类
      Args:
          exp_val: 目标值
          now_val: 反馈量
          T: 程序控制周期
          kp: 比例环节 K 参数
          ki: 积分环节 I 参数
          kd: 微分环节 D 参数
      Returns:
          ut: 控制量
      Raises:
          无
      """
      def __init__(self, exp_val, now_val, T, kp, ki, kd):
          self.K = kp
          self.I = ki
          self.D = kd
          self.T = T
          self.rt = exp_val
          self.ct = now_val
          self.sum_err = 0
          self.now_err = 0
          self.last_err = 0
          self.ut = 0

      def cmd_pid(self):
          self.last_err = self.now_err
```

① 支持资源的主要内容与获取方式请见附录, 后同。

```
        self.now_err = self.rt - self.ct
        self.sum_err += self.now_err
        self.ut = self.K * self.now_err + self.I * self.T * self.sum_err + self.D *
(self.now_err - self.last_err)/self.T # 对应式 (6-23)
        return self.ut
```

6.4.3.2 控制程序框架

平衡小车作为一个控制对象, 其控制量是两个电动机的转动速度。小车的运动控制可以分解成以下 3 个基本控制任务。

1) 控制车体平衡: 通过控制两个电动机正反向转动以保持小车的竖直平衡状态。

2) 控制小车速度: 通过调节车体的倾角来实现小车速度控制, 本质上还是通过控制电动机的转速来实现车轮速度的控制。

3) 控制前进方向: 通过控制两个电动机之间的转动速度差实现小车的转向控制。

平衡小车的平衡、速度和方向控制任务都是通过直接控制两个车轮的驱动电动机完成的。在实际控制中, 将小车平衡、速度和方向的控制信号叠加, 再一起加载到电动机上。为了方便后续的说明, 首先给出小车控制系统一些基本符号的定义, 如表 6-2 所示。

表 6-2　平衡小车控制系统符号的定义

符号	物理意义
θ_0	机械中值, 即小车前、后倾倒的临界倾角
$\dot{\theta}, \dot{\theta}_0$	小车倾角角速度, 倾角角速度环输入量 $\dot{\theta}_0 = 0$
v_m, v_m^0	小车车轮速度, 车轮速度正反馈环的输入量
v'_m	倾角角速度环的输出控制量
v_{m+}	车轮速度正反馈环的输出控制量
k_m, k'_m, k_{m+}	角度环、倾角角速度环、车轮速度正反馈环输出控制量的加权系数
v_0	速度环输入的目标速度值
θ_r	当前前进方向角
θ_r^0	方向环输入的目标转向角度
v_r	转向环输出的电动机转速差

分别对 3 个分解后的任务 (平衡、速度和方向控制) 进行独立控制。由于最终都是对同一个控制对象 (电动机) 进行的控制, 所以 3 个控制任务之间存在耦合。为了方便分析和调参, 在速度控制时, 需要小车能够保持平衡; 在方向控制的时候, 需要小车能够保持平衡且速度恒定。所以, 3 个任务中保持小车平衡是关键。由于车体同时受到 3 种控制的影响, 从小车平衡控制的角度来看, 其他两个控制就变成了的干扰。因此对小车速度、方向的控制应该尽量保持平滑, 以减小对于车体平衡控制的干扰。以速度调节为例, 需要通过改变车体实际倾斜角度, 实现速度控制, 但

是为了避免影响车体的平衡, 小车倾角的改变应当尽量缓慢地进行。

为了完成上述 3 个任务, 将平衡小车的控制系统分为 3 个闭环: 位置环、速度环和转向环。位置环用于维持车体处于竖直平衡状态; 速度环控制小车按给定速度前进或后退; 转向环实现小车的转向运动。

(1) 位置环

图 6–18 展示了位置环控制系统框图。位置环的反馈信号是小车相对于竖直位置的倾角 θ, 由惯性测量单元测得; 控制量是车轮的转速 v_m; 输入量 θ_0 为机械中值, 指的是小车前、后倾倒的临界倾角, 即当小车倾斜角度等于 θ_0 时, 小车向前或向后倾倒的概率是相同的。在本次控制中, 只使用反馈信号的比例和微分, 没有利用误差积分, 所以最终这个倾角控制是有残差的控制。直接引入误差积分控制环节, 会增加系统的复杂度, 降低系统的响应速度, 因此该控制环路不再增加积分控制。采用微分控制的目的是增加小车的倾角和速度控制的稳定性, 防止控制超调。在实际的调参过程中, 该环路很难实现较好的竖直平衡效果。于是, 本例增加了一个倾角角速度 PI 控制环来辅助位置环, 实际控制量取它们输出量的加权叠加值。两个控制器的控制量权重系数分别是 k_m 和 k'_m。由于角速度控制器的微分环节会明显增加平衡小车的高频振动, 所以该控制环路只使用其反馈信号的比例和积分。角速度控制器的输入量 $\dot{\theta}_0 = 0$。

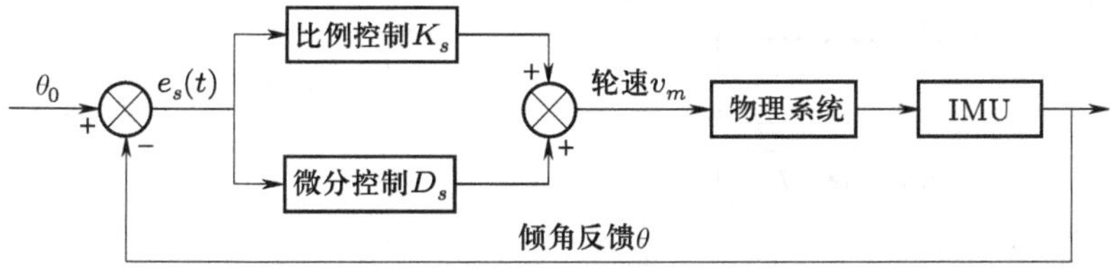

图 6–18　位置环控制系统框图

图 6–19 展示了改进型位置环控制系统框图。该改进型位置环能够实现平衡

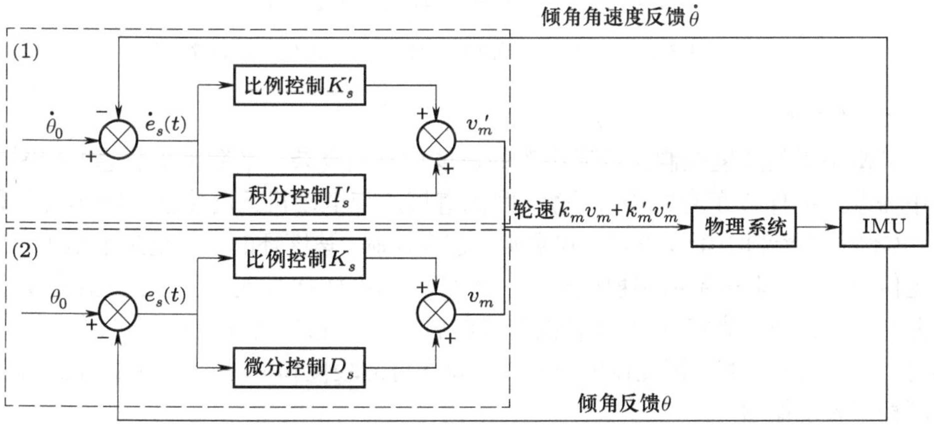

图 6–19　改进型位置环控制系统框图

(1) 倾角角速度 PI 控制器; (2) 倾角 PD 控制器

小车短暂的竖直平衡，但随着时间的增加，平衡小车仍然会向一个方向加速运动并倒下。为了解决这个问题，本例将进一步引入车轮速度的正反馈 PD 控制环。它的作用是当平衡小车向一个方向倾倒时，让其加速朝该方向运动，使小车能够更快地回到平衡状态。该环路采用比例和微分两个控制环节，将读取的电动机速度值 v_m 作为反馈。v_m 可以取两个电动机速度的平均值，输入量 $v_m^0 = 0$。

综上所述，实际控制量将取倾角 PD 控制器、倾角角速度 PI 控制器和轮速正反馈 PD 控制器 3 个控制环路输出量的加权叠加值。轮速正反馈 PD 控制器输出量的权重为 k_{m+}。3 个环路共同控制可以实现小车稳定的竖直平衡状态。图 6–20 展示了完整的位置环控制系统框图。

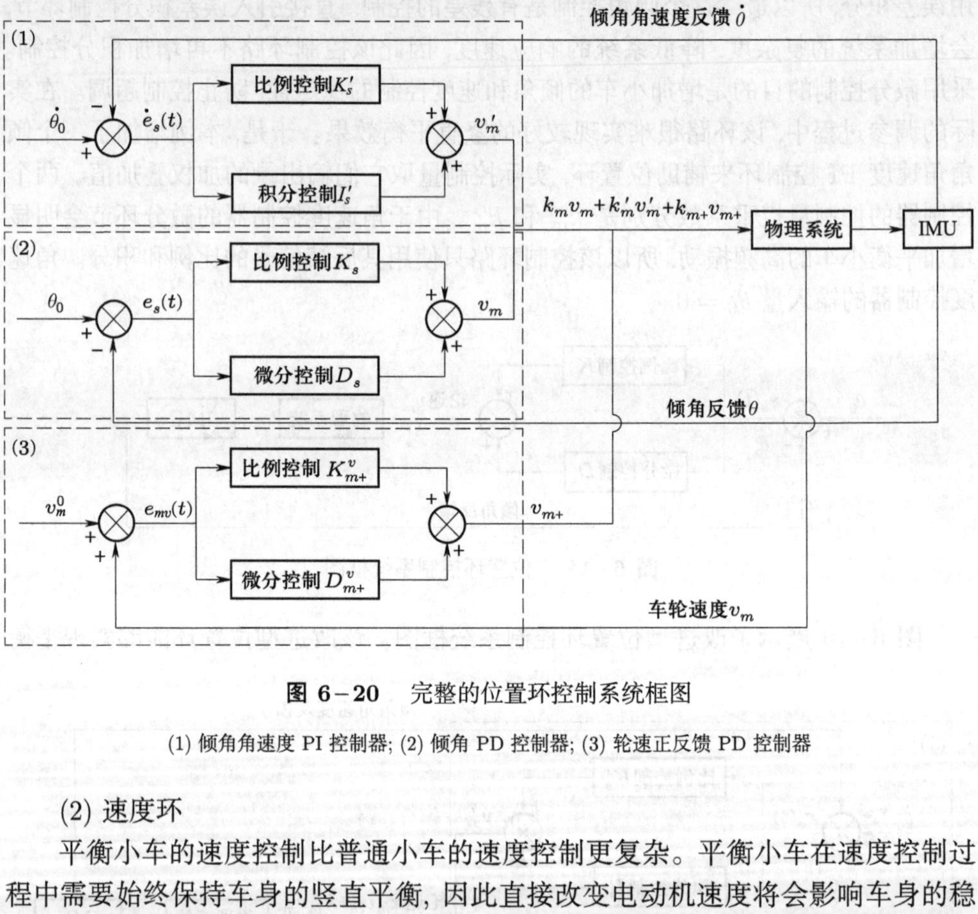

图 6–20　完整的位置环控制系统框图

(1) 倾角角速度 PI 控制器; (2) 倾角 PD 控制器; (3) 轮速正反馈 PD 控制器

(2) 速度环

平衡小车的速度控制比普通小车的速度控制更复杂。平衡小车在速度控制过程中需要始终保持车身的竖直平衡，因此直接改变电动机速度将会影响车身的稳定。本例采用控制小车倾角的方式来实现速度控制。速度环的控制量是小车倾角的给定值 θ; 输入量是给定的速度值 v_0。速度环采用 PID 控制，并应尽量消除残差。残差会导致在速度为零时，小车仍向前或向后运动。此外，如果速度环比例过大，很容易造成系统的失稳。因此速度的调节需要尽可能缓慢和平滑。图 6–21 展示了速度环控制系统框图。

(3) 转向环

转向环对小车速度控制信号进行加和减，形成左右轮差动控制，使得小车左、

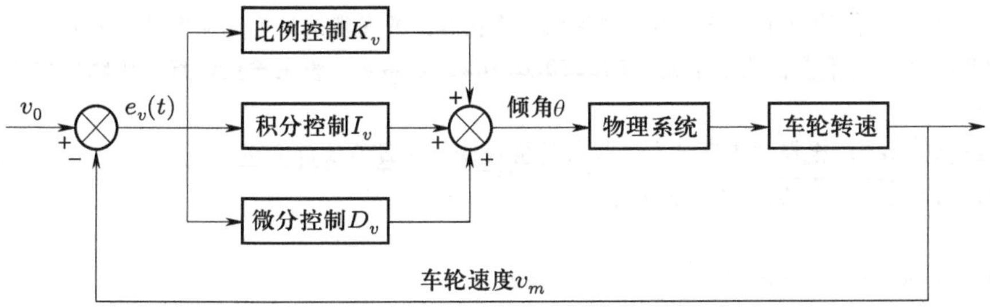

图 6-21 速度环控制系统框图

右轮转动速度不一致, 进而改变小车前进方向。这个过程是一个积分过程, 因此小车前进方向控制一般只需要进行简单的比例环节就可以完成。但是由于小车本身安装有电池等比较重的物体, 具有较大的转动惯量, 在调整过程中可能出现小车转向过冲现象, 因此需要增加微分控制。微分控制是根据小车方向的变化率对电动机差动控制量进行修正的控制方式。图 6-22 展示了转向环控制系统框图。

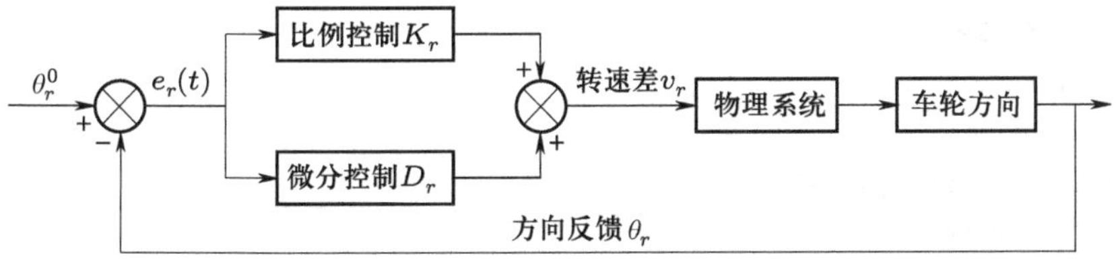

图 6-22 转向环控制系统框图

上述控制框图中只是原理性说明了控制关系。在实现的过程中, 还需要考虑到各个采集量的比率、零点值以及信号的极性。

6.4.4 直立平衡和速度控制功能及其程序开发

根据前文介绍的控制程序框架, 本节给出一个编程实例, 用于实现两轮自平衡小车的直立平衡状态和速度控制。平衡小车状态按程序执行的时间切换, 前 6 s 保持竖直, 6~18 s 向前移动, 18~30 s 向后移动。

实例的程序文档如下:

```
# 导入函数库
from pyb import I2C
from mpu6050 import MPU6050
from Mahony import one_filter
import time
from PID import Pid
import motor
import utime
"""
```

```
    此程序用于保持两轮自平衡小车的直立平衡状态，并实现按给定速度前进或后退
    MPU6050: 用于惯性测量单元 MPU6050 GY-521 初始化、设置参数、读取陀螺仪和加速度
计的测量值
    one_filter: 根据加速度计和陀螺仪的值计算并返回各轴角位移
    motor: 智能电动机驱动器函数库
"""
##################### 第一段 ##########
i2c = I2C(1, I2C.MASTER) # I2C 通信
mpu = MPU6050(i2c)

##################### 第二段 ##########
Angle = [] # 角度
Accel = [] # 加速度
Gyro = [] # 速度
def refresh_mpu( ):
    global mpu
    global Angle
    global Accel
    global Gyro
    Accel = mpu.read_Accel( )
    Gyro = mpu.read_Gyro( )
    Angle = one_filter(Accel[0], Accel[1], Accel[2], Gyro[0], Gyro[1], Gyro[2])
    print(Angle)

##################### 第三段 ##########
# 计算程序运行时间，按时间控制小车速度
start = utime.ticks_ms( ) # 计时器计时开始
while True: # 程序循环执行
    refresh_mpu( )
    T = 0.010 # 函数的执行周期 T
    vm1 = motor.get_state(1, 3, 1) # 第 1 个电动机的当前转速
    vm2 = motor.get_state(2, 3, 1) # 第 2 个电动机的当前转速
    vm = (vm1 + vm2) / 2 # 小车的当前速度
    vr = vm2 - vm1 # 当前转速差
    v_exp = 0 # 小车的期望速度
    end = utime.ticks_ms( ) # 计时器计时结束

##################### 第四段 ##########
    c = end-start # 程序已执行时间
    if c <= 6000:
        v_exp = 0
    elif c > 6000 and c <= 18000:
```

```
        v_exp = 10
    elif c > 18000 and c <= 30000:
        v_exp = -10
    else:
        v_exp = 0

###################### 第五段 ##########
    Pid_speed = Pid(v_exp, vm, T, 5, 6, 0.04) # 速度 PID 控制器
    theta_exp = Pid_speed.cmd_pid( ) # 速度环输出的小车倾角 (速度 PID 控制量)
    theta = Angle[1] # 小车当前倾角
    Pid_angle = Pid(theta_exp, theta, T, 14, 0, 0.04) # 倾角 PD 控制器
    vm_angle = Pid_angle.cmd_pid( ) # 角度环输出的电动机转速 (倾角 PD 控制量)
    omega_angle = Gyro[0] # 倾角角速度
    Pid_omega = Pid(0, omega_angle, T, 1.6, 0.75, 0) # 倾角角速度 PI 控制器
    vm_omega = Pid_omega.cmd_pid( ) # 倾角角速度环输出的电动机速度 (倾角角速度 PI
控制量)
    Pid_feedforward = Pid(vm, 0, T, 2, 1, 0) # 电动机速度正反馈 PD 控制器
    vm_feedforward = Pid_feedforward.cmd_pid( ) # 电动机速度正反馈环输出的电动机
速度 (轮速正反馈控制量)

###################### 第六段 ##########
    km_angle = 0.93 # 倾角 PD 控制器输出量的加权系数
    km_omega = 1.15 # 倾角角速度 PI 控制器输出量的加权系数
    km_feedforward = 0.95 # 轮速正反馈 PD 控制器输出量的加权系数
    vm_balance = km_angle * vm_angle + km_omega * vm_omega + km_feedforward *
vm_feedforward # 完整的位置环的输出控制量

###################### 第七段 ##########
    if abs(theta) >= 60 or c >= 34000: # 当小车倒下或运动到第 34 秒时, 设置车轮转
速为 0
        vm_balance = 0
        time.sleep(0.2)
    motor.set_speed(1, vm_balance, 1) # 设置车轮 1 转速
    time.sleep(0.001)
    motor.set_speed(2, vm_balance, 1) # 设置车轮 1 转速
```

本书支持资源中给出了库文件 mpu6050.py, Mahony.py 和 motor.py。第一段程序使能了惯性测量单元和控制器 pyboard 之间的 I2C 通信; 第二段程序定义了惯性测量单元的刷新函数, 每一个控制周期将被调用一次, 用于更新传感器的测量值; 第三段程序调用惯性测量单元刷新函数一次, 并测量一次电动机速度; 第四段程序根据运行时间控制小车速度; 第五段程序为两轮自平衡小车各控制器和控制量; 第六段程序为两轮自平衡小车完整的位置环; 第七段程序用于电动机的速度控

制, 并设置了小车停止的条件。

6.4.5 PID 参数整定经验

根据既定的控制框架, 在理论上可以实现两轮自平衡小车的功能。在实际项目中, 还需要整定控制器的 PID 参数。控制器框架和 PID 参数直接决定了两轮自平衡小车的控制性能。以下是 PID 参数整定的一些经验。

1) 比例系数 K 的调节: K 越大, 可以认为小车反应越快, 但是越不稳定, 会出现低频振荡 (小车来回摆动), 从而无法保持直立平衡状态。K 参数一旦固定下来, 应尽量少改动, 否则会对其他两个参数造成较大的影响。

2) 积分系数 I 的调节: I 越大, 稳态误差越小, 即小车直立平衡会越稳, 但是可能会出现扶小车站起时某一时刻是稳定的, 无法根据不平衡的状态做出及时的反应。积分环节能消除稳态误差, 但同时也会降低系统的响应速度。所以本项目仅在速度环里使用了积分环节。

3) 微分系数 D 的调节: 在调节这个参数的时候一定要注意外界噪声的影响。高频的噪声对该环节的稳定性影响极大, 所以在调参前应保证芯片和传感器是完好的, 电源稳定, 功率充足, 电动机驱动模块性能良好。微分控制相当于阻尼力, 能有效消除系统的大幅低频振荡 (小车来回摆动); 但是微分系数过大, 又会引起高频振荡 (小车高频抖动)。

参考文献

[1] 杨兴明, 段举. 两轮自平衡车的自适应模糊滑模控制 [J]. 合肥工业大学学报: 自然科学版, 2016, 39(2): 184－189.

[2] 梁文宇, 周惠兴, 曹荣敏, 等. 双轮载人自平衡控制系统研究综述 [J]. 控制工程, 2010, 17(z2): 139－144.

[3] 周俊辰. 匠人卡门 [J]. 现代班组, 2018(1): 52－53.

[4] 陶言侃. 双轮自平衡机器人设计及轨迹跟踪控制研究 [D]. 哈尔滨: 哈尔滨工业大学, 2019.

[5] 毛欢, 张彬彬, 黄健, 等. 采用改进 PID 算法的双轮自平衡小车研制 [J]. 工业控制计算机, 2014, 27(1): 55－56.

第 7 章 麦克纳姆轮移动平台开发与控制

7.1 麦克纳姆轮的起源与发展

1973 年瑞士发明家 Bengt Ilon 在 Mecanum 公司任职期间发明了可以向任意方向移动的平台 [1]。该平台使用一种特殊的轮子, 其外环固定有与轴线成 45° 夹角的辊子。当其在地面滚动时, 地面会给辊子施加一个与其轴线垂直的摩擦力。该摩擦力可沿轮子外环切线方向和轮轴方向分解。合理匹配各个轮子及其转速, 可让平台获得向各个方向移动的能力。这种轮子就是麦克纳姆轮 (Mecanum wheel)[2] (图 7–1)。

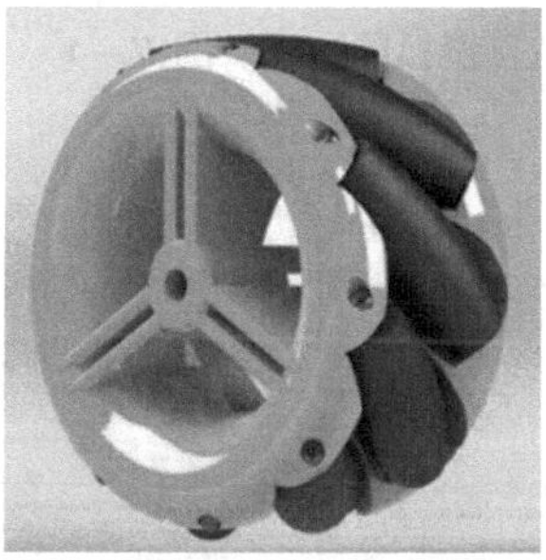

图 7–1 麦克纳姆轮 (引自搜狐网)

自被提出后, 麦克纳姆轮立刻受到各界广泛重视, 其自身也取得长足的发展。麦克纳姆轮已成为全向移动平台的标准配件, 从轻载到重载形成了全系列产品。

7.2 麦克纳姆轮移动平台的功能及用途

近年麦克纳姆轮在竞赛机器人 (图 7–2)、运输行业、特殊工业机器人和玩具等领域的应用逐渐增多。

图 7-2　竞赛机器人

在自动搬运行业中, 麦克纳姆轮充分发挥了其在平面内可向任意方向移动的优势, 在自动引导车 (automated guided vehicle, AGV) (图 7-3)[3] 和叉车 (图 7-4)[4] 中得到应用。在大型设备越来越多的情况下, 麦克纳姆轮作为其核心设备, 构造和承载也发生了变化。因此, 重载全向 AGV 应运而生 (图 7-5 和图 7-6)。

图 7-3　麦克纳姆轮 AGV (引自搜狐网)

图 7-4　麦克纳姆轮叉车 (引自搜狐网)

图 7-5　麦克纳姆轮重载平台 (引自搜狐网)

图 7-6　麦克纳姆轮重载 AGV (引自搜狐网)

麦克纳姆轮目前很少应用于汽车上, 现阶段单层可充气橡胶辊子胎已能够满足汽车的需求。而在受力较小的模型领域, 如玩具车 (图 7-7) 和全方位移动平台 (图 7-8) 上, 麦克纳姆轮因其灵活性得到较多应用。

麦克纳姆轮因其良好的全向移动性能, 在轮椅上也拥有潜在应用, 是助老助残领域研究的热点。目前, 麦克纳姆轮轮椅 [5] 实现了在狭小场所内的全方位移动, 具

图 7–7　麦克纳姆轮玩具车

图 7–8　麦克纳姆轮全方位移动平台 (引自搜狐网)

备良好的地形适应性能与越障性能, 具有重要的社会意义和市场推广价值。

7.3　麦克纳姆轮移动平台运动学理论模型

麦克纳姆轮移动平台的全向移动能力源自麦克纳姆轮 (以下简称麦轮) 的特殊构造。因此研究平台运动学之前, 我们先来分析单个麦轮的运动与受力情况。图 7–9 所示为麦轮在地面上转动时的受力分析图。其中, 辊子轴线与轮轴线呈一定夹角, 该夹角称为偏置角 α。可以看到, 当麦轮正转时, 地面对其辊子的摩擦力 f 可分解为沿其外环切线方向和轴线方向的两个分力 f_{t} 和 f_{n}。这两个分力的大小相等 (偏置角 α 一般为 45°), 分别驱动麦轮沿切线和轴线方向运动。

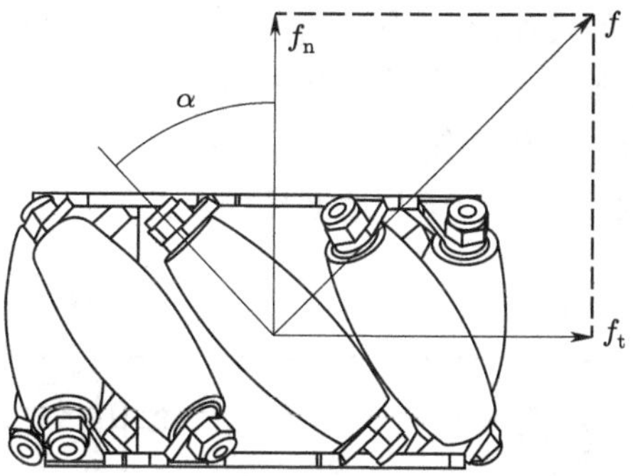

图 7–9　麦轮偏置角及受力示意

因其构造的特殊性, 麦轮在移动平台中的布置并不像普通车轮具有各向同性。应当合理布置麦轮系统, 否则全向移动平台将丢失某些方向上的驱动能力。通常采取如图 7–10 所示的布置方式以实现全向驱动。

容易推测, 假如用麦轮制作一个四驱移动平台, 通过合理匹配各麦轮的转速大小和方向, 便可使平台沿不同方向以不同速度移动或者转动。那么平台的运动与各麦轮的运动具备什么样的数量关系, 这就是麦轮移动平台运动学理论模型所要解答的问题。麦轮可以产生一个沿轮体轴向的分力, 通过控制 4 个轮子的转向和转速,

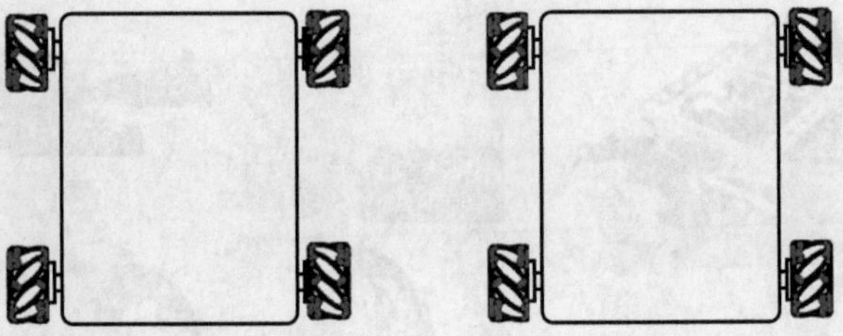

图 7-10　两种实现全向驱动的麦轮布置方式 (俯视)

可以产生与固定在地面的全局坐标系呈任意角度的合力或绕移动平台中心的力矩，从而实现整个移动平台的全向运动。本节以图 7-10(a) 所示麦轮布置方式为例分析麦轮移动平台的运动学理论模型 [6]。

首先作如下假设:

1) 路面平坦;

2) 辊子与路面接触良好, 不打滑;

3) 与地面接触的辊子始终处于麦轮最下方, 以最低点与地面接触;

4) 整个机械系统为刚体, 轮子无变形、结构无变形。

由于麦轮构造特殊, 移动平台俯视图和仰视图中辊子的朝向并不相同, 其朝向相对于麦轮轴线对称。应以与地面接触辊子的受力情况为基础进行运动分析。图 7-11 为图 7-10(a) 所示麦轮布置方式从地面仰视的受力与运动分析图。其中, $O\text{-}xyz$ 为与移动平台中心固连的坐标系; R 为麦轮半径, α 为轮的辊子偏置角, $\omega_i(i=1,2,3,4)$ 为轮 i 的转速; $\boldsymbol{v}=[v_y\ \ v_x\ \ \omega]^{\mathrm{T}}$ 表示麦轮移动平台的广义速度, v_y 为平台沿 y 轴正方向的速度, v_x 为平台沿 x 轴正方向的速度, ω 为平台绕 z 轴旋转的角速度; W 为平台中心到麦轮中心沿 x 轴的距离, L 表示平台中心到麦轮中心沿 y 轴的距离; $v_{\mathrm{k}i}$ 表示轮 i 辊子与地面接触点的线速度, $v_{\mathrm{t}i}$ 表示轮 i 在前进方

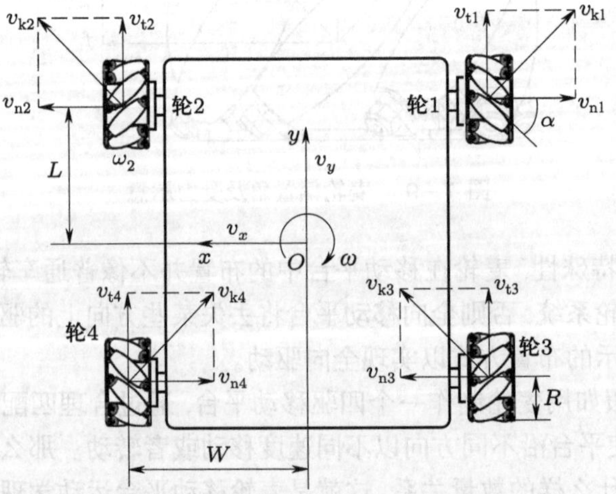

图 7-11　麦轮移动平台受力与运动分析 (仰视)

向上的速度, $v_{\mathrm{n}i}$ 表示轮 i 的轴向速度。

下面以麦轮为研究对象, 求解移动平台的运动学方程。以轮 2 为例, 可得到其轴心移动速度为

$$\begin{bmatrix} v_{\mathrm{t}2} \\ v_{\mathrm{n}2} \end{bmatrix} = \begin{bmatrix} R & \cos\alpha \\ 0 & \sin\alpha \end{bmatrix} \begin{bmatrix} \omega_2 \\ v_{\mathrm{k}2} \end{bmatrix} \tag{7-1}$$

轮 2 速度又可由移动平台的牵连运动求得。在坐标系 O-xyz 中, 可以通过式 (7−2) 求得轮 2 轴心的移动速度

$$\begin{bmatrix} v_{\mathrm{t}2} \\ v_{\mathrm{n}2} \end{bmatrix} = \begin{bmatrix} 1 & 0 & W \\ 0 & 1 & -L \end{bmatrix} \begin{bmatrix} v_y \\ v_x \\ \omega \end{bmatrix} \tag{7-2}$$

由式 (7−1) 和式 (7−2) 可得移动平台运动学方程:

$$\begin{bmatrix} R & \cos\alpha \\ 0 & \sin\alpha \end{bmatrix} \begin{bmatrix} \omega_2 \\ v_{\mathrm{k}2} \end{bmatrix} = \begin{bmatrix} 1 & 0 & W \\ 0 & 1 & -L \end{bmatrix} \begin{bmatrix} v_y \\ v_x \\ \omega \end{bmatrix} \tag{7-3}$$

根据式 (7−3), 消去 $v_{\mathrm{k}2}$ 可得

$$\omega_2 = \frac{1}{R} v_y - \frac{1}{R\tan\alpha} v_x + \frac{W\tan\alpha + L}{R\tan\alpha}\omega \tag{7-4}$$

即

$$\omega_2 = \begin{bmatrix} \dfrac{1}{R} & -\dfrac{1}{R\tan\alpha} & \dfrac{W\tan\alpha + L}{R\tan\alpha} \end{bmatrix} \begin{bmatrix} v_y \\ v_x \\ \omega \end{bmatrix} \tag{7-5}$$

同理分析其他轮, 合并结果可得

$$\begin{bmatrix} \omega_1 \\ \omega_2 \\ \omega_3 \\ \omega_4 \end{bmatrix} = \boldsymbol{K} \begin{bmatrix} v_y \\ v_x \\ \omega \end{bmatrix} = \begin{bmatrix} \dfrac{1}{R} & \dfrac{1}{R\tan\alpha} & -\dfrac{W\tan\alpha + L}{R\tan\alpha} \\ \dfrac{1}{R} & -\dfrac{1}{R\tan\alpha} & \dfrac{W\tan\alpha + L}{R\tan\alpha} \\ \dfrac{1}{R} & -\dfrac{1}{R\tan\alpha} & -\dfrac{W\tan\alpha + L}{R\tan\alpha} \\ \dfrac{1}{R} & \dfrac{1}{R\tan\alpha} & \dfrac{W\tan\alpha + L}{R\tan\alpha} \end{bmatrix} \begin{bmatrix} v_y \\ v_x \\ \omega \end{bmatrix} \tag{7-6}$$

式中, $\boldsymbol{K}$ 为麦轮移动平台逆运动学雅可比矩阵。令 $\alpha = 45°$, 可得

$$\begin{bmatrix} \omega_1 \\ \omega_2 \\ \omega_3 \\ \omega_4 \end{bmatrix} = \frac{1}{R} \begin{bmatrix} 1 & 1 & -W-L \\ 1 & -1 & W+L \\ 1 & -1 & -W-L \\ 1 & 1 & W+L \end{bmatrix} \begin{bmatrix} v_y \\ v_x \\ \omega \end{bmatrix} \tag{7-7}$$

则

$$\boldsymbol{K} = \frac{1}{R} \begin{bmatrix} 1 & 1 & -W-L \\ 1 & -1 & W+L \\ 1 & -1 & -W-L \\ 1 & 1 & W+L \end{bmatrix} \tag{7-8}$$

通过式 (7-6), 我们得到了麦轮全向移动运动学逆解理论模型, 即已知平台在全局坐标系 xOy 平面内的移动速度和绕 z 轴的转动速度, 求解 4 个麦轮的转动速度。

7.4 麦克纳姆轮移动平台开发与控制实践

本节将基于理论模型进行开发实践。开发过程中将用到本书第 3 章介绍的智能电动机驱动器。

7.4.1 麦克纳姆轮移动平台的控制系统架构

图 7-12 展示了与图 7-10(a) 对应的麦轮移动平台实物照片。辊子与轮轴的偏置角 $\alpha = 45°$。该平台电控系统主要包括: 控制器、电池、智能电动机驱动器 (4 块)、电动机 + 减速器 + 编码器 (4 组) 等部件。数据传输主要采用 UART 半双工串行总线。图 7-13 所示为麦轮移动平台电控系统的结构。下面对主要电气控制元器件和通信方式进行介绍。

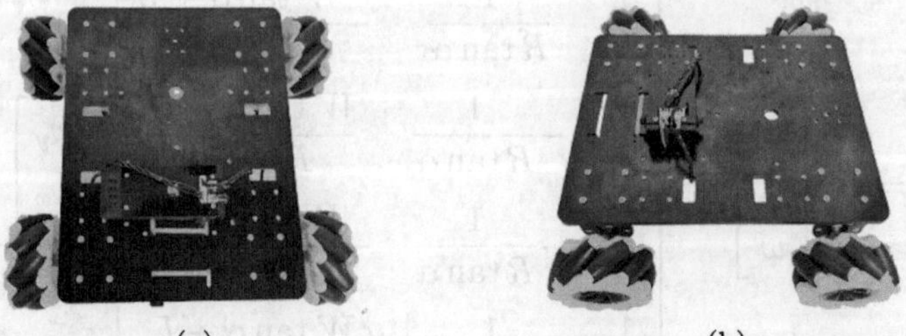

(a) (b)

图 7-12 麦轮移动平台实物

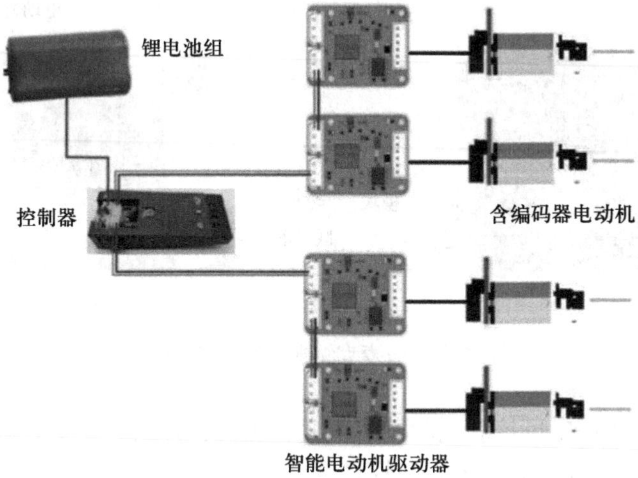

图 7-13 麦轮移动平台电控系统的结构

(1) 控制器——树莓派 Zero W

Raspberry Pi (树莓派) 是一款基于 ARM 的微型计算机主板, 支持多种系统和编程语言, 本次开发将使用 Python 编程语言。

(2) 锂电池组

移动平台采用锂电池组供电, 电压为 7.4 V, 容量为 6 000 mAh, 尺寸为 66 mm × 18 mm × 36 mm, 质量为 90 g, 可持续电流为 4 A, 过载保护值为 8 A。

(3) 智能电动机驱动器 S05-MD

大然芯力智能电动机驱动器适配于市面上常见的各种规格的电动机, 可实现相对、绝对角度控制, 开环、闭环速度控制和力矩控制, 适用于多种控制平台, 如 STM32、arduino、树莓派和 MicroPython 等。

(4) 含编码器电动机

带 AB 双相增量式霍尔编码器的直流减速电动机。编码器可用于位置测量、速度和加速度计算。

7.4.2 麦克纳姆轮移动平台的组装与制作

麦克纳姆轮移动平台由多个部件组成, 分别是平台底盘、智能电动机驱动器、含编码器电动机、麦克纳姆轮、主控模块、电池模块、电动机固定架、联轴器 (图 7-14)。

(1) 平台底盘

小车底盘是麦克纳姆轮平台各部件的载体。

(2) 智能电动机驱动器

智能电动机驱动器 (图 7-15) 可控制含编码器的直流减速电动机。智能电动机驱动器是麦克纳姆轮移动平台的重要组成模块。平台采用大然 S05-MD 型智能电动机驱动器 4 个, 安装于平台底盘下表面。该智能电动机驱动器外形规整, 固定

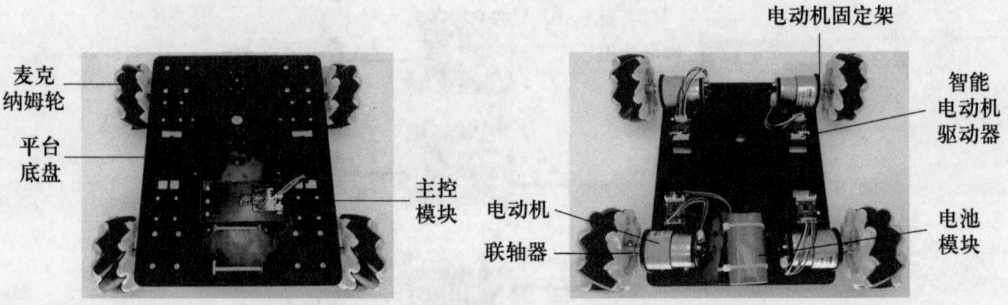

(a) (b)

图 7-14 麦克纳姆轮移动平台结构

方式简单，性能稳定，可控制电动机的角度、速度、力矩。智能电动机驱动器保证了麦克纳姆轮移动平台运动的稳定性。

(3) 电动机

如图 7-16 所示，这里使用的电动机为带霍尔编码器的直流减速电动机，共 4 个，安装于平台底盘下表面。

(4) 麦克纳姆轮

全平台共 4 个麦克纳姆轮 (图 7-17)，两个左轮，两个右轮，与电动机通过联轴器相连。

图 7-15 智能电动机驱动器

图 7-16 电动机

图 7-17 麦克纳姆轮

(5) 主控模块

主控模块 (图 7-18) 是麦克纳姆轮移动平台的“大脑”，平台的所有动作指令均由主控模块发出。其固定在平台底盘的上表面中间位置。

(6) 电池模块

电池模块 (图 7-19) 为平台提供电源，固定于平台底盘下表面。

图 7-18 主控模块

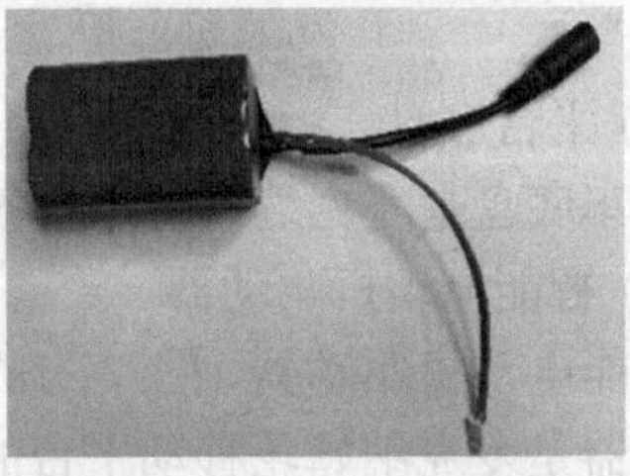

图 7-19 电池模块

(7) 电动机固定架

电动机固定支架如图 7-20 所示，为 L 形结构件，能够固定电动机和平台底盘，使电动机能够稳定地固定在平台底盘上，共 4 个，安装于平台底盘下表面。

(8) 联轴器

全平台共使用 4 个联轴器 (图 7-21)，用于固定电动机的主轴和麦轮。

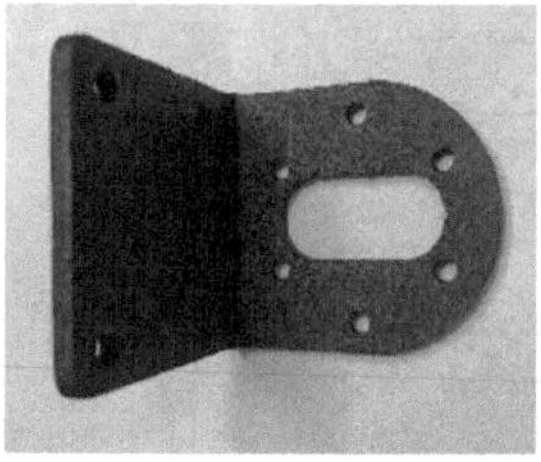

图 7-20　电动机固定支架

图 7-21　联轴器

除上述部件外，组装麦轮平台时还会用到标准件，如各种型号的螺钉、螺母、导线和扎带。

(9) 螺钉和螺母等

螺钉用于连接平台的各个模块，麦克纳姆轮移动平台共采用 10 种规格的螺钉、螺母和尼龙柱等，具体类型和数量如图 7-22 所示。

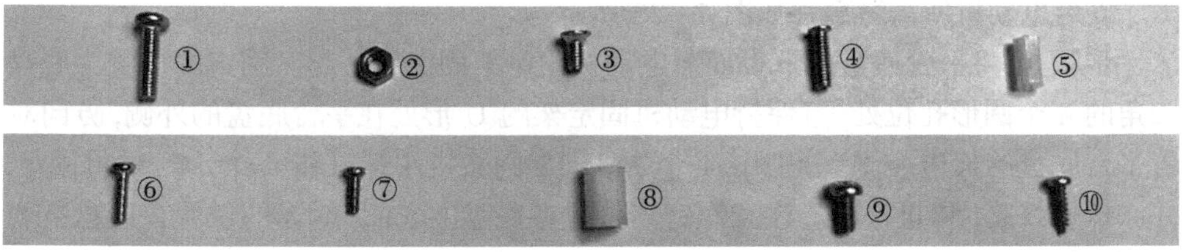

图 7-22　螺钉和螺母等

① M3×12 圆头机用螺钉 ×16; ② M3 螺母 ×16; ③ M3×6 沉头机用螺钉 ×24; ④ M3×9 沉头机用螺钉 ×4; ⑤ M2×8 白色尼龙双通柱 ×16; ⑥ M2×8 圆头机用螺钉 ×16; ⑦ M2×6 圆头机用螺钉 ×16; ⑧ M3×9 白色尼龙双通柱 ×4; ⑨ M3×6 圆头机用螺钉 ×4; ⑩ M2×8 圆头自攻螺钉 ×2

(10) 导线

如图 7-23 所示，组装麦轮移动平台需要用到 3 种导线，根据导线的接口不同，导线可分成两类，用 A、B 表示。A 表示 6pin 导线，B 表示 3pin 导线。3pin 导线用于智能电动机驱动器与主控之间的通信；6pin 导线用于智能电动机驱动器与电动机的连接。根据导线长度，将 B 导线进行编号，分别为 B1 和 B2，对应长度分别为 13.5 cm、8.5 cm；A 导线编号为 A1，长度为 10 cm。

(11) 扎带

扎带主要用于固定平台的连接导线和电池，避免发生缠绕和脱落。扎带共两种 (图 7-24)：一种是黑色 10 cm 扎带，用于固定导线；另一种是白色 20 cm 扎带，用

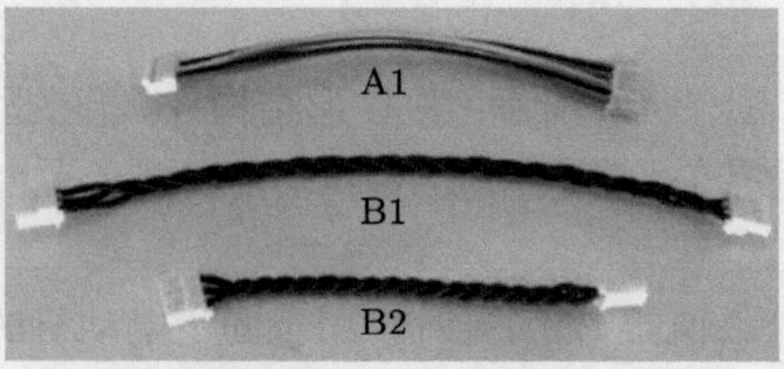

图 7–23 导线

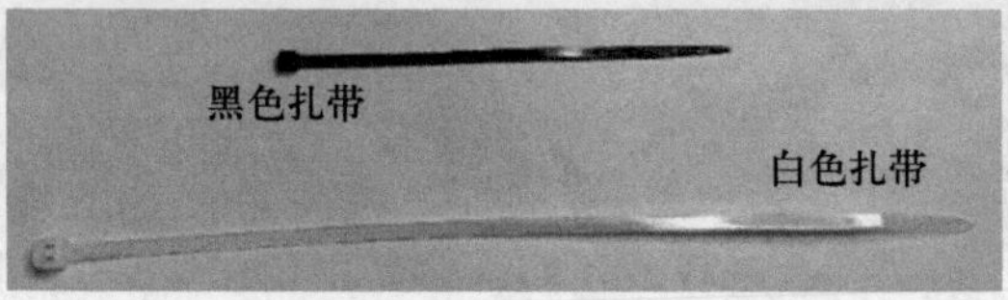

图 7–24 扎带

于固定电池。每种扎带各两根。

认识各部件后, 开始麦轮移动平台组装。组装需遵循一定顺序, 本例按照电动机—智能电动机驱动器—麦轮—电池模块及主控模块的顺序组装, 最后连接导线。

7.4.2.1 电动机的安装

安装电动机所需零部件如图 7–25 所示。

步骤 1: 将平台底盘的下表面与电动机固定架固定在一起。固定的位置为底盘四角的 4 个圆形孔位处, 且保持电动机固定架的 U 形处在平台底盘的外侧, 方向对着平台底盘的长边一侧, 分别用 4 个 M3×12 圆头机用螺钉和 4 个 M3 螺母固定, 并涂抹螺纹胶, 防止松动。注意螺钉的位置在底盘上表面, 螺母的位置在底盘下表面 (图 7–26)。

步骤 2: 将 4 个电动机分别固定在 4 个电动机固定架上 (图 7–27)。注意电动机轴朝向平台底盘的外侧, 且轴要贴近椭圆形空洞的下侧 (图 7–28)。分别用 6 个 M3×6 沉头机用螺钉固定。

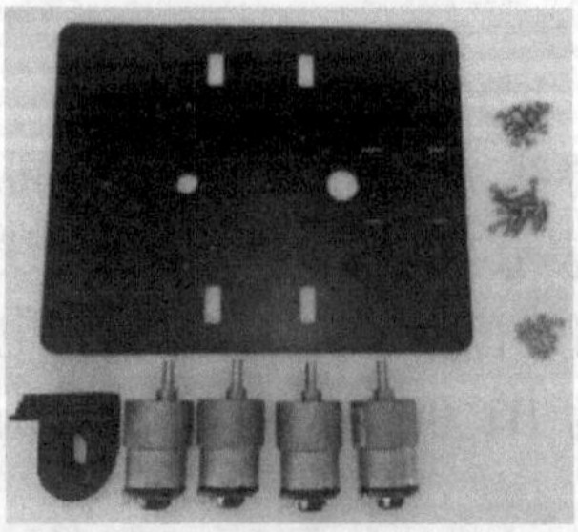

图 7–25 安装电动机所需的零部件

图 7–26 电动机固定架安装后

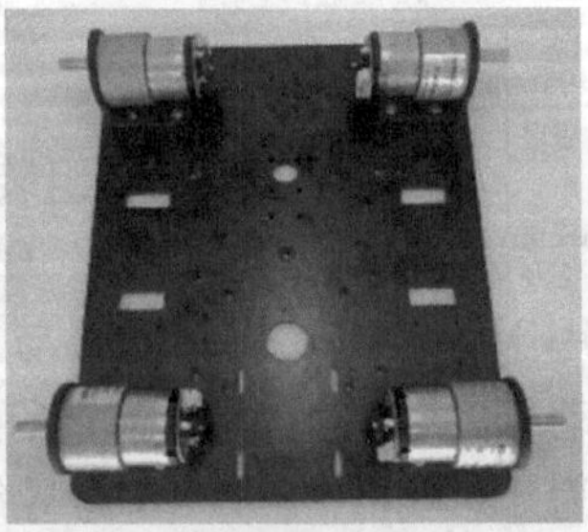

图 7–27 电动机安装 (俯视)

图 7-28　电动机安装 (侧视)

7.4.2.2　智能电动机驱动器的安装

安装智能电动机驱动器所需的零部件如图 7-29 所示。

步骤 1: 在智能电动机驱动器底部安装 4 个固定孔 (图 7-30)。使用 4 个 M2×8 白色尼龙双通柱和 4 个 M2×6 圆头机用螺钉。螺钉在智能电动机驱动器的正面，尼龙柱在智能电动机驱动器的背面。这里注意，需在尼龙柱内注入螺纹胶，防止松动。

步骤 2: 将智能电动机驱动器通过尼龙柱与平台底盘下表面固定在一起。固定的位置如图 7-31 和图 7-32 所示，使用 4 个 M2×8 圆头机用螺钉固定。

图 7-29　安装智能电动机驱动器所需的零部件

图 7-30　底部固定孔

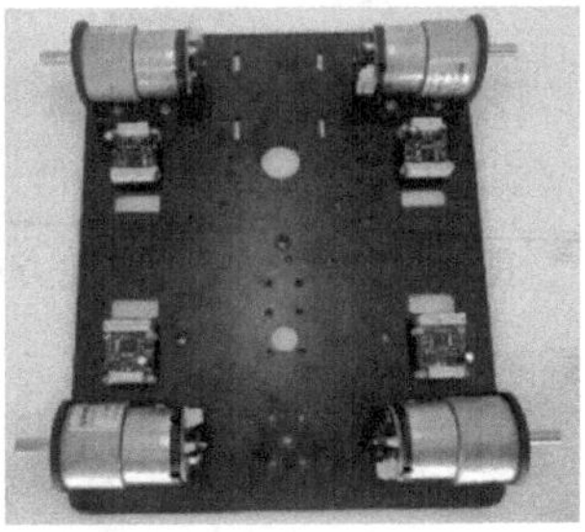

图 7-31　智能电动机驱动器安装 (正视)

图 7-32　智能电动机驱动器安装 (侧视)

7.4.2.3　麦克纳姆轮的安装

安装麦轮所需的零部件如图 7-33 所示。

步骤 1: 安装联轴器 (图 7-34)。将其圆柱形一侧与 4 个电动机输出轴固定在一起。注意要将联轴器向内按紧，保证车轮对称排布。将固定螺钉拧紧。

步骤 2: 安装麦轮。将麦轮与联轴器的六边形一侧固定在一起。需注意 4 个麦轮的方向和位置: 从平台上表面看，4 个车轮的辊子方向向着中心位置 (图 7-35)。

安装后的效果如图 7-36 和图 7-37 所示。

图 7-33 安装麦克纳姆轮所需的零部件

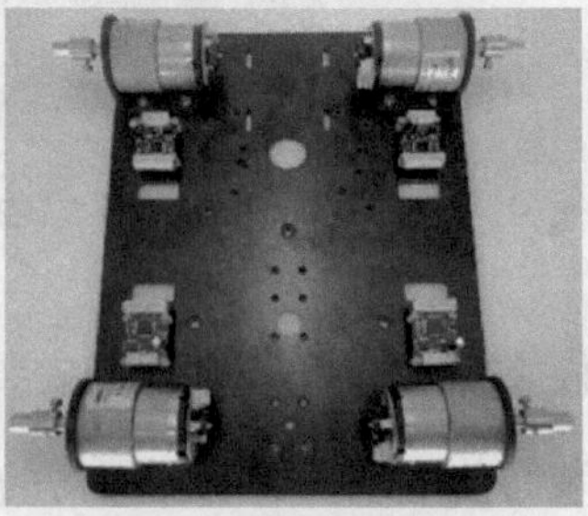

图 7-34 安装联轴器

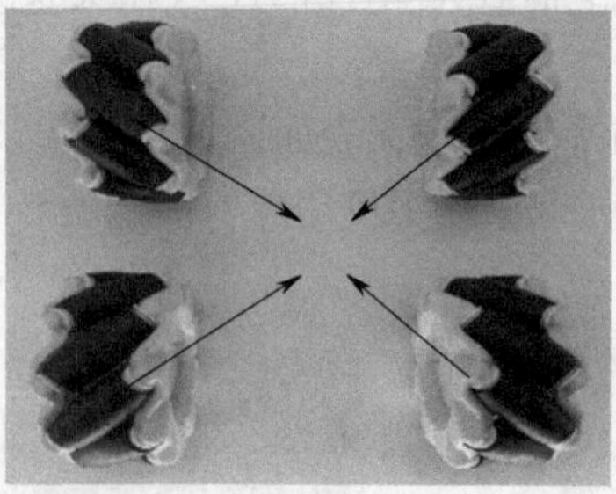

图 7-35 麦克纳姆轮方向与位置关系

图 7-36 麦克纳姆轮安装 (仰视)

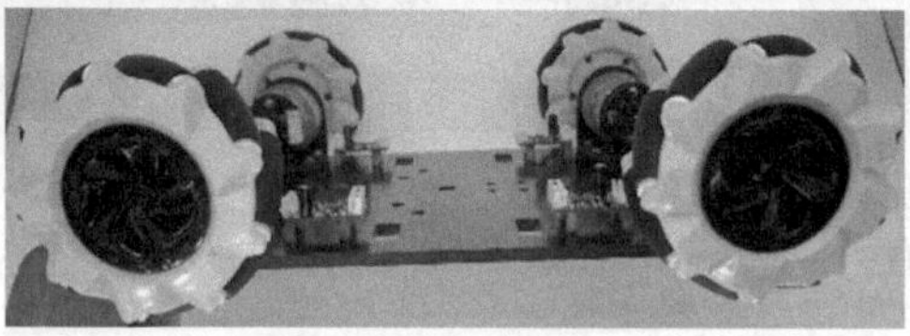

图 7-37 麦克纳姆轮安装 (侧视)

7.4.2.4 电池模块及主控模块的安装

安装电池模块及主控模块所需的零部件如图 7-38 所示。

步骤 1: 安装电池模块。将电池模块放置在平台底盘下表面的 4 个长条形空洞的中间位置。注意电池模块的引出线要朝向底盘内侧, 同时将电池的充电接口和电池齐平, 固定在平台底盘短边一侧, 如图 7-39 所示。使用两根白色 20 cm 扎带固定。

步骤 2: 安装主控模块。将主控模块放置在平台底盘上表面, 与电池固定位置相邻, 水平放置, 如图 7-40 所示。在平台底盘背面使用 2 个 M2×8 圆头自攻螺钉将主控模块固定, 如图 7-41 所示。

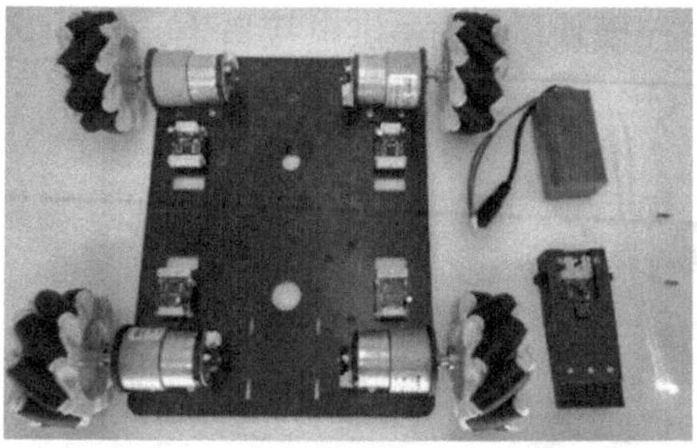

图 7-38　安装电池模块及主控模块所需的零部件

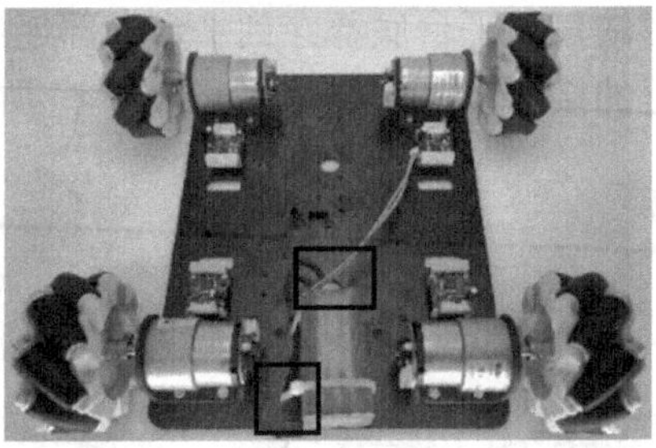

图 7-39　电池模块及主控模块安装

图 7-40　主控模块安装

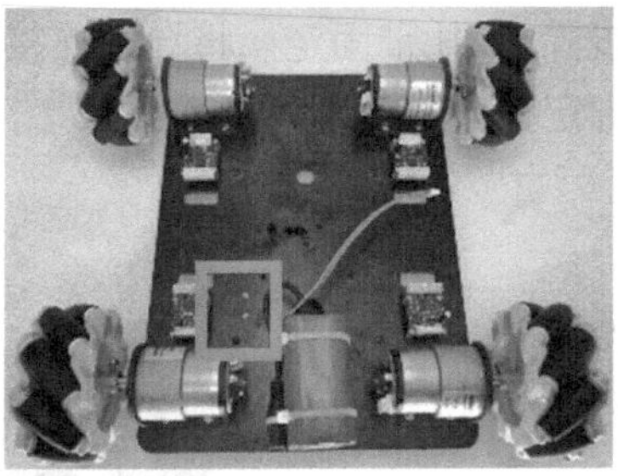

图 7-41　电池安装

7.4.2.5　导线的连接

下面将导线连接起来, 麦轮平台就组装成功了。

步骤 1: A1 导线的连接。A1 导线为电动机与智能电动机驱动器的连接线, 共 4 根。将其两端分别插在电动机和智能电动机驱动器的电动机接口, 如图 7-42 所示。

步骤 2: B1 导线的连接。B1 导线共两根, 分别用在两个智能电动机驱动器之间和智能电动机驱动器与主控模块之间, 如图 7-43 和图 7-44 所示。

图 7-42　A1 导线连接

图 7-43　B1 导线连接 (仰视)

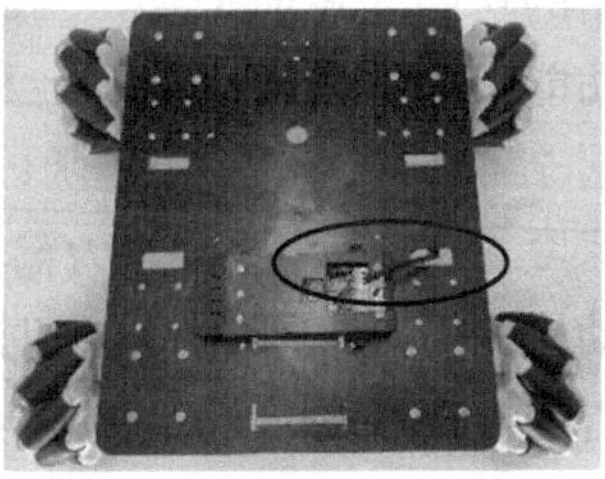

图 7-44　B1 导线连接 (俯视)

步骤 3: B2 导线的连接。B2 导线共两根, 分别用在两个智能电动机驱动器之间 (图 7-45)。

步骤 4: 供电线的连接。供电导线由电池模块引出, 需要通过平台底盘上的椭圆形缺口从平台底部穿到平台上部连接到主控模块的 2pin 供电接口上, 接到距离最近的接口, 如图 7-46 和图 7-47 所示。

图 7-45　B2 导线连接

图 7-46　供电线连接 (仰视)

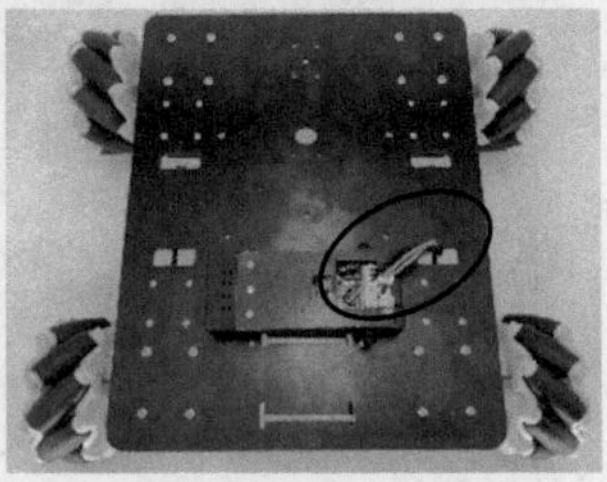

图 7-47　供电线连接 (俯视)

步骤 5: 扎带固定。将导线连接好后, 用黑色扎带将 2pin 供电导线和 3pin 连接线绑定在一起 (图 7-48)。

图 7-48　扎带固定

至此, 麦轮移动平台组装完成。

7.4.3 指定方向平移功能及其程序开发

麦轮移动平台组装完成后, 便可以进行控制程序开发。作为移动平台, 其最常用的功能为定向平移。因此, 首先开发麦轮移动平台向指定方向角 (angle) 的平移功能。方向角定义为平台移动方向偏离 y 轴的角度, 逆时针为正, 顺时针为负, 如图 7-49 所示。该功能函数程序流程如图 7-50 所示。该函数程序以方向角 angle、速度 v 和运行时间 t 为输入变量。首先基于 7.3 节的运动学理论模型计算每个电动机的转速; 再计算运行时间 t 内各个电动机转过的角度; 随后检查得出的速度是否在电动机所能达到的物理最大速度范围内, 如果在范围内, 则直接赋予电动机由计算所得的速度值, 否则直接赋予电动机物理最大转速; 接着调用智能电动机驱动器所拥有的电动机角度、转速控制函数, 对电动机进行双闭环控制。此处进行双闭环控制的目的是在提高平台速度和位移精度的同时, 确保平台运行到用户所希望的位置。平台运动结束后, 在程序末尾记录平台累计位移。

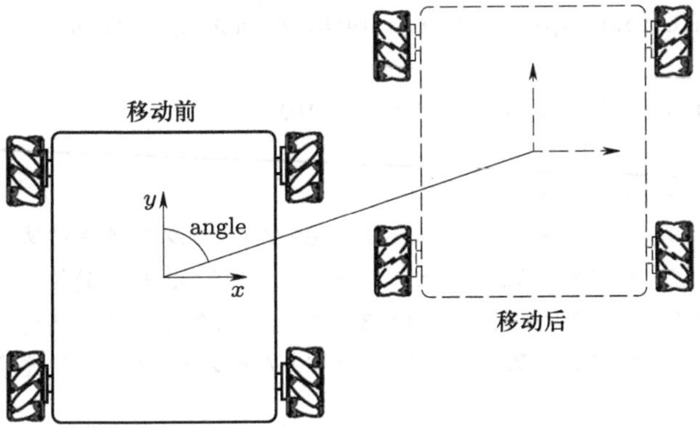

图 7-49　麦轮平台平移方向角的定义

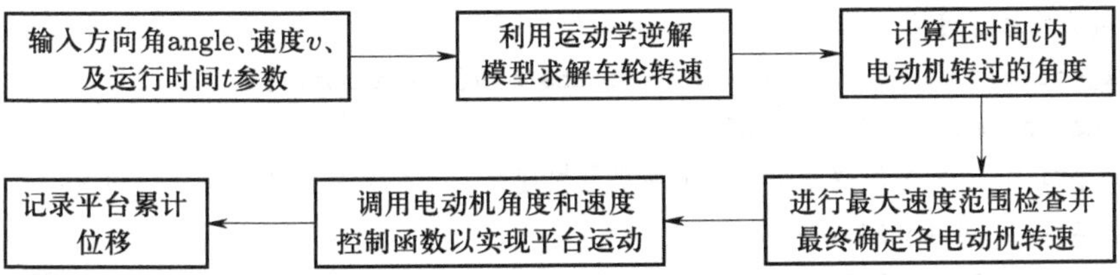

图 7-50　麦轮移动平台指定方向平移程序流程

该功能函数 move( ) 实现代码如下:

```
def move(self, angle=0, v=4, t=1):
    """
    平移运动函数
    定义一个名为 move 的函数，实现移动平台按给定的方向角和给定的速度运动。
    最大移动速度 v_max (mm/s) 计算:
    v_max=MAX_SPEED/60*6.2832*R/[abs(cos(angle))+abs(sin(angle))]
    MAX_SPEED 为电动机最大转速，单位为 r/min
    Args:
        angle: 前进方向角 (偏离 y 轴的角度，逆时针为正，顺时针为负)，角度制，单位
为度
        v: 移动速度 (mm/s)
        t: 移动时间 (s)，当 t=0 时，表示一直旋转，直到接收到一条新的指令或调用 stop
函数停止。
    Returns:
        无
    Raises:
        无
    """
    # 基于 7.3 节运动学理论模型，求解轮子转速
    time.sleep(0.005)
```

```
VY = v * math.cos(angle / 180 * 3.1415) # math 为 Python 语言数学库函数，需在主程序开头导入
VX = v * math.sin(- angle / 180 * 3.1415)
speed_motor = [0, 0, 0, 0]
angle_motor = [0, 0, 0, 0]
speed_motor[0] = (VY + VX) / self.R * 60 / 6.2832 # 车轮转速单位转换为 r/min
speed_motor[1] = (VY - VX) / self.R * 60 / 6.2832 # 车轮转速单位转换为 r/min
speed_motor[2] = (VY - VX) / self.R * 60 / 6.2832 # 车轮转速单位转换为 r/min
speed_motor[3] = (VY + VX) / self.R * 60 / 6.2832 # 车轮转速单位转换为 r/min
for i in range(4):
    angle_motor[i] = speed_motor[i] * t / 60 *360 # 计算电动机在时间 t 内转过的角度，并将弧度转换成角度

# 最大物理速度限制
max_speed = max(max(speed_motor), abs(min(speed_motor)))
if max_speed > self.MAX_SPEED:
    print(" 目标转速超出轮子电动机最快速度，已自动替换为轮子最大速度")
    for i in range(4):
        speed_motor[i] = speed_motor[i] / max_speed * self.MAX_SPEED

# 控制电动机转动
if t == 0: # 如果 t=0 则控制平台持续运动
    time.sleep(0.002)
    motor.set_speeds(self.ID_list,speed_motor,1) # 调用多个电动机速度控制函数
else:
    motor.step_angles(self.ID_list, angle_motor, speed_motor) # 对电动机进行位置和速度双闭环控制，提高平台转速和转角精度
    self.P[0] = self.P[0] + VX * t # 记录平台相对于初始位置在 x 轴方向的位移
    self.P[1] = self.P[1] + VY * t # 记录平台相对于初始位置在 y 轴方向上的位移
```

7.4.4 原地转弯功能及其程序开发

转弯半径为 0 的原定转弯运动也是麦轮移动平台的常用功能。该功能函数程序流程如图 7-51 所示。

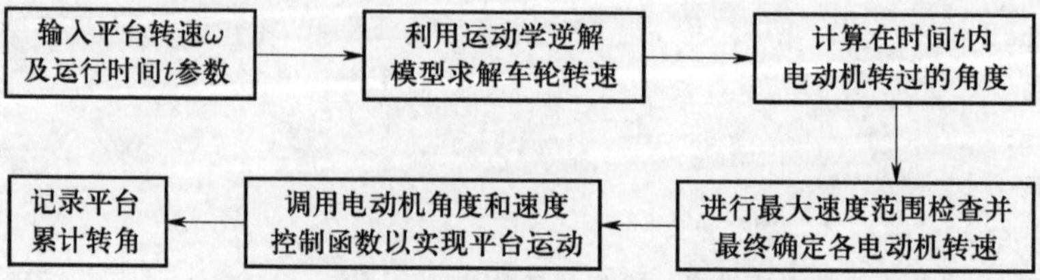

图 7-51　麦轮移动平台原地转弯程序流程

该函数程序以平台转速 ω 和运行时间 t 为输入变量。与指定方向角平移功能函数相同, 首先基于 7.3 节的运动学理论模型计算每个电动机的转速; 再计算运行时间 t 内各个电动机转过的角度; 随后检查得出电动机转速是否在电动机所能达到的物理最大转速范围内, 如果在范围内, 则直接赋予电动机由计算所得的转速值, 否则直接赋予电动机物理最大转速; 接着调用智能电动机驱动器所拥有的电动机角度、速度控制函数, 对电动机进行双闭环控制。平台运动结束后, 在程序末尾记录平台累计转过的角度。

该功能函数 rotate( ) 实现代码如下:

```
def rotate(self, w=30, t=1):
    """
    原地转弯函数
    定义一个名为 rotate 的函数，实现移动平台按给定的转速绕 z 轴（竖直向上）原地转弯。
    平台最快角速度 w_max，计算公式为 w_max=6*MAX_SPEED*R/(L+W)，采用角度制，单位为
度每秒
    MAX_SPEED 为电动机最大转速，单位 r/min
    Args:
        w: 绕 z 轴（竖直向上）的转动速度，逆时针为正；
        t: 转动时间 (s)，当 t=0 时，表示一直旋转，直到接收到一条新的指令或调用 stop
函数停止。
    Returns:
        无
    Raises:
        无
    """
    # 基于 7.3 节运动学理论模型，求解轮子转速
    time.sleep(0.005)
    OMEGA = w / 180 * 3.14159 # 将平台转速转换为弧度制
    speed_motor = [0, 0, 0, 0]
    angle_motor = [0, 0, 0, 0]
    speed_motor[0] = (-(self.L + self.W) * OMEGA) / self.R * 60 / 6.2832
                                                    # 车轮转速单位转换为 r/min
    speed_motor[1] = (+(self.L + self.W) * OMEGA) / self.R * 60 / 6.2832
                                                    # 车轮转速单位转换为 r/min
    speed_motor[2] = (-(self.L + self.W) * OMEGA) / self.R * 60 / 6.2832
                                                    # 车轮转速单位转换为 r/min
    speed_motor[3] = (+(self.L + self.W) * OMEGA) / self.R * 60 / 6.2832
                                                    # 车轮转速单位转换为 r/min
    for i in range(4):
        angle_motor[i] = speed_motor[i] * t / 60 *360 # 记录麦轮/电动机在时间 t
内转过的角度，并将弧度转换成角度
```

```
    # 最大速度限制
    if max(speed_motor) > self.MAX_SPEED:
        print(" 目标转速超出轮子电动机最快速度，已自动替换为轮子最大速度")
        if speed_motor[0] > 0:
            speed_motor[0] = self.MAX_SPEED
            speed_motor[2] = self.MAX_SPEED
            speed_motor[1] = -self.MAX_SPEED
            speed_motor[3] = -self.MAX_SPEED
        else:
            speed_motor[0] = -self.MAX_SPEED
            speed_motor[2] = -self.MAX_SPEED
            speed_motor[1] = self.MAX_SPEED
            speed_motor[3] = self.MAX_SPEED

    # 控制电动机转动
    if t == 0: # 如果 t=0 则控制平台持续运动
        time.sleep(0.002)
        motor.set_speeds(self.ID_list,speed_motor,1)
    else:
        motor.step_angles(self.ID_list, angle_motor, speed_motor) # 对电动机进行
位置和速度双闭环控制，提高平台转速和转角精度
        self.P[2] = self.P[2] + w * t # 记录平台相对于初始位置的转角
```

7.4.5 急停功能及其程序开发

实践中难免遇到碰撞、悬空等意外情况，此时便需要平台做出应急反应。急停是常见的一种应急功能。该功能函数 stop( ) 的实现方式较为简单，仅需将所有电动机转速置为 0。其代码如下:

```
def stop(self):
    """
    急停函数
    定义一个名为 stop 的函数，实现 meca_car 运动平台停止运动
    Args:
        无
    Returns:
        无
    Raises:
        无
    """
    for i in range(4):
        motor.set_speed(self.ID_list[i], 0, 1) # 将所有电动机转速设为 0
```

7.4.6 位置和姿态记忆功能及其程序开发

实践中, 随时记录平台相较于出发时刻的位置及转角意义重大。该功能函数 get_car_po( ) 使用全局列表变量 P 存储位置和转角, 需要时立即读取。其实现代码如下:

```
def get_car_po(self):
    """
    获取平台位置和方向
    返回平台相对于上电时初始位置下的位置和转角。
    注意: 调用 move 或 rotate 函数时, 如果 t=0, 则该函数返回的位置和转角将不准确。
    Args:
        无
    Returns:
        P: 平台相对于上电位置的坐标及转角 [x,y,theta] 组成的列表, x,y 单位为 mm,
theta 为角度制;
    Raises:
        无
    """
    print(" 平台相对于初始上电位置的位置坐标为 [" + str(self.P[0]) + ",
" + str(self.P[1]) + "], 转角为" + str(self.P[2]))
    return self.P # 返回平台位置和姿态数据
```

参考文献

[1] 重载麦克纳姆轮万向轮 [EB/OL]. (2020-07-02)[2022-07-18].

[2] Bayar G, Ozturk S. Investigation of the effects of contact forces acting on rollers of a mecanum wheeled robot [J]. Mechatronics, 2020, 72: 102467.

[3] 王殿卫, 郭津津, 李维骁. 基于麦克纳姆轮的 AGV 定位及纠偏技术的研究 [J]. 天津理工大学学报, 2020, 36(4): 22 – 27.

[4] 高峰. 麦克纳姆轮平衡重式 AGV 叉车的总体设计与研究 [J]. 中国新技术新产品, 2019(21): 34 – 35.

[5] 戴士杰, 刘若娇, 张慧博. 基于 Mecanum 轮的电动轮椅与路面耦合系统振动特性分析 [J]. 振动与冲击, 2020, 39(7): 245 – 252.

[6] Campion G, Bastin G, D'Andrea-Novel B. Structural properties and classification of kinematic and dynamic models of wheeled mobile robots [J]. Russian Journal of Nonlinear Dynamics, 2011, 7(4): 733 – 769.

第 8 章　五轴机械臂开发与控制

8.1　机械臂的起源与发展

机械臂是能模仿人手臂的某些动作功能, 按照程序抓取、搬运物件或操作工具的装置。它可代替人完成繁重劳动以实现生产的机械化和自动化, 能在有害环境下操作、替代人工以保护人身安全, 因而得到广泛应用。

1954 年, 美国发明家乔治・德沃尔申请了一种可编程控制器的极坐标式机械手专利。1959 年, 乔治・德沃尔与发明家约瑟夫・恩格尔伯格联手制造出第一台工业机器人 Unimate (图 8–1) 并定型生产, 由此成立了世界上第一家工业机器人制造商——Unimation 公司 [1]。之后于 1962 年, 美国通用汽车 (GM) 公司安装了 Unimation 公司的第一台 Unimate 机械臂, 标志着第一代工业机械臂投入使用 [2]。

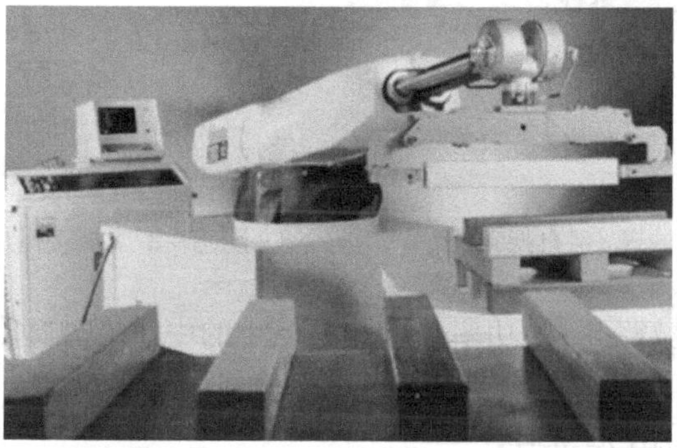

图 8–1　Unimate 机械臂 (引自搜狐网)

20 世纪 60 年代后期到 70 年代, 机械臂商品化程度逐步提高, 并渐渐走向产业化。其间, 著名的工业机器人四大家族相继推出各自的工业机器人。1973 年, 德国 KUKA 公司研发了世界上首台电力驱动的六轴机器人 [3]。1974 年, 瑞典通用电机公司 (ASEA, ABB 公司的前身) 开发出世界上第一台全电力驱动、由微处理器控制的工业机器人 IRB6 [4]; FANUC 公司自主研发出工业机器人并应用于自己的工厂 [5]; 日本安川电机推出其第一台电动弧焊工业机器人 MOTOMAN [6]。此后四家公司逐步成长为世界范围内最为出色的工业机器人公司, 几乎垄断工业机器人领域。

除工业机械臂外, 近年来以柔性安全著称的协作机器人 [7] 开始崭露头角。顾名思义, 协作机器人可以协助人类完成某项工作。协作机器人无须与人刻意保持安全距离, 因为协作机器人内部已设置足够的安全机制以保证与人发生碰撞时保护人身安全。世界上首款协作机器人为优傲机器人公司 (Universal Robots) 推出的 UR 协作机器人。该机器人被全球各大院校和研究机构用作科研实训平台, 以及被工厂用作生产工具。之后, 越来越多的机器人公司涌入协作机器人市场。

8.2 机械臂的功能及用途

机械臂作为末端执行器的承载平台, 多用于工业生产, 在各类工厂中常常见到其身影。该类机械臂也称为工业机器人, 目前已得到极为广泛的应用。根据关节数的不同, 分为四轴、五轴、六轴机械臂, 相应地分别有 4、5、6 个自由度, 用于不同操作需求的场景。为增加机械臂运动灵活度, 也出现了七轴机械臂 [8]。

工业机械臂属于大功率、大承载型机械臂, 具体功能与末端执行器密切相关, 如加装机械爪进行码垛工作 (图 8–2)、加装焊枪可进行焊接工作 (图 8–3)。

图 8–2 码垛机械臂 (引自搜狐网)

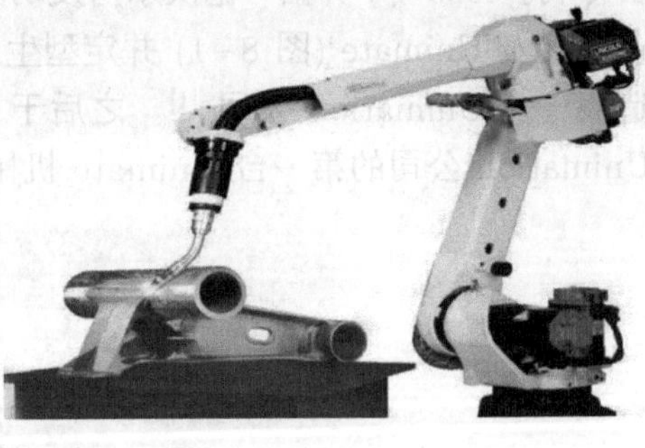

图 8–3 焊接机械臂 (引自搜狐网)

相比于工业机械臂, 一些功率和承载力较小的中型机械臂常用于生活服务, 称为服务型机械臂, 如用于新零售终端倒奶茶、咖啡的服务机械臂 (图 8–4)。这些服务型机械臂也称为协作型机械臂。

一些功率和承载力更小的小型机械臂多用于教学和娱乐场景, 称为桌面机械臂。这些桌面机械臂可模拟实现多种工业机器人功能; 配备适用于学习实训且由易到难的多种编程控制方式, 如示教编程 (图 8–5)、图形化编程 (图 8–6) 和代码编程 (图 8–7); 开放适用于二次开发的丰富电气接口和程序接口 (这些程序接口通常表现为库函数); 有的还提供与之配套的课程和实验指导书。

图 8－4　正在准备咖啡的中型机械臂 (引自搜狐网)

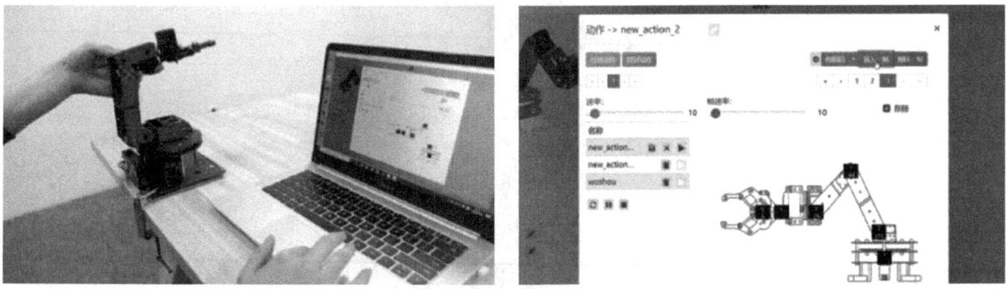

图 8－5　桌面机械臂示教编程

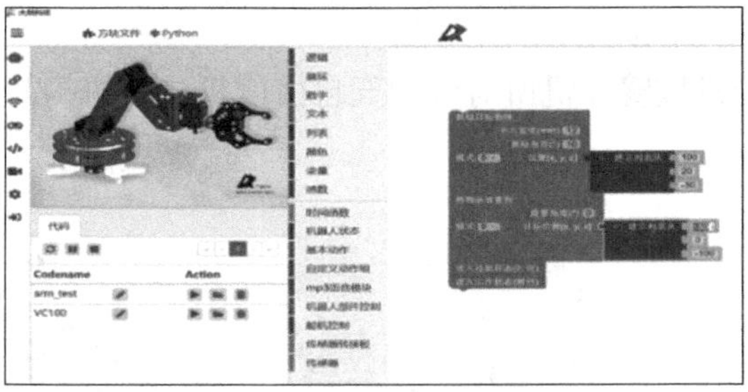

图 8－6　桌面机械臂图形化编程

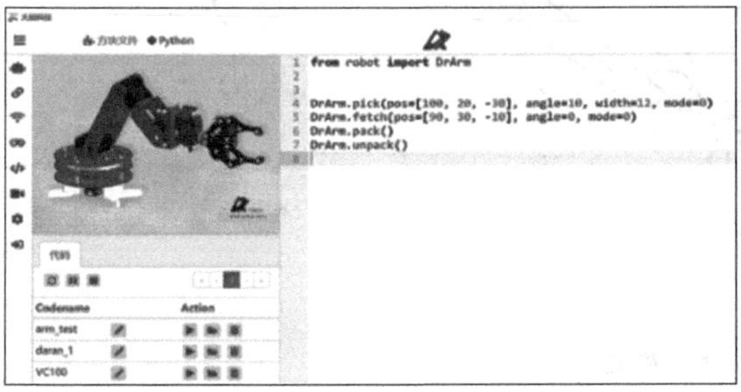

图 8－7　桌面机械臂代码编程

8.3 五轴机械臂运动学理论模型

机械臂运动学研究的是机械臂运动, 不考虑产生运动的力及由运动产生的力。运动学研究机械臂的位置、速度和加速度, 主要涉及机械臂末端位置姿态与机械臂各个驱动关节之间的运动关系。机械臂中关节依次串联, 相邻两关节之间通过连杆连接。机械臂根据关节的数目及关节轴线方向的不同也可以分为很多种, 如比较常见的平面机械臂、空间机械臂、SCARA 机械臂 [9-10] 等。机械臂驱动关节的数目决定机械臂末端自由度数目。一般情况下, 机械臂有几个关节就称其为几自由度的机械臂。本节研究的机械臂包含 5 个关节和 1 个机械手爪, 为五自由度机械臂(图 8-8)。

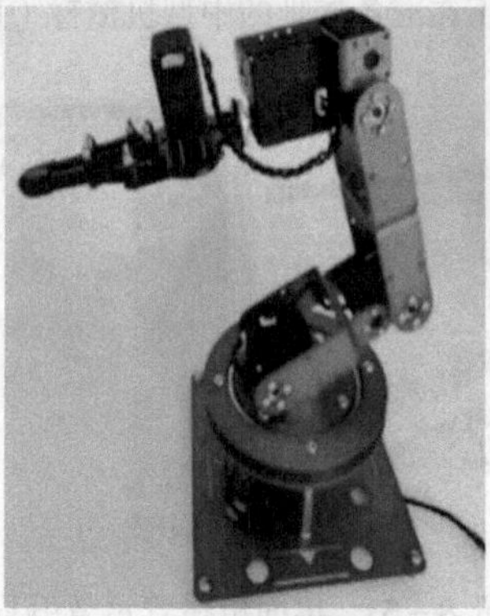

图 8-8 机械臂样机

图 8-8 所示的机械臂样机所对应的五自由度机械臂机构简图如图 8-9 所示。

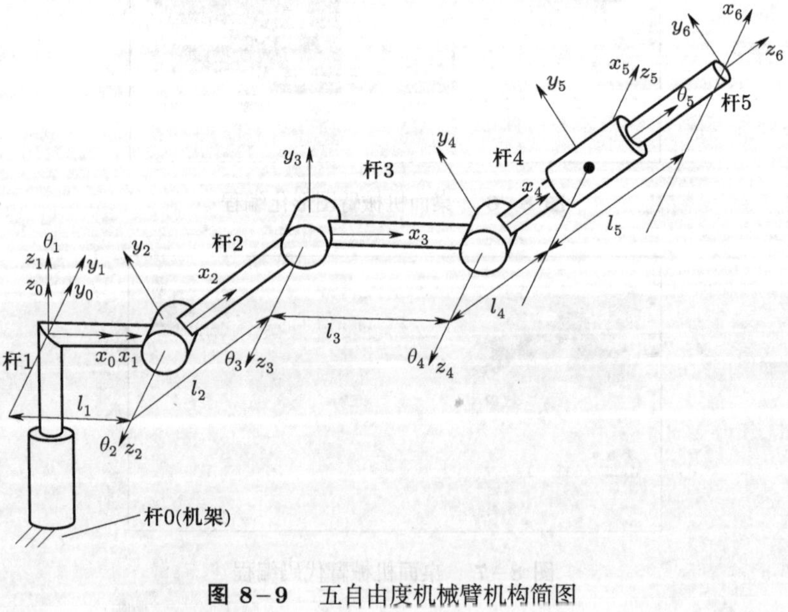

图 8-9 五自由度机械臂机构简图

机械臂包含 5 个转动关节, 其中第一关节轴线 z_1 为竖直方向, 第二、第三和第四关节轴线 z_2、z_3 和 z_4 为水平方向且相互平行。关节轴线之间的距离分别为 l_1、l_2、l_3 和 l_4。第五关节轴线与第四关节轴线垂直相交, 第五关节中心到杆 5 末端的距离为 l_5。各个关节的转动角度分别用 θ_1、θ_2、θ_3、θ_4 和 θ_5 表示。

8.3.1 五轴机械臂运动学正解模型

机械臂的运动学模型包括两部分: 运动学正解模型和运动学逆解模型。其中运动学正解模型是指已知驱动关节角度, 求解机械臂末端件的位置和姿态 (简称位姿)。运动学正解模型建立的方法有很多种, 包括几何法、D–H 坐标法、变换矩阵法, 本节采用变换矩阵法。

首先介绍 6 个基本变换矩阵, 它们对应空间中 6 种基本运动, 分别为沿 x、y、z 轴的平移和绕 x、y、z 轴的转动。6 个基本变换矩阵如式 (8–1) 所示, 其中 $\boldsymbol{T}(x,a)$ 表示沿 x 轴平移距离 a, $\boldsymbol{R}(x,\theta)$ 表示绕 x 轴转动角度 θ, 其他变换矩阵的含义以此类推。

$$
\begin{aligned}
&\boldsymbol{T}(x,a)=\begin{bmatrix}1&0&0&a\\0&1&0&0\\0&0&1&0\\0&0&0&1\end{bmatrix}, \qquad \boldsymbol{T}(y,b)=\begin{bmatrix}1&0&0&0\\0&1&0&b\\0&0&1&0\\0&0&0&1\end{bmatrix},\\
&\boldsymbol{T}(z,c)=\begin{bmatrix}1&0&0&0\\0&1&0&0\\0&0&1&c\\0&0&0&1\end{bmatrix}, \qquad \boldsymbol{R}(x,\theta)=\begin{bmatrix}1&0&0&0\\0&\cos\theta&-\sin\theta&0\\0&\sin\theta&\cos\theta&0\\0&0&0&1\end{bmatrix},\\
&\boldsymbol{R}(y,\theta)=\begin{bmatrix}\cos\theta&0&\sin\theta&0\\0&1&0&0\\-\sin\theta&0&\cos\theta&0\\0&0&0&1\end{bmatrix}, \quad \boldsymbol{R}(z,\theta)=\begin{bmatrix}\cos\theta&-\sin\theta&0&0\\\sin\theta&\cos\theta&0&0\\0&0&1&0\\0&0&0&1\end{bmatrix}
\end{aligned}
\tag{8-1}
$$

理论上使用变换矩阵法可以在机器人任意位置建立坐标系。一般为方便计算, 局部坐标系建立在关节处, 原点放在关节中心, z 轴沿关节轴线方向, x 轴指向下一个关节, y 轴由右手定则确定。全局坐标系则从方便计算的角度建立。

在图 8–10 所示的机构简图中, 全局坐标系 O_0-$x_0y_0z_0$ 建立在杆 1 拐角处, 其中, z_0 轴与第一关节轴线重合竖直向上, x_0 轴为第一关节与第二关节的公垂线且指向第二关节, 原点位于杆 1 拐角中心, y_0 轴由右手定则确定。局部坐标系 O_2-$x_2y_2z_2$ 建立在关节 2 中心, 与杆 2 固连, 其中, z_2 轴与关节 2 轴线重合, x_2 轴指向关节 3, y_2 轴由右手定则确定。其他关节处的局部坐标系建立方法以此类推。

特别地, 为方便计算, 局部坐标系 O_1-$x_1y_1z_1$ 也建立在杆件拐角处, 初始状态下其与全局坐标系重合。但当关节 1 转动时, 局部坐标系 $O_1\text{-}x_1y_1z_1$ 将随之转动。机械臂末端固连一个坐标系 $O_6\text{-}x_6y_6z_6$, 其原点位于末端点。

利用变换矩阵法求运动学正解的过程可以理解为将全局坐标系沿着机械臂经过一系列转动和平移使其最终与末端件坐标系重合的过程。不难看出该过程可以分步完成。

第 1 步: 将全局坐标系 $O_0\text{-}x_0y_0z_0$ 绕 z_1 轴旋转 θ_1 角度, 使其与局部坐标系 $O_1\text{-}x_1y_1z_1$ 重合, 对应操作的运算符为 $\boldsymbol{T}_1=\boldsymbol{R}(z_1,\theta_1)$。

第 2 步: 将到达新位置的坐标系 $O_0\text{-}x_0y_0z_0$ 沿 x_1 轴正方向平移 l_1 长度, 此时坐标系 $O_0\text{-}x_0y_0z_0$ 的原点抵达关节 2 的中心点; 然后将其绕 x_1 轴逆时针转动 90°, 此时 z_0 轴与 z_2 轴重合; 再将其绕 z_2 轴旋转 θ_2 角度, 此时坐标系 $O_0\text{-}x_0y_0z_0$ 与坐标系 $O_2\text{-}x_2y_2z_2$ 重合。此过程对应的操作运算符为 $\boldsymbol{T}_2=\boldsymbol{T}(x_1,l_1)\boldsymbol{R}(x_1,\pi/2)\boldsymbol{R}(z_2,\theta_2)$。

第 3 步: 将到达新位置的坐标系 $O_0\text{-}x_0y_0z_0$ 沿 x_2 轴正方向平移 l_2 长度, 此时坐标系 $O_0\text{-}x_0y_0z_0$ 的原点抵达关节 3 的中心点, 且 z_0 轴与 z_3 轴重合; 再将其绕 z_3 轴旋转 θ_3 角度; 此时坐标系 $O_0\text{-}x_0y_0z_0$ 与坐标系 $O_3\text{-}x_3y_3z_3$ 重合。此过程对应的操作运算符为 $\boldsymbol{T}_3=\boldsymbol{T}(x_2,l_2)\boldsymbol{R}(z_3,\theta_3)$。

第 4 步: 将到达新位置的坐标系 $O_0\text{-}x_0y_0z_0$ 沿 x_3 轴正方向平移 l_3 长度, 此时坐标系 $O_0\text{-}x_0y_0z_0$ 的原点抵达关节 4 的中心点, 且 z_0 轴与 z_4 轴重合; 再将其绕 z_4 轴旋转 θ_4 角度, 此时坐标系 $O_0\text{-}x_0y_0z_0$ 与坐标系 $O_4\text{-}x_4y_4z_4$ 重合。此过程对应的操作运算符为 $\boldsymbol{T}_4=\boldsymbol{T}(x_3,l_3)\boldsymbol{R}(z_4,\theta_4)$。

第 5 步: 将到达新位置的坐标系 $O_0\text{-}x_0y_0z_0$ 沿 x_4 轴正方向平移 l_4 长度, 此时坐标系 $O_0\text{-}x_0y_0z_0$ 的原点抵达关节 5 的中心点; 再将其绕 y_5 轴逆时针转动 90°, 此时坐标系 $O_0\text{-}x_0y_0z_0$ 与坐标系 $O_5\text{-}x_5y_5z_5$ 重合。此过程对应的操作运算符为 $\boldsymbol{T}_5=\boldsymbol{T}(x_4,l_4)\boldsymbol{R}(y_5,\pi/2)$。

第 6 步: 将到达新位置的坐标系 $O_0\text{-}x_0y_0z_0$ 绕 z_5 轴转动 θ_5 角度, 再将其沿 z_5 轴平移 l_5 长度, 此时坐标系 $O_0\text{-}x_0y_0z_0$ 与坐标系 $O_6\text{-}x_6y_6z_6$ 重合。此过程对应的操作运算符为 $\boldsymbol{T}_6=\boldsymbol{R}(z_5,\theta_5)\boldsymbol{T}(z_5,l_5)$。

串联上述过程, 得到末端件坐标系 $O_6\text{-}x_6y_6z_6$ 在全局坐标系 $O_0\text{-}x_0y_0z_0$ 中的位姿矩阵为

$$\boldsymbol{T}_0^6=\boldsymbol{T}_1\boldsymbol{T}_2\boldsymbol{T}_3\boldsymbol{T}_4\boldsymbol{T}_5\boldsymbol{T}_6 \tag{8-2}$$

全局坐标系经过一系列转动和平移, 最终才与末端件坐标系重合, 因此上述过程有个形象的比喻——“漂洋过海来看你”。为方便起见, 令

$$\boldsymbol{T}_0^6=\begin{bmatrix} m_{11} & m_{12} & m_{13} & x \\ m_{21} & m_{22} & m_{23} & y \\ m_{31} & m_{32} & m_{33} & z \\ 0 & 0 & 0 & 1 \end{bmatrix} \tag{8-3}$$

式中, m_{ij} 为矩阵 $\boldsymbol{T}_0^6$ 第 i 行、第 j 列元素 $(i,j=1,2,3)$。经过上述 6 步计算可得

$$\begin{cases} m_{11}=-\cos\theta_1\sin\theta_5\sin(\theta_2+\theta_3+\theta_4)-\sin\theta_1\cos\theta_5 \\ m_{12}=-\cos\theta_1\cos\theta_5\sin(\theta_2+\theta_3+\theta_4)+\sin\theta_1\sin\theta_5 \\ m_{13}=\cos\theta_1\cos(\theta_2+\theta_3+\theta_4) \\ x=\cos\theta_1\left[l_1+l_2\cos\theta_2+l_3\cos(\theta_2+\theta_3)+(l_4+l_5)\cos(\theta_2+\theta_3+\theta_4)\right] \\ m_{21}=-\sin\theta_1\sin\theta_5\sin(\theta_2+\theta_3+\theta_4)+\cos\theta_1\cos\theta_5 \\ m_{22}=-\sin\theta_1\cos\theta_5\sin(\theta_2+\theta_3+\theta_4)-\cos\theta_1\sin\theta_5 \\ m_{23}=\sin\theta_1\cos(\theta_2+\theta_3+\theta_4) \\ y=\sin\theta_1\left[l_1+l_2\cos\theta_2+l_3\cos(\theta_2+\theta_3)+(l_4+l_5)\cos(\theta_2+\theta_3+\theta_4)\right] \\ m_{31}=\sin\theta_5\cos(\theta_2+\theta_3+\theta_4) \\ m_{32}=\cos\theta_5\cos(\theta_2+\theta_3+\theta_4) \\ m_{33}=\sin(\theta_2+\theta_3+\theta_4) \\ z=l_2\sin\theta_2+l_3\sin(\theta_2+\theta_3)+(l_4+l_5)\sin(\theta_2+\theta_3+\theta_4) \end{cases} \tag{8-4}$$

式中, $[x \quad y \quad z]^{\mathrm{T}}$ 为末端杆件坐标系 $O_6\text{-}x_6y_6z_6$ 原点在全局坐标系 $O_0\text{-}x_0y_0z_0$ 中的位置向量; $[m_{11} \quad m_{21} \quad m_{31}]^{\mathrm{T}}$ 为末端杆件坐标系 $O_6\text{-}x_6y_6z_6$ 的 x_6 轴在全局坐标系 $O_0\text{-}x_0y_0z_0$ 中的方向向量; $[m_{12} \quad m_{22} \quad m_{32}]^{\mathrm{T}}$ 为末端杆件坐标系 $O_6\text{-}x_6y_6z_6$ 的 y_6 轴在全局坐标系 $O_0\text{-}x_0y_0z_0$ 中的方向向量; $[m_{13} \quad m_{23} \quad m_{33}]^{\mathrm{T}}$ 为末端杆件坐标系 $O_6\text{-}x_6y_6z_6$ 的 z_6 轴在全局坐标系 $O_0\text{-}x_0y_0z_0$ 中的方向向量。

至此, 便完成了正向运动学的推导, 即已知各个驱动关节角度, 求解出机械臂末端杆件位置与姿态。

8.3.2 五轴机械臂运动学逆解模型

下面介绍机械臂的运动学逆解模型, 即已知机械臂末端杆件的位姿矩阵 $\boldsymbol{T}_0^6$, 求解 5 个驱动关节角度 θ_i $(i=1,2,\cdots,5)$。基于式 (8-4), 首先求解 θ_1, 观察式 (8-4) 中 x 和 y 的等式, 可得①

$$\theta_1=\operatorname{atan}2(y,x) \tag{8-5}$$

式 (8-4) 中, m_{13} 等式两端乘以 $\cos\theta_1$, m_{23} 等式两端乘以 $\sin\theta_1$, 可得

$$\begin{cases} m_{13}\cos\theta_1=\cos^2\theta_1\cos(\theta_2+\theta_3+\theta_4) \\ m_{23}\sin\theta_1=\sin^2\theta_1\cos(\theta_2+\theta_3+\theta_4) \end{cases} \tag{8-6}$$

① $\operatorname{atan}2(y,x)$ 是计算机编程语言中的反正切函数, 可以计算正切值为 y/x 所对应的角度, 单位为 rad, 取值范围为 $(-\pi,\pi]$。该函数的优点在于处理了 $x=0$ 的情况, 使用较为便捷, 此处用来替代反正切函数。

再将式 (8-6) 两等式相加可得

$$m_{13}\cos\theta_1 + m_{23}\sin\theta_1 = \cos(\theta_2+\theta_3+\theta_4) \tag{8-7}$$

结合 m_{33} 等式可得

$$\psi = \theta_2+\theta_3+\theta_4 = \operatorname{atan2}(m_{33}, m_{13}\cos\theta_1 + m_{23}\sin\theta_1) \tag{8-8}$$

实际中, ψ 就是 Pitch 角, 即机械手爪 (末端杆件) 与水平面之间的夹角, 在基于运动学逆解的控制中可直接给定。接下来求解 θ_5。观察式 (8-4) 中 m_{11} 和 m_{21} 的等式, 将 m_{11} 等式和 m_{21} 等式的两端分别乘以 $\sin\theta_1$ 和 $\cos\theta_1$ 并相减可得

$$\cos\theta_5 = m_{21}\cos\theta_1 - m_{11}\sin\theta_1 \tag{8-9}$$

接着观察 m_{12} 和 m_{22} 的等式, 将 m_{12} 等式和 m_{22} 等式的两端分别乘以 $\sin\theta_1$ 和 $\cos\theta_1$ 并相减可得

$$\sin\theta_5 = m_{12}\sin\theta_1 - m_{22}\cos\theta_1 \tag{8-10}$$

所以

$$\theta_5 = \operatorname{atan2}(m_{12}\sin\theta_1 - m_{22}\cos\theta_1, m_{21}\cos\theta_1 - m_{11}\sin\theta_1) \tag{8-11}$$

实际中, θ_5 就是 Roll 角, 即机械手爪 (末端杆件) 与相邻杆件之间绕 z_5 轴的夹角, 同样可在基于运动学逆解的控制中直接给定。接下来将求解 3 个平行关节的转动角度 θ_2、θ_3 和 θ_4。观察 x 和 y 的等式, x 等式乘以 $\cos\theta_1$, y 等式乘以 $\sin\theta_1$, 再将两者相加得

$$x\cos\theta_1 + y\sin\theta_1 = l_1 + l_2\cos\theta_2 + l_3\cos(\theta_2+\theta_3) + (l_4+l_5)\cos(\theta_2+\theta_3+\theta_4) \tag{8-12}$$

整理可得

$$l_2\cos\theta_2 + l_3\cos\theta_{23} = x\cos\theta_1 + y\sin\theta_1 - (l_4+l_5)\cos\psi - l_1 \tag{8-13}$$

由 z 等式得到

$$l_2\sin\theta_2 + l_3\sin\theta_{23} = z - (l_4+l_5)\sin\psi \tag{8-14}$$

式中, $\theta_{23} = \theta_2 + \theta_3 = \psi - \theta_4$。

令

$$\begin{cases} A = x\cos\theta_1 + y\sin\theta_1 - (l_4+l_5)\cos\psi - l_1 \\ B = z - (l_4+l_5)\sin\psi \end{cases} \tag{8-15}$$

则有

$$\begin{cases} l_2\cos\theta_2 + l_3\cos\theta_{23} = A \\ l_2\sin\theta_2 + l_3\sin\theta_{23} = B \end{cases} \tag{8-16}$$

式 (8-16) 消去 θ_{23} 得

$$A\cos\theta_2 + B\sin\theta_2 = C \tag{8-17}$$

式中,

$$C = \frac{A^2+B^2+l_2^2-l_3^2}{2l_2} \tag{8-18}$$

令 $t=\tan\dfrac{\theta_2}{2}$, 则式 (8-17) 可以改写为

$$(A+C)t^2 - 2Bt - (A-C) = 0 \tag{8-19}$$

解得

$$t = \begin{cases} -\dfrac{A-C}{2B}, & A+C=0 \\ \dfrac{B\pm\sqrt{A^2+B^2-C^2}}{A+C}, & A+C\neq 0 \end{cases} \tag{8-20}$$

所以

$$\theta_2 = 2\arctan t \tag{8-21}$$

式 (8-21) 中, θ_2 有两个不同的解, 表示存在两组关节角度对应给定的机械臂末端点坐标, 两组关节角度对应的机械臂构型如图 8-10 所示。两种构型下, 第二、第三杆关于第二关节中心与机械臂末端点连线对称。根据式 (8-20), 当

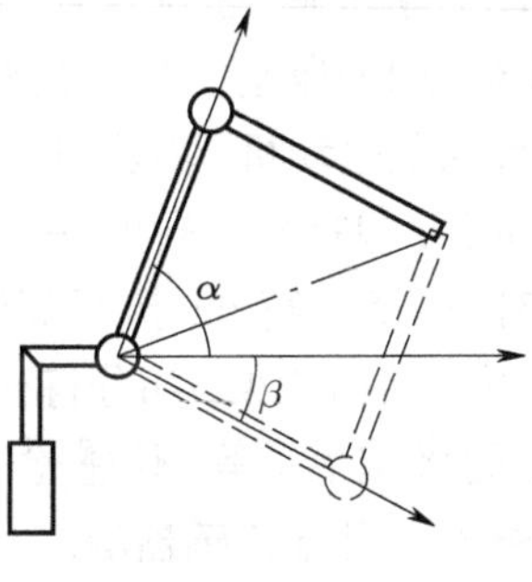

图 8-10 两组解对应的机械臂构型

$t=(B+\sqrt{A^2+B^2-C^2})/(A+C)$ 时, 对应图 8–10 中的 α 构型 (实线); 当 $t=(B-\sqrt{A^2+B^2-C^2})/(A+C)$ 时, 对应图 8–10 中 β 构型 (虚线)。本例取 α 构型。

将 θ_2 代回方程组 (8–16) 得

$$\begin{cases} \sin\theta_{23}=\dfrac{B-l_2\sin\theta_2}{l_3} \\ \cos\theta_{23}=\dfrac{A-l_2\cos\theta_2}{l_3} \end{cases} \tag{8-22}$$

则

$$\theta_{23}=\operatorname{atan2}(B-l_2\sin\theta_2, A-l_2\cos\theta_2) \tag{8-23}$$

所以

$$\begin{cases} \theta_3=\theta_{23}-\theta_2 \\ \theta_4=\psi-\theta_{23} \end{cases} \tag{8-24}$$

至此, 完成了逆向运动学的推导, 即根据末端杆件位姿矩阵 $\boldsymbol{T}_0^6$ 求解出机械臂各个关节角度 θ_i $(i=1,2,\cdots,5)$。

8.4 五轴机械臂开发与控制实践

本节将基于五轴机械臂的运动学理论模型进行开发实践。开发过程中将用到本书第 4 章介绍的智能驱动器——智能伺服舵机。

8.4.1 机械臂运动控制系统架构

一个完整的机械臂大多包含以下几个部分: 控制系统、驱动部件、机械本体、执行部件、传感检测装置等 (图 8–11)。其中, 控制系统类似人的大脑, 主要负责机械臂运动控制, 包括运动学、动力学求解, 轨迹规划, 传感信息采集处理, 人机交互等功能; 驱动部件类似人的肌肉, 用来驱动机械臂的运动, 包括本体关节驱动和执行部件驱动, 常用的驱动部件有伺服电动机、液压缸、气缸等; 机械臂本体类似人体骨骼, 是指机械臂的本体结构部分, 包括机械臂的关节轴线布置及本体杆件设计等, 决定了机械臂的类型和工作空间等诸多特性; 执行部件类似手持工具, 大多装在机械臂末端, 根据具体工作任务可以自由更换, 如分拣机械臂上的气动吸盘、焊接机械臂上的焊枪、码垛机械臂上的机械手爪等; 传感检测装置类似人的感知器官, 用来辅助机械臂工作, 如视觉传感器、触觉传感器等。

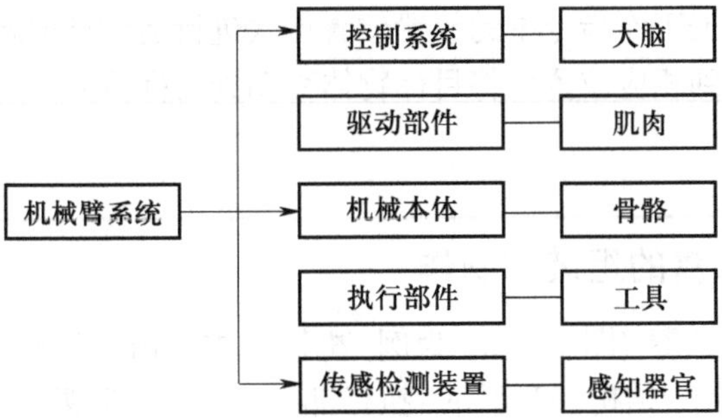

图 8-11 机械臂的结构框图

机械臂的控制工作流程如图 8-12 所示。上位机下达工作指令后 (如抓取一个物体), 首先通过传感检测装置 (摄像头视觉) 获取物体的大小和位置信息, 运动控制系统进行运动学逆解及轨迹规划以得到各个驱动部件的目标控制量 (如角度、速度等), 然后通过控制总线向驱动部件发送运动指令, 驱动部件接收到运动指令后驱使机械臂末端移动到目标位置, 随后执行部件 (如机械手爪) 将目标物体夹住。之

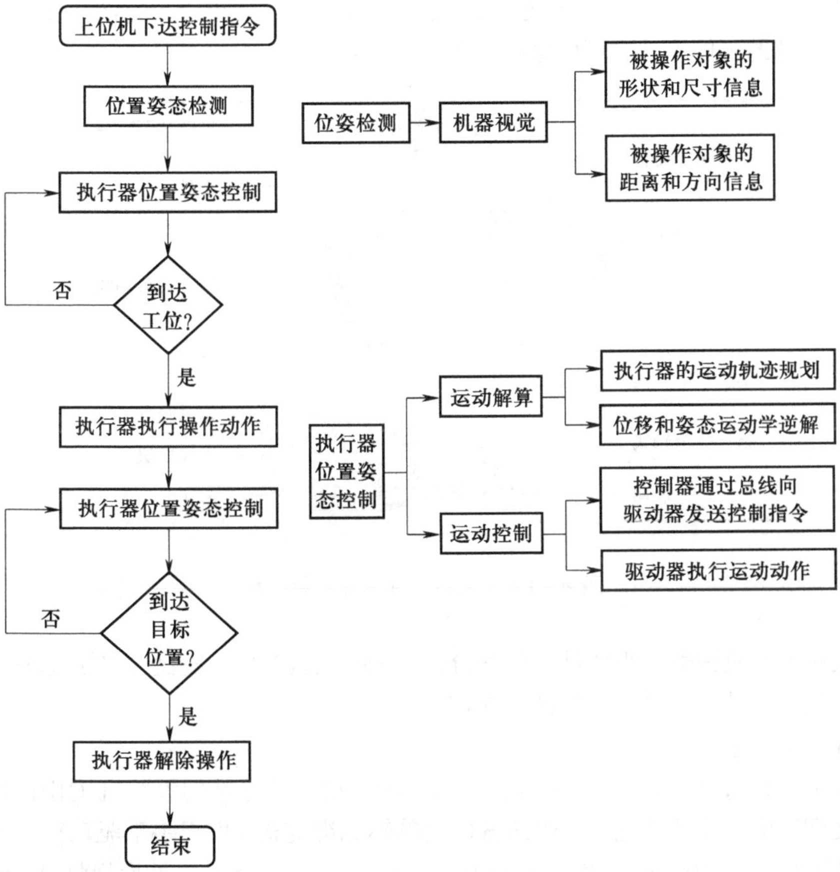

图 8-12 机械臂的控制工作流程

后运动控制系统根据工作指令中的放置位置再次进行运动学逆解及轨迹规划，再次控制驱动部件运动到相应位置以将目标物体移动到目标位置，最后控制执行部件松开物体。

8.4.2 五轴机械臂的组装与制作

以大然五轴机械臂 (图 8–13) 为例，机械臂主要由主控模块 (控制系统)、电池、舵机 (驱动部件)、结构件和手爪 (执行部件) 组成。机械臂底部有一个底座，上面装有主控模块和电池，两者都安装在机械臂工作区域的背面，用来平衡工作状态下的机械臂连杆和机械手爪的质量。底座上还装有一个转动圆盘，圆盘上装有一个薄壁轴承，用来减小机械臂第一关节的摩擦及提高转动的稳定性。机械臂连杆由舵机机身和结构件组成，结构件按照模块化思路进行设计，固定舵机的同时还可以进行相互间的组合连接，得到最终的机械臂连杆。机械臂的末端执行器是一个机械手爪，由一个舵机驱动。

整个机械臂有 6 个舵机，每个舵机驱动一个关节或手爪。舵机输出轴线与关节轴线重合。图 8–13 所示的机械臂中，第一关节轴线为竖直方向，第二、三、四关节轴线相互平行且与第一关节轴线垂直，第五关节轴线与第四关节轴线垂直且相交。机械臂末端的机械手爪也可以根据任务需要进行更换。

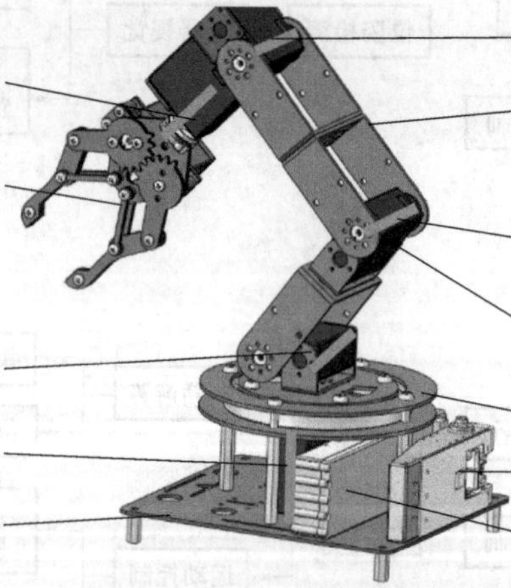

图 8–13　大然五轴机械臂装配图

大然五轴机械臂的组成部件可细分为 7 种：伺服舵机、舵盘、主控模块、电池模块、机械手爪、机械臂结构件、扎带。

(1) 伺服舵机

五轴机械臂共用到 5 个大然芯力 A15-ST 型双轴标准伺服舵机 (用于机械臂连杆之间) 和 1 个大然芯力 AS15-ST 型单轴标准舵机 (用于手爪驱动)。A15-ST 舵机外形尺寸为 40 mm × 20 mm × 40.5 mm。该系列伺服舵机外形规整，固定方式简单，性能稳定，最大扭力为 1.5 N·m，角度控制范围在 0°~270°。大然伺服舵机为机械臂的灵活运动提供了动力, 保证了五轴机械臂运动的稳定性。两款伺服舵机分别如图 8-14 和图 8-15 所示。

图 8-14 双轴标准伺服舵机

图 8-15 单轴标准伺服舵机

(2) 舵盘

舵盘用于连接舵机输出轴和机械臂连杆。舵盘有两种, 分别为金属主舵盘和塑料副舵盘。金属主舵盘安装在伺服舵机的输出轴上, 配合输出扭矩。塑料副舵盘安装于舵机副轴上。整条机械臂中, 金属主舵盘共 6 个, 塑料副舵盘共 4 个, 如图 8-16 所示。

(3) 主控模块

主控模块是机械臂的控制中枢, 即 "大脑", 机械臂的所有动作指令均由主控模块发出。大然五轴机械臂使用如图 8-17 所示主控模块。

(a) 金属主舵盘

(b) 塑料副舵盘

图 8-16 舵盘

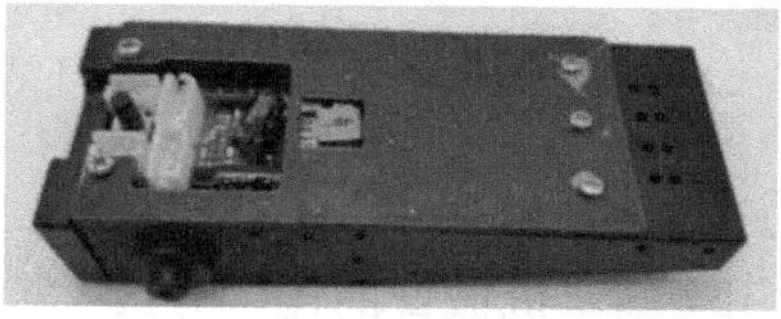

图 8-17 主控模块

(4) 电池模块

电池模块为机械臂提供电源。大然桌面机械使用如图 8-18 所示的电池模块, 电池电压为直流 8.4 V 电压, 电池容量为 2 700 mAh, 最大输出电流可达 10 A。

(5) 机械手爪

机械手爪是机械臂抓取物体的主要部件, 共 1 个, 如图 8-19 所示。

图 8-18 电池模块

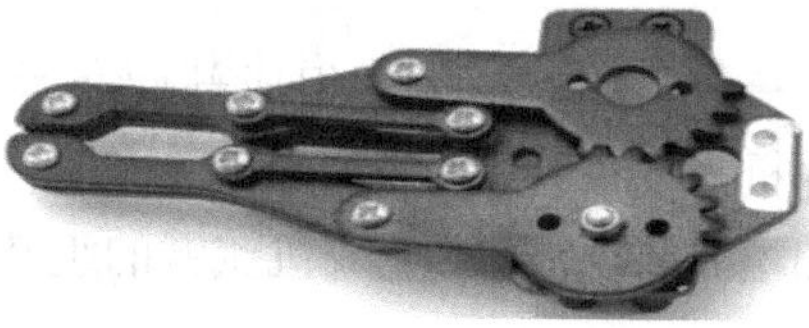

图 8-19 机械手爪

(6) 机械臂结构件

机械臂结构件包括: ① 腕部结构件, 分为长 L 型结构件和短 L 型结构件, 各 1 个, 如图 8-20 所示; ② 肘部结构件, 分为长 U 型结构件和短 U 型结构件, 其中长 U 型结构件 3 个、短 U 型结构件 1 个, 如图 8-21 所示; ③ 圆盘结构件, 用于连接上圆盘和下圆盘, 是机械臂底部关节运动的重要部件, 共 2 个, 如图 8-22 所示; ④ 圆环结构件, 机械臂连接固定轴承部分需要圆环结构件, 共 2 个, 如图 8-23 所示; ⑤ 轴承, 机械臂底部转动需要一个圆形轴承, 共 1 个, 如图 8-24 所示; ⑥ 底盘结构件, 机械臂底盘安装电源主控需要方形底盘, 共 1 个, 如图 8-25 所示。

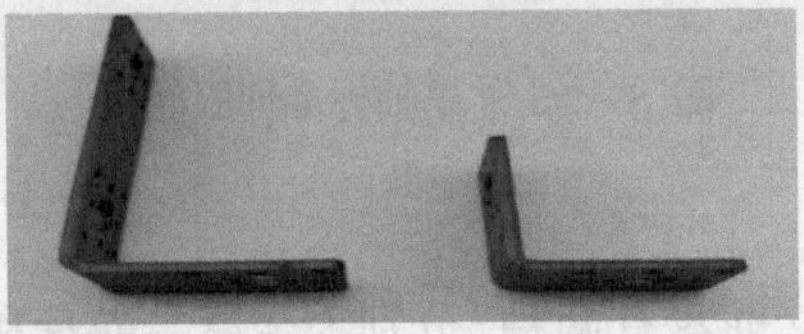

图 8-20 长 L 型结构件和短 L 型结构件

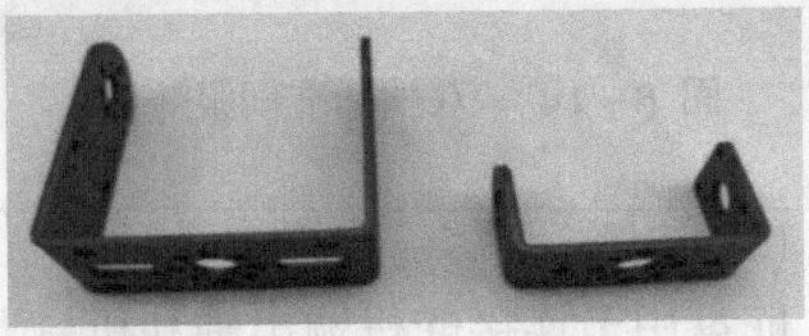

图 8-21 长 U 型结构件和短 U 型结构件

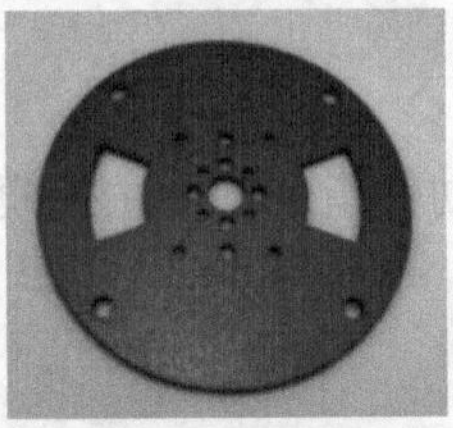

图 8-22 圆盘结构件

图 8-23 圆环结构件

图 8-24 轴承

图 8-25 底盘结构件

(7) 扎带

用于固定机械臂的连接导线, 避免发生缠绕, 共 3 根, 在特定的位置固定, 如图 8-26 所示。

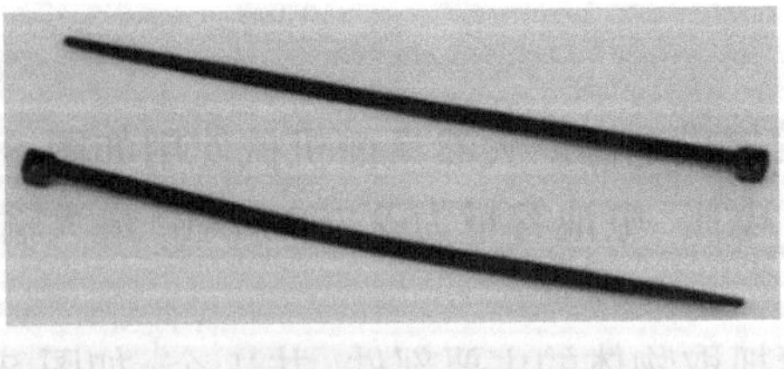

图 8-26 扎带

梳理清楚机械臂的组成部件之后便可组装机械臂。由于安装在各个关节的总线舵机需要借助 ID 号加以区分, 事先给 6 个伺服舵机贴上编号, 标定原点。按照相应的组装步骤, 即可完成机械臂的组装。下面对机械臂主要部件的组装逐一说明。

8.4.2.1 机械手爪组装

机械手爪组装所需的零部件如图 8-27 所示。

图 8－27 机械手爪组装所需的零部件

① 手爪结构件; ② 6 号舵机; ③ 金属主舵盘; ④ M3 × 6 圆头机用螺钉; ⑤ M3 × 8 沉头机用螺钉

用 2 个 M3 × 6 圆头机用螺钉将金属主舵盘连接在机械手爪的右侧内部舵盘连接处, 这里注意要将两侧爪子的齿轮安装为右侧爪子齿轮比左侧爪子齿轮高一个齿位, 如图 8－28 所示。将 6 号舵机平行安装在手爪的背面, 并平行地安装在金属主舵盘中, 将主舵盘用 M3 × 6 机用螺钉固定, 并将 6 号舵机的双耳用黑色 M3 × 8 沉头机用螺钉固定。机械手爪完整组装如图 8－29 所示。

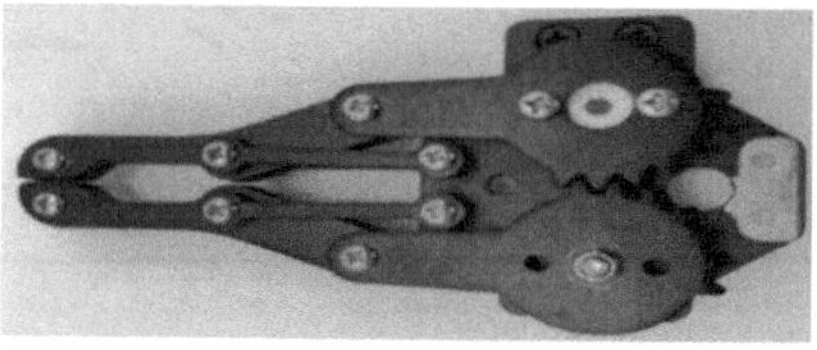

图 8－28 机械手爪齿轮固定

图 8－29 机械手爪完整组装

8.4.2.2 腕部组装

腕部组装所需的零部件如图 8－30 所示。将 4 号和 5 号舵机的金属主舵盘与副舵盘平行地安装在舵机的主轴上, 用 M3 × 8 沉头机用螺钉将 5 号舵机的主舵

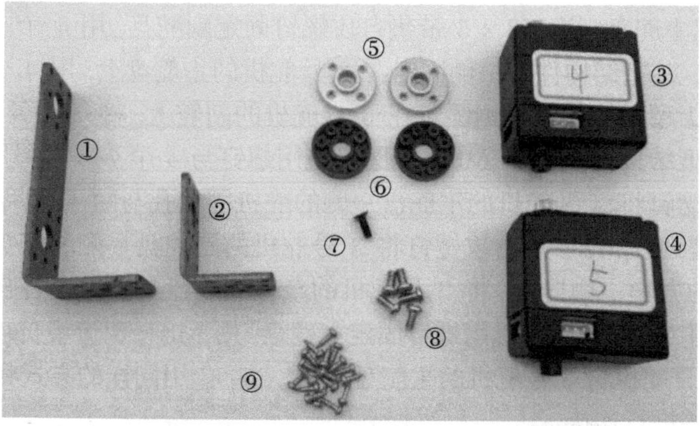

图 8－30 腕部组装所需的零部件

① 长 L 型结构件; ② 短 L 型结构件; ③ 4 号舵机; ④ 5 号舵机; ⑤ 主舵盘; ⑥ 副舵盘; ⑦ M3 × 8 沉头机用螺钉; ⑧ M3 × 6 圆头机用螺钉; ⑨ M2 × 6 自攻螺钉

盘固定, 用白色 M3 × 6 圆头机用螺钉将 4 号舵机的主舵盘固定。用 4 个 M2 × 6 自攻螺钉将长 L 型结构件的长边与 4 号舵机的副舵盘一侧的固定孔固定, 用 4 个 M2 × 6 自攻螺钉将短 L 型结构件的长边与 5 号舵机的副舵盘一侧的固定孔固定, 用 3 个 M2 × 6 自攻螺钉将短 L 型结构件的短边与 4 号舵机的主舵盘一侧的固定孔固定, 用 3 个 M2 × 6 自攻螺钉将长 L 型结构件的短边与 5 号舵机的主舵盘一侧的固定孔固定, 腕部结构完整组装如图 8–31 所示。

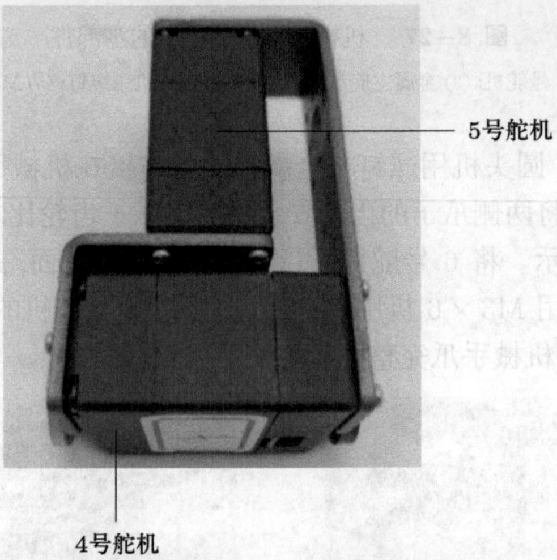

图 8–31　腕部完整组装

8.4.2.3　肘部组装

肘部组装所需的零部件如图 8–32 所示。肘部结构完整组装如图 8–33 所示。用 8 个 M3 × 6 圆头机用螺钉和 8 个 M3 螺母将两个长 U 型结构件 “背靠背” 固连; 将 3 号舵机的金属主舵盘和副舵盘各自套接在舵机主/副轴上, 用 M3 × 6 圆头机用螺钉固定主舵盘, 用 M3 × 5 带垫自攻螺钉固定副舵盘; 用 4 个 M3 × 6 圆头机用螺钉将长 U 型结构件的一侧固定在 3 号舵机的主舵盘上, 用 4 个 M2 × 6 自攻螺钉将长 U 型结构件另一侧固定在 3 号舵机的副舵上; 将 1 个长 U 型结构件和 1 个短 U 型结构件用 4 个 M3 × 6 圆头机用螺钉与 4 个 M3 螺母固连; 用 3 个 M2 × 6 自攻螺钉将 3 号舵机的主舵盘一侧的舵机固定孔与短 U 型结构件的圆形一侧连接; 用 4 个 M2 × 6 自攻螺钉将 3 号舵机的副舵盘一侧的舵机固定孔与短 U 型结构件的方形一侧连接; 将 2 号舵机的金属主舵盘和副舵盘各自套接在舵机主/副轴上, 用 M3 × 6 圆头机用螺钉固定主舵盘, 用 M3 × 5 带垫自攻螺钉固定副舵盘; 保持 2 号舵机与 3 号舵机的主舵盘在同一方向, 用同样的方式将 2 号舵机与长 U 型结构件进行连接。

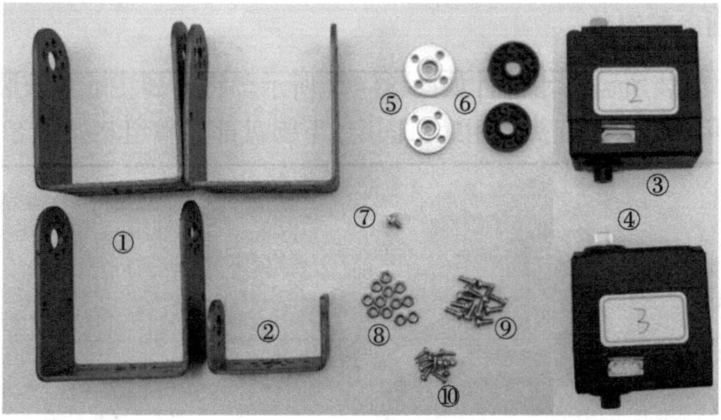

图 8－32　肘部组装所需的零部件

① 长 U 型结构件; ② 短 U 型结构件; ③ 2 号舵机; ④ 3 号舵机; ⑤ 主舵盘; ⑥ 副舵盘; ⑦ M3 × 5 带垫自攻螺钉; ⑧ M3 螺母; ⑨ M3 × 6 圆头机用螺钉; ⑩ M2 × 6 自攻螺钉

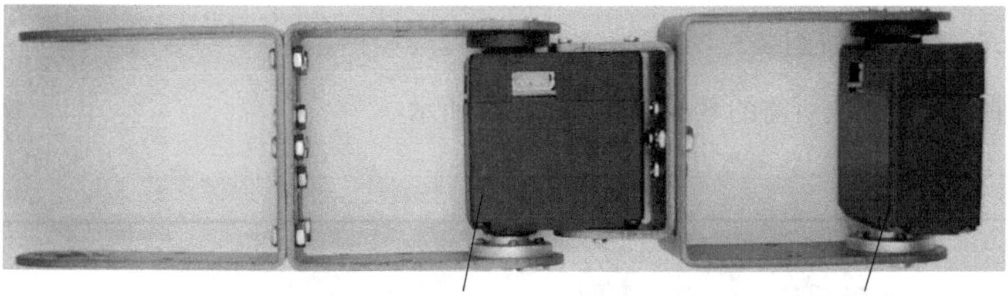

图 8－33　肘部完整组装

8.4.2.4　上圆盘部组装

上圆盘部组装所需的零部件如图 8－34 所示。用 6 个 M3 × 6 圆头机用螺钉和 6 个 M3 螺母将圆盘结构件和短 U 型结构件固定, 注意要保持圆盘上扇形空缺间的连线与短 U 型结构件为垂直状态, 上圆盘部完整组装如图 8－35 所示。

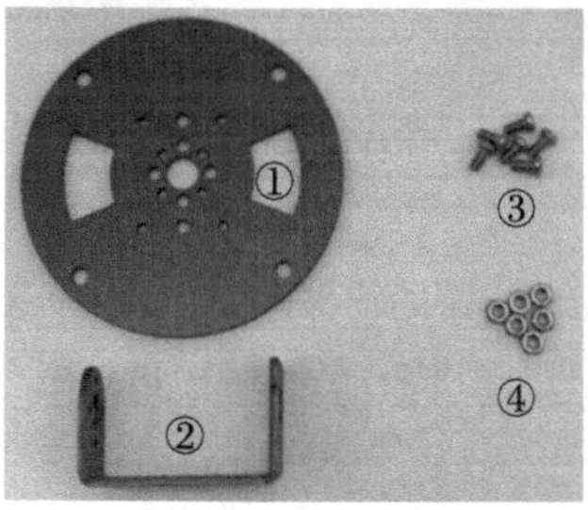

图 8－34　上圆盘部组装所需的零部件

① 圆盘; ② 短 U 型结构件; ③ M3 × 6 圆头机用螺钉; ④ M3 螺母

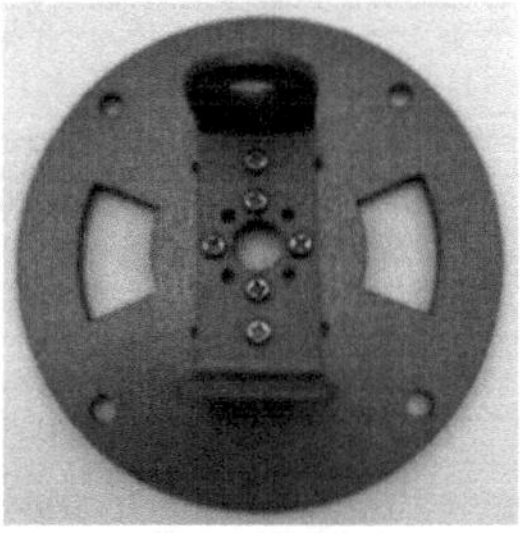

图 8－35　上圆盘部完整组装

8.4.2.5 下圆盘部组装

下圆盘部组装所需的零部件如图 8-36 所示。将金属主舵盘安装在圆盘结构件的下侧, 并用 M3 × 6 圆头机用螺钉固定, 下圆盘部完整组装如图 8-37 所示。

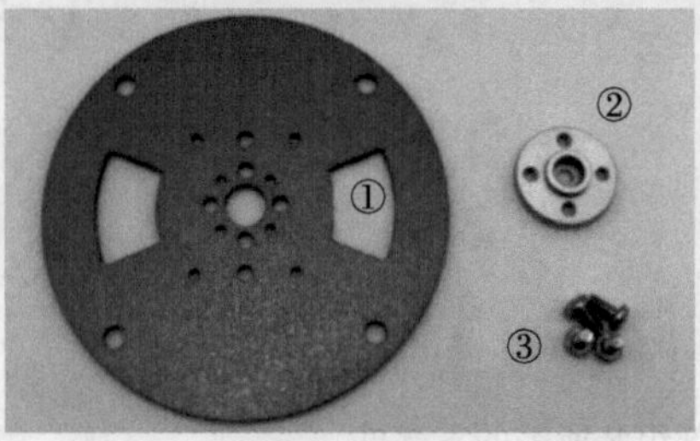

图 8-36 下圆盘部组装所需的零部件

① 圆盘结构件; ② M3 金属舵盘; ③ M3 × 6 圆头机用螺钉

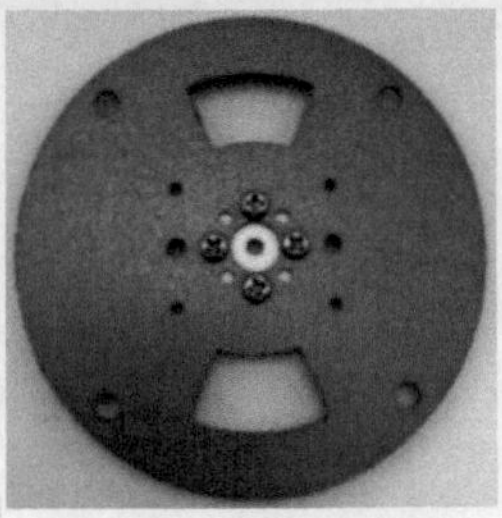

图 8-37 下圆盘部完整组装

8.4.2.6 轴承模块组装

轴承模块组装所需的零部件如图 8-38 所示。

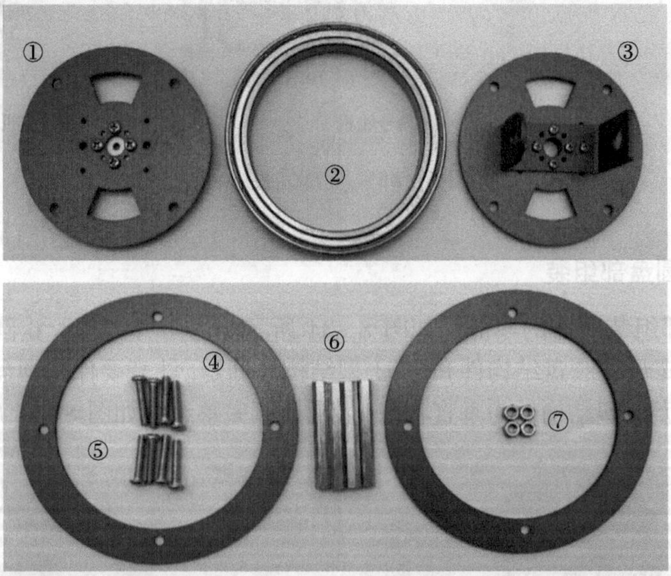

图 8-38 轴承模块组装所需的零部件

① 下圆盘; ② 轴承; ③ 上圆盘; ④ 圆环; ⑤ M4 × 20 圆头机用螺钉; ⑥ M4 × 48 铜柱; ⑦ M4 螺母

首先将轴承放在下圆盘上, 然后将上圆盘放在轴承上, 并保持上下圆盘的扇形缺口的竖直投影重合, 用 4 个 M4 × 20 圆头机用螺钉和 4 个 M4 螺母固定, 将圆环分别放在轴承的上下两侧, 使圆环的水平四个孔位与圆盘的扇形缺口位置分别保持平行和垂直, 并用 4 个 M4 × 20 圆头机用螺钉和 4 个 M4 × 48 铜柱固定, 轴承部结构完整组装如图 8-39 所示。

图 8-39 轴承模块完整组装

8.4.2.7 底盘部组装

机械臂底盘是五轴机械臂的主控模块和电池模块所在的位置，其组装所需的零部件如图 8-40 所示。

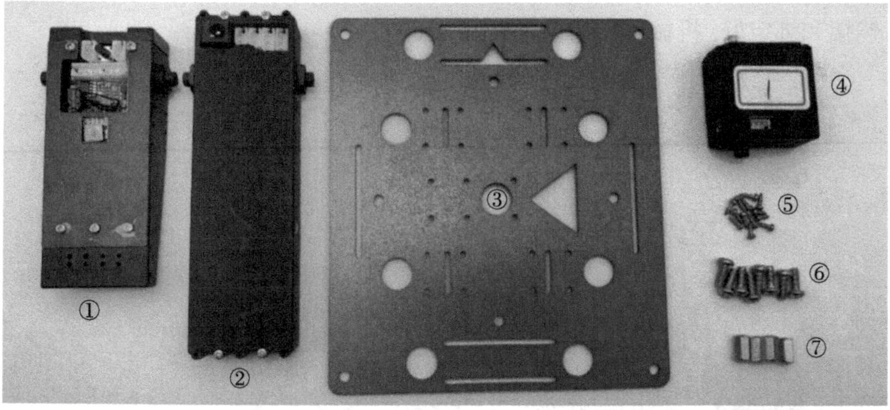

图 8-40 底部组装所需的零部件

① 主控模块；② 电池模块；③ 底盘；④ 1 号舵机；⑤ M2 × 6 自攻螺钉；⑥ M4 × 10 圆头机用螺钉；⑦ M4 × 10 铜柱

首先将主控安装在底盘下方靠外侧的两个圆孔位置上，并将主控的固定轴插入底盘左下方的圆孔，且主控开关朝向底盘外侧，用 4 个 M2 × 6 自攻螺钉固定，将电池安装在底盘上与主控同侧且平行的两个圆孔上，并将电池的固定轴插入底盘左下方的圆孔，且电池的接口端子同样要朝向底盘外侧，并用 3 个 M2 × 6 自攻螺钉固定，将 1 号舵机的副轴一侧安装在底盘中心的圆孔位置，且舵机的方向要与底盘上大的正三角缺口的方向一致，且与电池和主控都保持平行，用 6 个 M2 × 6 自攻螺钉固定；在底盘四角分别用 4 个 M4 × 10 圆头机用螺钉和 4 个 M4 × 10 铜柱，螺丝在底盘上面，铜柱在底盘下面。底盘部完整组装如图 8-41 所示。

图 8-41　底盘部完整组装

8.4.2.8　机械臂整体组装

按照图 8-42 所示顺序将各个部分连接到一起, 并将导线和扎带按照图 8-42 所示连接和绑定好, 机械臂的组装即可完成。

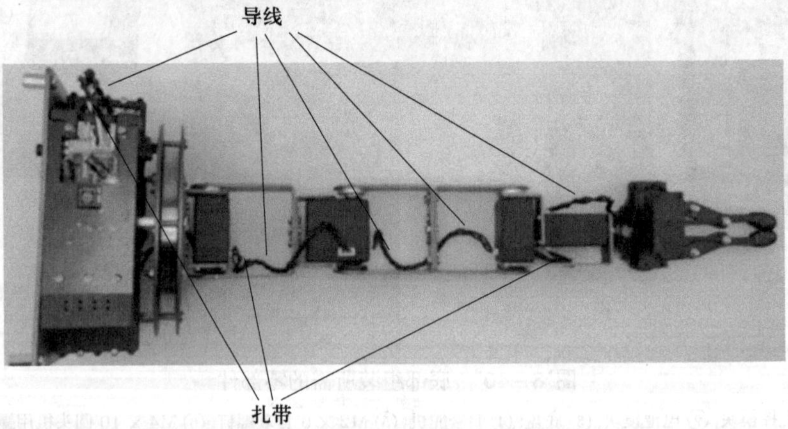

图 8-42　机械臂组装成品结构图

8.4.3　标定功能及其程序开发

机械臂组装完成后, 需要对其进行标定。标定的目的是消除安装过程中的角度误差。一般情况下, 舵机与舵盘通过花键连接。大多数情况下, 舵盘的目标安装位置要求舵盘上的两个安装孔与舵机中轴线重合。舵机初始角度 s_0 确定后, 舵机输出轴及其花键齿的位置也被确定下来。装配舵盘时, 由于花键之间有固定的角度间隔, 舵盘上的两个安装孔与舵机中轴线会出现一个角度偏差 (这个角度偏差无法通过转动舵盘消除), 这个角度偏差就是安装误差, 如图 8-43 所示。

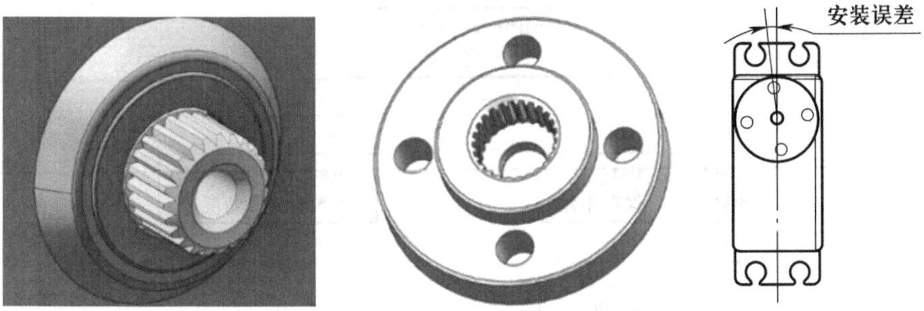

图 8-43 花键连接及安装误差示意

要消除这个误差, 就需要对机械臂进行标定。大致原理为首先将装在舵机上的舵盘转动一个小角度, 使得舵盘的两个安装孔中间的连线尽量与舵机中轴线重合 (或者将整条机械臂放置于一套模具当中), 转动后舵机的角度也会随之改变。随后读取舵机当前角度 s_1, 计算当前角度 s_1 与初始角度 s_0 的差值 P_2, 即可求得实际偏差的大小, 在后续的计算中将这个角度偏差 P_2 代入, 即可消除安装误差。

需要注意的是, 大多数舵机的转动范围是有限的, 所以安装角度偏差 P_2 也不能过大。例如舵机转动范围为 0°～ 270°, 假设初始安装角度为 135°, 机械臂关节需要在初始位置前后有各 130° 的转动范围。如果角度偏差 P_2 的绝对值大于 5°, 就会导致其中某一侧的有效转动范围小于 130°, 进而影响机械臂的工作空间。所以, 安装时应尽量减小安装误差。

将机械臂掰动至初始安装位置下运行标定函数即可对机械臂进行标定, 该初始位置如图 8-44 所示, 完整程序文件见本书支持资源[①]。标定功能的程序框架如图 8-45 所示。其中 calibrate_joint( ) 为标定函数。当 calibrate_joint( ) 函数执行时, 首先调用 set_p2_list( ) 函数。set_p2_list( ) 函数调用 read_joints( ) 函数来读取各个关节舵机角度, 然后计算所得角度与标准角度的偏差, 并将每个舵机的角度偏差保存到本地文件 p2_list.txt 中。当机器人上电重启时, 程序自动调用 get_p2_list( ) 函数, 从本地 p2_list.txt 文件中读取角度偏差列表 p2_list, 用于后续程序对该误差进行补偿。

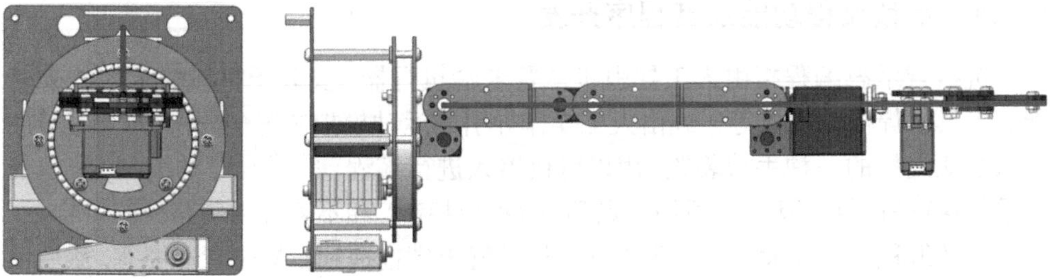

图 8-44 机械臂初始安装位置

① 支持资源的主要内容与获取方式请见附录, 后同。

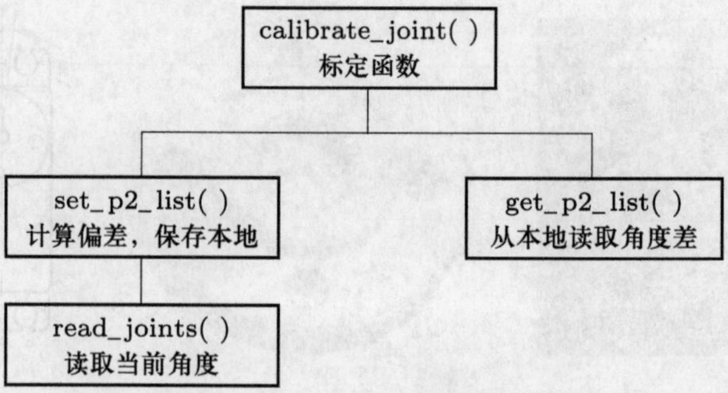

图 8-45　标定功能的程序框架

标定函数 calibrate_joint( ) 程序文档如下:

```
def calibrate_joint(self, n=0):
    """
    机械臂关节标定函数
    将机械臂关节手动掰到初始安装位置后，调用该函数对关节进行标定。
    Args:
        n: 标定的关节编号。
            n=0(默认): 同时标定所有机械臂关节
            n!=0: 单独标定第 n 个关节
    Returns:
        无
    Raises:
        无。
    """
   if n == 0:
       self.set_p2_list(id_num=121)  # 标定所有关节, 121 是智能伺服舵机共同 ID 号
   else:
       self.set_p2_list(id_num=n)  # 标定 n 号关节, n 是指定舵机编号
```

8.4.4　示教编程功能及其程序开发

机械臂示教编程指由人工导引机械臂末端执行器 (安装于机械臂末端的夹持器、工具、焊枪、喷枪等), 或由人工操作导引的运动模拟装置, 或用示教器 (与控制系统相连接的一种手持装置, 用以对机器人进行编程) 完成程序的编制, 使机器人重复执行所引导的动作, 适用于点到点 (点位控制) 和不需要精确路径的场合。

示教编程的流程大致为首先手动将机械臂末端拖拽到目标位置和姿态, 然后读取当前姿态下机械臂各个关节的角度并记录下来, 最后通过控制关节依次运动到记录的关节角度, 以此控制机械臂末端依次通过上述拖动的目标位置。整个过程类似于拍照片, 一张照片对应一帧机械臂末端的位置和姿态, 多张照片连续播放就是一段视频, 对应一套动作。

示教编程功能的程序框架如图 8-46 所示，完整程序文件见本书支持资源。其中 add_pose( ) 为示教编程主函数，顾名思义，其作用为给机械臂增加一个姿态。当 add_pose( ) 函数开始执行时，首先调用 servo_to_model( ) 函数。servo_to_model( )函数调用 read_joints( ) 函数来读取当前舵机角度，然后将读取到的舵机角度转换成关节角度。这里的舵机角度指的是各个关节舵机的实际角度，与舵机的初始安装角度及安装误差都有关系。关节角度与机械臂关节安装角度及安装误差无关，且每台机械臂的对应关节角度都一致。由于每台机械臂的安装误差不一样，所以这里使用 servo_to_model( ) 函数将舵机角度转换成关节角度，以便同一套示教程序可以在不同的机械臂上通用。

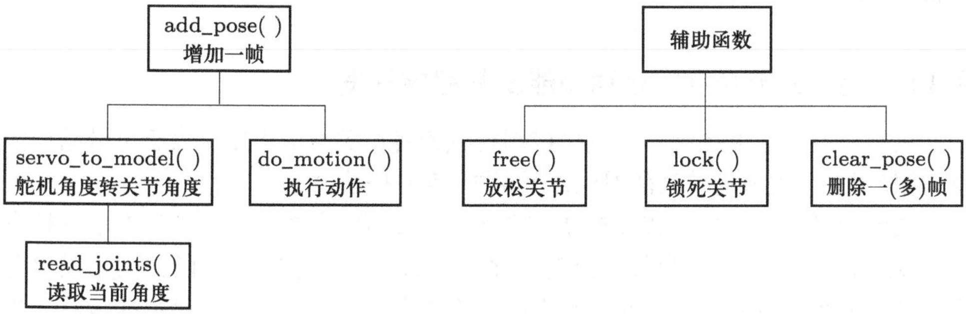

图 8-46 示教编程功能的程序框架

调用一次 add_pose( ) 函数便得到一帧关节角度数据，并自动添加到数据 pose_list 列表中。依此循环，得到一系列轨迹点对应的关节角度列表。通过 add_pose( )函数得到 pose_list 列表后，再调用 do_motion( ) 函数便可控制机械臂各个关节依次运动到指定角度位置，最终机械臂复现拖拽的位置和姿态。

add_pose ( ) 函数的程序文档如下:

```
def add_pose(self):
    """
    将机械臂拖拽到某个位置，读取所有关节舵机角度并转换成关节角度，然后添加到
pose_list 中。
    Args:
        无;
    Returns:
        无;
    Raises:
        无;
    """
    servo_list = self.read_joints( ) # 读取关节舵机角度
    if servo_list != False:
        self.pose_list.append(self.servo_to_model(servo_angle_list=servo_list))
# 往动作列表增加一个由关节角度组成的列表，所以动作列表是关节角度组成的列表的列表
```

```
        print("保存当前姿态成功!当前pose_list中共有"+str(len(self.pose_list))+
"个pose")
        return True
    else:
        print("当前姿态读取失败，请再试一次!")
        return False
```

除此之外, 还有其他几个示教编程辅助函数, 例如: clear_pose( ) 函数用来删除 pose_list 中的其中一帧或所有帧; free( ) 函数用来将机械臂所有关节设置为阻尼模式, 便于手动掰动; lock( ) 函数用来将机械臂所有关节设置为锁死模式, 让机械臂保持在某个姿态下。

8.4.5 指定关节角度的运动功能及其程序开发

机械臂关节角度控制是指直接控制机械臂各个关节的角度。由于机械结构限制, 机械臂各个关节的转动范围也各不相同, 需要提前设定。

关节角度控制功能的程序框架如图 8-47 所示, 完整程序文件见本书支持资源。set_arm_joints( ) 为关节控制程序主函数。range_init( ) 函数用来设置各个关节的有效活动范围, 即每个关节角度的最小值和最大值。主函数执行过程中首先调用 clear_pose( ) 函数清空 pose_list 列表, 然后将各关节目标关节角度添加到清空后的 pose_list 列表中, 最后调用 do_motion( ) 函数控制机械臂运动。do_motion( ) 函数首先会调用 model_to_servo( ) 函数, 将关节角度转换成舵机角度; 然后调用舵机库 servo_rpi.py 文件中的 set_angles( ) 函数控制各个舵机转动到对应的角度位置。

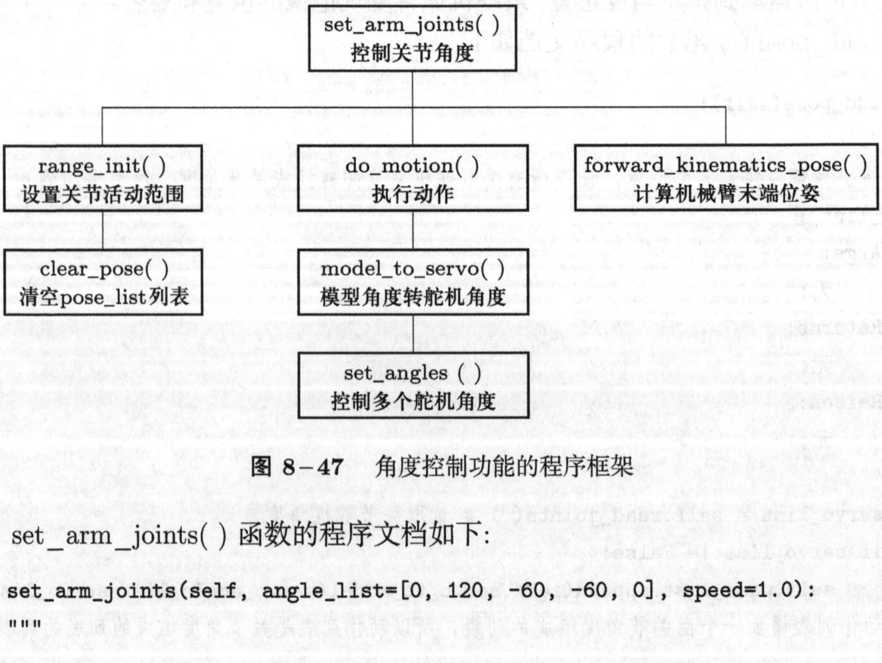

图 8-47　角度控制功能的程序框架

set_arm_joints( ) 函数的程序文档如下:

```
def set_arm_joints(self, angle_list=[0, 120, -60, -60, 0], speed=1.0):
    """
```

```
    控制机械臂 5 个关节运动到指定位置
    通过给定机械臂关节角度，控制机械臂运动
    Args:
        angle_list: 机械臂 5 个关节关节角度组成的列表 [joint1, joint2, joint3,
jiont4, joint5]
        speed: 用来指定当前执行的速度
    Returns:
        无
    Raises:
        无
    """
    self.clear_pose( )
    if len(angle_list) == len(self.ID_list):
        pose = angle_list[:] # 将输入的关节角度列表赋值给 pose
        for i in range(len(pose)):
            if pose[i] < self.MIN_list[i]:
                print("第" + str(i + 1) + " 个关节角度超出了最小极限角度")
                return False
            if pose[i] > self.MAX_list[i]:
                print("第" + str(i + 1) + " 个关节角度超出了最大极限角度")
                return False
        self.pose_list.append(pose) # 将 pose 添加到 pose 列表中
        self.do_motion(step=speed) # 执行动作
        self.forward_kinematics_pose(angle_list) # 调用运动学正解模型函数
        return True
    else:
        print("角度参数有误!")
        return False
```

arm.py 中的 forward_kinematics_pose( ) 为机械臂的运动学正解模型函数，与式 (8−4) 对应，通过机械臂关节角度计算机械臂末端位置和姿态，其程序文档如下：

```
def forward_kinematics_pose(self, angle_list=[0, 90, -90, -90, 0]):
    """
    基于 8.3.1 节运动学正解理论模型，根据 5 个关节角求解末端件位置 [x,y,z] 和姿态
Pitch 和 Roll 角
    Args:
        angle_list: 5 个关节角度组成的列表 [joint1,joint2,joint3,jiont4,
joint5] (角度制)
    Returns:
        无
    Raises:
```

```
    无
    """
    angle = [cm.pi / 180 * i for i in angle_list]
    l1 = self.L[0] # 对应第一、二关节轴线间距
    l2 = self.L[1] # 对应第二、三关节轴线间距
    l3 = self.L[2] # 对应第三、四关节轴线间距
    l4 = self.L[3] # 对应第四、五关节轴线间距
    l5 = self.L[4] # 对应第五关节中心到杆 5 末端距离
    l1 = l1 + l2 * cm.cos(angle[1]) + l3 * cm.cos(angle[1] + angle[2]) +
(l4 + l5) * cm.cos(angle[1] + angle[2] + angle[3])
    x = l1 * cm.cos(angle[0]) # 对应式 (8-4) 中的 x
    y = l1 * cm.sin(angle[0]) # 对应式 (8-4) 中的 y
    z = l2 * cm.sin(angle[1]) + l3 * cm.sin(angle[1] + angle[2]) + (l4 + l5)
* cm.sin(angle[1] + angle[2] + angle[3]) # 对应式 (8-4) 中的 z
    self.set_pl(pl_temp=um.matrix([x, y, z, 1], cstride=4, rstride=1,
dtype=float))
    self.theta_P_R = [angle[1] + angle[2] + angle[3], angle[4]] # 计算
Pitch、Roll 角
```

8.4.6 指定末端位姿的运动功能及其程序开发

机械臂末端位姿控制是指直接控制机械臂末端运动到指定位置和姿态，其程序框图如图 8-48 所示，完整程序文件见本书支持资源。set_arm_pose( ) 是该程序的主函数。该函数执行过程中首先调用 save_pose( ) 函数求解出给定位置对应的驱动关节角度，然后调用 do_motion( ) 函数控制关节运动，进而控制机械臂末端运动到指定位置。其中，save_pose( ) 函数会调用 arm.py 中的 inverse_kinematics( ) 函数 (即运动学逆解模型函数) 进行关节角度求解，并会判断求解的关节角度是否在各个关节的有效转动范围内。

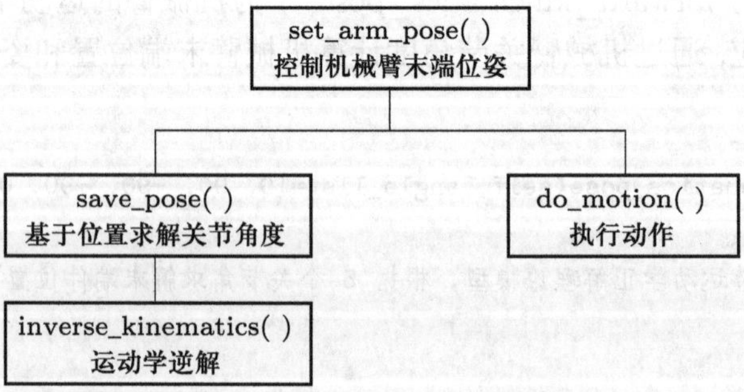

图 8-48　位置控制功能的程序框架

set_arm_pose ( ) 函数的程序文档如下：

```
def set_arm_pose(self, pl_temp=[20,0,325], theta_P_R_temp=[90,0], speed=1.0):
```

```
    """
    控制机械臂末端运动到指定位置和姿态
    Args:
        pl_temp: 机械手爪局部坐标组成的列表 [x, y, z]
        heta_P_R_temp: 末端杆件 Pitch 和 Roll 角
        speed: 用来指定当前姿态被执行时的速度
    Returns:
        无
    Raises:
        无
    """
    if len(pl_temp) > 0:
        if len(pl_temp) == 3:
            pl_temp.append(1)
        pl_bk = self.pl
        self.set_pl(um.matrix(pl_temp, cstride=4, rstride=1, dtype=float))
        self.theta_P_R = theta_P_R_temp
        self.clear_pose( )
        if self.save_pose( ): # 包含了逆解过程, 输出 5 个关节角度
            self.do_motion(step=speed) # 执行动作
        else:
            self.set_pl(pl_bk)
```

arm.py 中的 inverse_kinematics( ) 函数与式 (8-5) 至式 (8-24) 对应, 通过机械臂末端的位姿求解机械臂关节角度, 其程序文档如下:

```
def inverse_kinematics(self, ud=0):
    """
   基于 8.3.2 节运动学逆解模型, 在已知末端点位置情况下求解关节角
    利用末端杆件位置和姿态求解出 5 个关节的角度, 并以弧度制保存在 theta 列表中
    Args:
        ud: (up/down) 用来选择求解中的第几种解:
            ud = 0 时 (默认值), 对应图 8-10 中的 α 构型
            ud = 1 时, 取另一组解对应图 8-10 中的 β 构型
    Returns:
        True: 求解过程顺利通过时, 返回 True
        False: 当求解过程出现异常或者末端点超出工作空间时, 返回 False
    Raises:
        Error: 求解过程中的异常
    """
    x = self.pl[0, 0] # 对应末端杆件坐标系 x 坐标值
    y = self.pl[1, 0] # 对应末端杆件坐标系 y 坐标值
    z = self.pl[2, 0] # 对应末端杆件坐标系 z 坐标值
```

```
    theta_P = self.theta_P_R[0]/180 * cm.pi # 对应末端杆件 Picth 角
    theta_R = self.theta_P_R[1]/180 * cm.pi # 对应末端杆件 Roll 角
    l1 = self.L[0]
    l2 = self.L[1]
    l3 = self.L[2]
    l4 = self.L[3]
    l5 = self.L[4]
    self.theta[0] = cm.atan2(y, x) # 对应式 (8-5), 解出第一关节的角度
    A = x * cm.cos(self.theta[0]) + y * cm.sin(self.theta[0]) - l1 - (l4 + l5)
* cm.cos(theta_P) # 对应式 (8-15)
    B = z - (l4 + l5) * cm.sin(theta_P) # 对应式 (8-15)
    C = (A**2+B**2+l2**2-l3**2)/l2/2 # 对应式 (8-18)
    delta = A ** 2 + B **2 - C ** 2 # 对应一元二次方程 (8-19) 的判别式
    if delta > 0:
        try:
            if A+C == 0:
                t = - (A - C) / (2 * B) # 对应式 (8-20)
            else:
                if ud == 0:
                    t = (B + cm.sqrt(delta)) / (A + C) # 对应式 (8-20)
                else:
                    t = (B - cm.sqrt(delta)) / (A + C) # 对应式 (8-20)
            self.theta[1] = 2 * cm.atan(t) # 对应式 (8-21), 解出第二关节的角度
            theta23 = cm.atan2(B - l2 * cm.sin(self.theta[1]), A - l2
* cm.cos(self.theta[1])) # 对应式 (8-23)
            self.theta[2] = theta23 - self.theta[1]
                                    # 对应式 (8-24), 解出第三关节的角度
            self.theta[3] = theta_P - theta23 # 对应式 (8-24), 解出第四关节的角度
            self.theta[4] = theta_R
                                    # 第五关节角度等于末端杆件 Roll 角, 解出第五关节的角度
            return True
        except Error:
            print("Error in calculate in leg object")
            return False
        except Exception:
            print("exception happened...")
            return False
    else:
        print('The dot is out of range!')
        return False
```

参考文献

[1] 第一部机器人百年编年史 [EB/OL]. (2015-08-11)[2022-07-18].

[2] 机器人的起源和发展 [EB/OL]. (2019-09-16).

[3] 解密工业机器人巨头 KUKA 发展史 [EB/OL]. (2019-04-04).

[4] 机器人发展简史 (2018 年版) [EB/OL]. (2018-01-22).

[5] 科技观察 — 机器人 — 日本发那科 [EB/OL]. (2018-08-28).

[6] 105 岁安川电机已卖出 40 万台机器人, 揭秘其发展经过与开拓性事件 [EB/OL]. (2020-01-20).

[7] 张秀丽, 韩春燕. 协作机器人触觉传感装置的设计与碰撞实验 [J]. 北京交通大学学报, 2019, 43(4): 88-95.

[8] 马向华, 曲佳睿, 赵阳, 等. 基于视觉定位的七轴机械臂目标抓取研究 [J]. 应用技术学报, 2020, 20(2): 153-157.

[9] 刘炀, 杨乐. SCARA 机器人运动学和动力学仿真 [J]. 现代机械, 2020(5): 15-19.

[10] Popov V, Ahmed S, Shakev N, et al. Gesture-based interface for real-time control of a mitsubishi SCARA robot manipulator [C]// IFAC Conference on Technology, Culture and International Stability. Sozopol, 2019: 180-185.

第 9 章　四足机器人开发与控制

9.1　四足机器人的起源与发展

四足机器人的研究工作起步于 20 世纪 60 年代。基于机械与液压控制技术, Mosher 于 1968 年设计了人工操作的四足步行车 "Walking Truck" [1] (图 9–1)。然而, 这个四足步行系统自身无法独立运行, 必须由操作人员在内部驾驶才能实现行走、越障等运动。随着计算机技术和机器人控制技术的发展与应用, 到了 20 世纪 80 年代, 现代四足机器人的研制工作进入了广泛开展的阶段。世界上第一台真正意义的四足机器人是由 Frank 和 McGhee 于 1977 年制作的 Hexapod [2–3], 这一机器人首次使用了计算机来控制其运动, 能够独立地以固定的方式移动。

在 20 世纪八九十年代最具代表性的四足爬行机器人是日本 Shigeo Hirose 实验室研制的 TITAN 系列。在 TITAN 系列中, TITAN–Ⅷ [4] (图 9–2) 和 TITAN–XⅢ [5] (图 9–3) 都采用丝传动的驱动方式, 以减小腿部结构的运动惯量。TITAN–XⅢ的功率质量比达到 170 W/kg, 不但能实现静态步态, 而且还能以动态步态 (如小跑步态) 行走。

图 9–1　Walking Truck (引自搜狐网)

图 9–2　TITAN–Ⅷ [4]

图 9–3　TITAN–XⅢ [5]

近十几年, 高速、重载、低能耗、自带动力源的机器人设计成为四足机器人的研究重点。著名的研究成果有美国波士顿动力公司研制的 BigDog [6] (图 9–4)、AlphaDog、LittleDog [7] 和猎豹 Cheetah [8], 以及意大利技术研究院 (IIT) 研制的

HyQ 机器人 [9] (图 9–5)。

图 9–4 BigDog 机器人 (引自网易网)

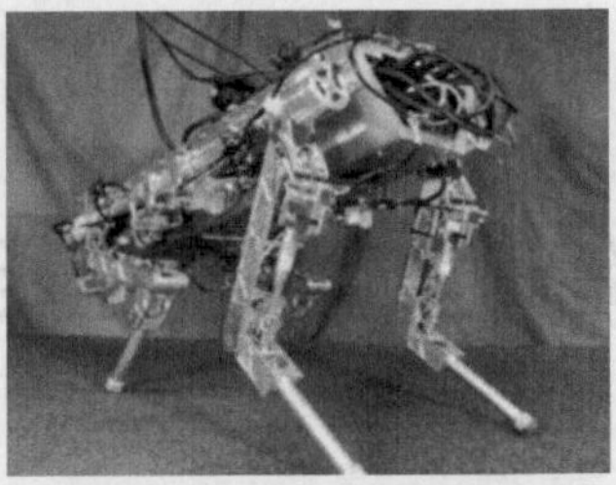

图 9–5 HyQ 机器人 [9]

BigDog 是一台机器狗, 采用全液压的驱动方式, 每条腿含 4 个主动自由度和 1 个被动自由度。足底的被动自由度可以提高腿部对地形的适应性。它具有较高的运动速度、较大的负载能力和超强的机动性能。即便在复杂的非结构化环境中, 它仍然能够保持自如的行进状态。

国内四足机器人的研究起步比较晚, 从 20 世纪 80 年代起步, 在 90 年代以后才逐步有了成果。上海交通大学于 1991 年开展了 JTUWM 系列四足机器人的研究, 并于 1996 年成功研制出 JTUWM–Ⅲ四足机器人。此外, 清华大学研制了 Biosbot 四足机器人 [10] (图 9–6), 山东大学研制了 SCalf 液压四足机器人 [11] (图 9–7)。

近年来, 随着驱动技术、增材制造技术和智能控制技术等的高速发展, 四足机器人已经完成了从概念向理论样机、实验样机、物理样机的转变, 部分已经实现商业化, 并涌现了一些明星产品, 包括波士顿动力公司的机器狗 “Spot Mini”、麻省理工学院 (MIT) 的四足机器狗 “Mini Cheetah”、Ghost Robotics 公司的直驱式四足机器人 “Ghost”、杭州宇树科技有限公司 (Unitree Robotics) 的 “Laikago”、杭州云深处科技有限公司 (DeepRobotics) 的 “绝影”、苏黎世联邦理工学院 (ETH Zurich) 的四足机器人 “ANYmal” 等。值得一提的是, 除上述四足机器人外, 上海交通大学高峰教授团队的 “青骓” 六足机器人 [12–13] (图 9–8) 也颇受关注。

图 9–6 Biosbot 四足机器人 [10]

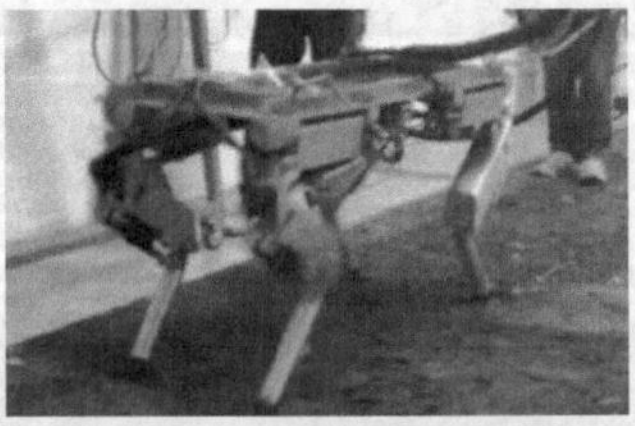

图 9–7 SCalf 液压四足机器人 [11]

图 9–8 上海交通大学 “青骓” 机器人 (引自上海交通大学新闻学术网)

自 2014 年开始, 天津大学现代机构学与机器人学中心陆续研制出多款变胞四足机器人 [14–20] (图 9–9 至图 9–14)。变胞四足机器人采用变胞机构原理, 能够根据环境变化及任务需求进行自我重组与重构, 可通过灵活变换腰部形态以改变四条腿的相对布置方式, 从而适应各种狭窄弯道和地面。此外, 通过模仿自然界中爬行动物的脊椎结构, 此类机器人的腰部可完成多种躯干动作, 以适应凹凸不平的地面及上下坡等环境, 在航空航天、地质勘探以及抢险救灾等领域都有着广泛的应用前景。从仿生角度, 通过腰部变化, 此类机器人可以模仿多种爬行动物的形态, 具备多种爬行动物的能力。

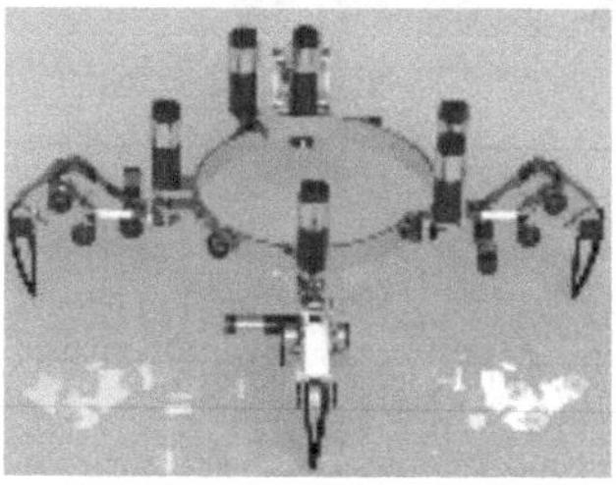

图 9-9 第一代变胞四足机器人

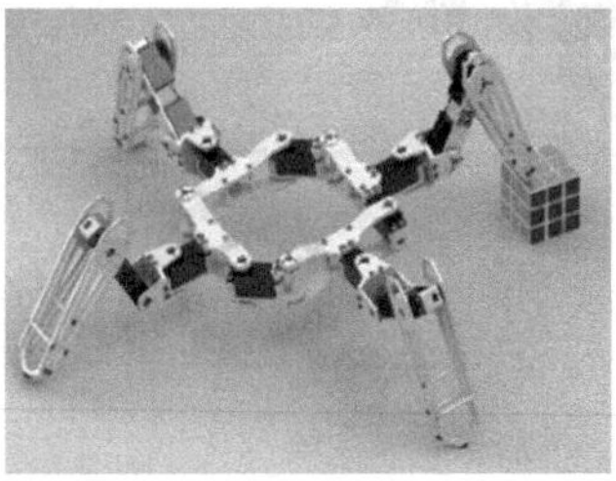

图 9-10 第二代变胞四足机器人

图 9-11 第三代变胞四足机器人

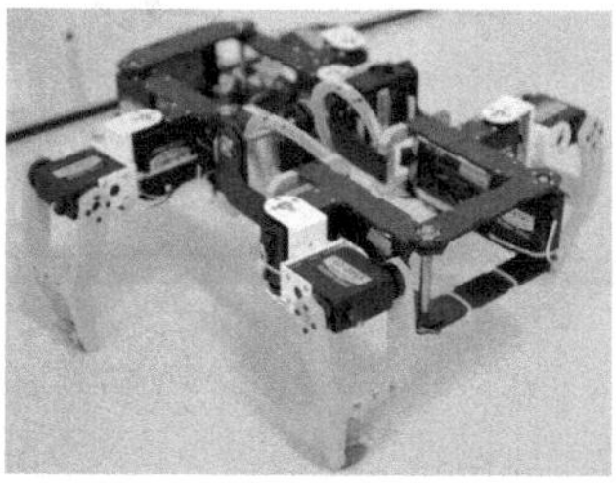

图 9-12 第四代变胞四足机器人

图 9-13 第五代变胞四足机器人

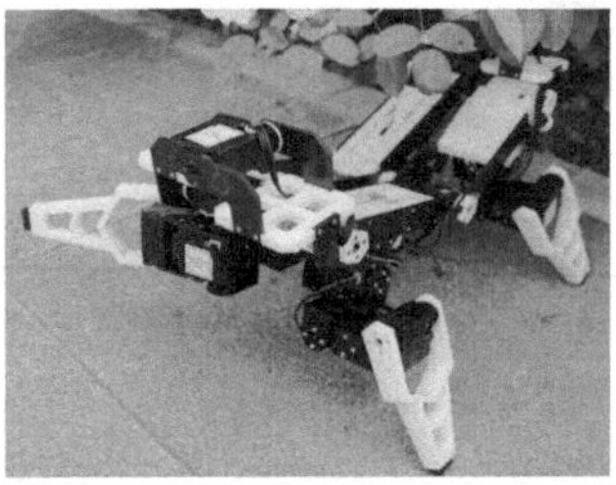

图 9-14 第六代变胞四足机器人

9.2 四足机器人的功能及用途

得益于优良的攀爬和越障能力, 四足机器人相较于轮式机器人和履带机器人更适应崎岖复杂路面。具体地, 四足机器人可用于山地、丛林协助搬运货物 (图 9-15), 以及地震、火灾、矿难等灾后救援 (图 9-16)。四足机器人也可作为执行不同工作任务的移动平台, 其加载的不同执行部件对应不同的工作任务。例如, 加装摄像头可执行巡检任务、加装机械臂及手爪可执行移动抓取/捡拾任务、加装各类功能型传感器可执行不同场景下的感知和检测任务 (如烟雾、高温、核辐射、有害气体等)。

类似于五轴机械臂, 一些小型四足机器人也被用于教学和娱乐场景。这类四足机器人用作教学实践平台。基于将特种应用映射到教学实训场景的理念, 教育型四足机器人可任意搭配传感和执行器件, 完成多种模拟任务。同样开放适用于学习实训且由易到难的多种编程控制方式, 如示教编程 (图 9-17)、图形化编程 (图 9-18) 和代码编程 (图 9-19)。

图 9−15 山地搬运四足机器人 (引自搜狐网)

图 9−16 灾后救援四足机器人 (引自搜狐网)

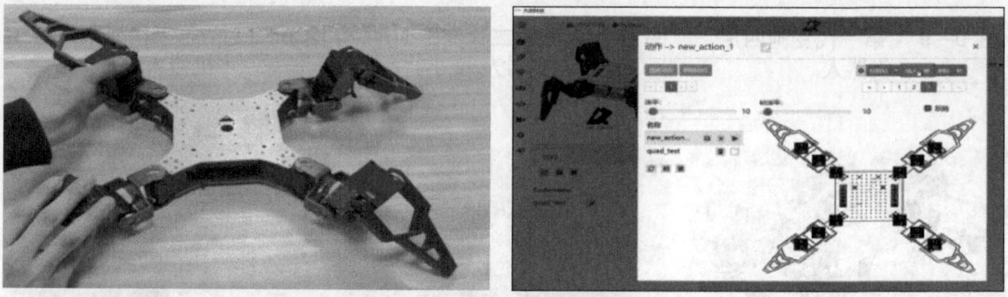

图 9−17 四足机器人示教编程

图 9−18 四足机器人图形化编程

图 9−19 四足机器人代码编程

9.3 四足机器人运动学理论模型

四足机器人运动学研究的是四足机器人的基础运动, 不考虑产生运动的力及由运动产生的力。这里主要包括两部分: 第一部分是单条腿的运动学模型, 主要涉及足尖点位置与该腿各个关节角度之间的关系; 第二部分是步态规划, 主要涉及四足机器人移动各条腿的运动规律, 即各条腿的抬腿和放腿的顺序。本节介绍第一部分, 即单条腿的运动学模型。

四足机器人的机构简图如图 9–20 所示，整个机器人由四条腿和一个躯干组成，四条腿对称连接在躯干上。四足机器人除了每条腿有一个腿部坐标系 $O_{i0}\text{-}x_{i0}y_{i0}z_{i0}$ ($i=1,2,3,4$, 为腿部序号) 外，还有一个躯干坐标系，也称全局坐标系 $O\text{-}XYZ$。腿部坐标系 $O_{i0}\text{-}x_{i0}y_{i0}z_{i0}$ 的建立方式为以 i 号腿髋关节中心点为原点，x_{i0} 轴过躯干中心点指向躯干外侧，z_{i0} 轴竖直向上，y_{i0} 轴由右手定则确定。全局坐标系的建立方式为以躯干中心点为原点，X 轴指向前进方向的右侧，Z 轴竖直向上，Y 轴指向前进方向。

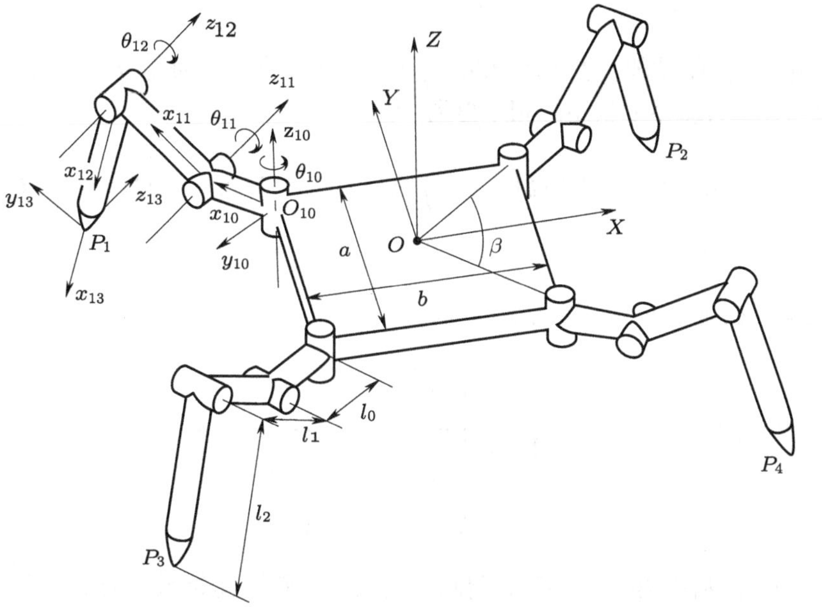

图 9–20 四足机器人机构简图

9.3.1 四足机器人运动学正解

四足机器人运动学正解是指在已知各关节角度的情况下，求解各腿足尖点坐标的数学模型。实际控制中，我们习惯在躯干坐标系下表示腿部足尖点坐标，而在最“小”坐标系中建立运动学模型 (参考 5.4.1 节)。所以在建立四足机器人每条腿的运动学模型时，需要进行坐标变换，即将躯干坐标系中的坐标变换到腿部坐标系中 (腿部坐标系为最“小”坐标系)。以腿 1 为例，从躯干坐标系 $O\text{-}XYZ$ 到腿 1 坐标系 $O_{10}\text{-}x_{10}y_{10}z_{10}$ 的变换矩阵通过基本变换矩阵相乘可表示为

$$\boldsymbol{T}_O^{10}=\boldsymbol{T}\left(x,-\frac{b}{2}\right)\boldsymbol{T}\left(y,\frac{a}{2}\right)\boldsymbol{R}\left(z_{10},\pi-\frac{\beta}{2}\right) \tag{9–1}$$

式中，b 为腿 1 和腿 2 坐标系原点间的距离 (也即髋关节中心点之间的距离)；a 为腿 1 和腿 3 坐标系原点间的距离 (也即髋关节中心点之间的距离)；β 为腿 2 和腿

4 坐标系 x 轴间的夹角。

同理, 躯干坐标系 $O\text{-}XYZ$ 到其他 3 条腿坐标系的变换矩阵可分别表示为

$$\begin{cases} \boldsymbol{T}_O^{20} = \boldsymbol{T}\left(x, \dfrac{b}{2}\right)\boldsymbol{T}\left(y, \dfrac{a}{2}\right)\boldsymbol{R}\left(z_{20}, \dfrac{\beta}{2}\right) \\ \boldsymbol{T}_O^{30} = \boldsymbol{T}\left(x, -\dfrac{b}{2}\right)\boldsymbol{T}\left(y, -\dfrac{a}{2}\right)\boldsymbol{R}\left(z_{30}, \dfrac{\beta}{2}-\pi\right) \\ \boldsymbol{T}_O^{40} = \boldsymbol{T}\left(x, \dfrac{b}{2}\right)\boldsymbol{T}\left(y, -\dfrac{a}{2}\right)\boldsymbol{R}\left(z_{40}, -\dfrac{\beta}{2}\right) \end{cases} \tag{9-2}$$

以腿 1 为例, 从腿 1 坐标系 $O_{10}\text{-}x_{10}y_{10}z_{10}$ 到其足尖坐标系 $P_1\text{-}x_{13}y_{13}z_{13}$ 的变换矩阵可以通过基本变换矩阵相乘得到, 即

$$\boldsymbol{T}_{10}^{13} = \boldsymbol{R}(z_{10}, \theta_{10})\boldsymbol{T}(x_{10}, l_0)\boldsymbol{R}\left(x_{10}, \frac{\pi}{2}\right)\boldsymbol{R}(z_{11}, \theta_{11})\boldsymbol{T}(x_{11}, l_1)\boldsymbol{R}(z_{12}, \theta_2)\boldsymbol{T}(x_{12}, l_2) \tag{9-3}$$

腿 1 足尖点在腿 1 坐标系下的坐标可表示为

$$\boldsymbol{P}_1 = \begin{bmatrix} x_1 \\ y_1 \\ z_1 \\ 1 \end{bmatrix} = \boldsymbol{T}_{10}^{13}\begin{bmatrix} 0 \\ 0 \\ 0 \\ 1 \end{bmatrix} \tag{9-4}$$

联立式 (9-3) 和式 (9-4) 并展开得腿 1 足尖点在腿 1 坐标系下的坐标

$$\begin{cases} x_1 = [l_0 + l_1\cos\theta_{11} + l_2\cos(\theta_{11}+\theta_{12})]\cos\theta_{10} \\ y_1 = [l_0 + l_1\cos\theta_{11} + l_2\cos(\theta_{11}+\theta_{12})]\sin\theta_{10} \\ z_1 = l_1\sin\theta_{11} + l_2\sin(\theta_{11}+\theta_{12}) \end{cases} \tag{9-5}$$

以此类推, 再联立式 (9-1) 和式 (9-2), 可得四足机器人运动学正解模型如下:

$$\boldsymbol{P}_i = \begin{bmatrix} X_i \\ Y_i \\ Z_i \\ 1 \end{bmatrix} = \boldsymbol{T}_O^{i0}\boldsymbol{p}_i = \boldsymbol{T}_O^{i0}\begin{bmatrix} x_i \\ y_i \\ z_i \\ 1 \end{bmatrix} = \boldsymbol{T}_O^{i0}\begin{bmatrix} [l_0 + l_1\cos\theta_{i1} + l_2\cos(\theta_{i1}+\theta_{i2})]\cos\theta_{i0} \\ [l_0 + l_1\cos\theta_{i1} + l_2\cos(\theta_{i1}+\theta_{i2})]\sin\theta_{i0} \\ l_1\sin\theta_{i1} + l_2\sin(\theta_{i1}+\theta_{i2}) \\ 1 \end{bmatrix} \tag{9-6}$$

式中, (X_i, Y_i, Z_i) (i =1,2,3,4) 为腿 i 足尖点在躯干坐标系下的坐标; (x_i, y_i, z_i) 为腿 i 足尖点在腿 i 坐标系下的坐标。

至此, 完成了四足机器人运动学正解的推导, 即已知腿 i 三个关节角度 θ_{i0}、θ_{i1}

和 θ_{i2}, 求解出对应足尖点在躯干坐标系下的坐标 (X_i, Y_i, Z_i)。

9.3.2 四足机器人运动学逆解

四足机器人运动学逆解模型是指在已知腿 i 足尖点在躯干坐标系下的坐标 (X_i, Y_i, Z_i) 的情况下, 求解腿 i 三个关节角度 θ_{i0}、θ_{i1} 和 θ_{i2} 的数学模型。这里需要首先将腿 i 足尖点在躯干坐标系下的坐标变换到对应腿部坐标系下。由式 (9–6) 可得

$$\boldsymbol{p}_i = \begin{bmatrix} x_i \\ y_i \\ z_i \\ 1 \end{bmatrix} = \left(\boldsymbol{T}_O^{i0}\right)^{-1} \boldsymbol{P}_i = \left(\boldsymbol{T}_O^{i0}\right)^{-1} \begin{bmatrix} X_i \\ Y_i \\ Z_i \\ 1 \end{bmatrix} \tag{9–7}$$

式中, $(\boldsymbol{T}_O^{i0})^{-1}$ 为躯干坐标系 O-XYZ 到腿 i 坐标系 O_{i0}-$x_{i0}y_{i0}z_{i0}$ 变换矩阵 $\boldsymbol{T}_O^{i0}$ 的逆矩阵。对于任一齐次变换矩阵 $\boldsymbol{T}$, 其逆矩阵可表示为

$$\boldsymbol{T}^{-1} = \begin{bmatrix} r_{11} & r_{12} & r_{13} & p_1 \\ r_{21} & r_{22} & r_{23} & p_2 \\ r_{31} & r_{32} & r_{33} & p_3 \\ 0 & 0 & 0 & 1 \end{bmatrix}^{-1} = \begin{bmatrix} \boldsymbol{R} & \boldsymbol{p} \\ \boldsymbol{0} & 1 \end{bmatrix}^{-1} = \begin{bmatrix} \boldsymbol{R}^{\mathrm{T}} & -\boldsymbol{R}^{\mathrm{T}}\boldsymbol{p} \\ \boldsymbol{0} & 1 \end{bmatrix} \tag{9–8}$$

式中, $\boldsymbol{R}^{\mathrm{T}}$ 为齐次变换矩阵左上角 3×3 阶旋转矩阵 $\boldsymbol{R}$ 的转置。

通过式 (9–7), 可将腿 i 足尖点躯干坐标 (X_i, Y_i, Z_i) 转变为腿 i 足尖点在腿部坐标系下的坐标。由式 (9–6) 得

$$\begin{cases} x_i = [l_0 + l_1 \cos\theta_{i1} + l_2 \cos(\theta_{i1} + \theta_{i2})] \cos\theta_{i0} \\ y_i = [l_0 + l_1 \cos\theta_{i1} + l_2 \cos(\theta_{i1} + \theta_{i2})] \sin\theta_{i0} \\ z_i = l_1 \sin\theta_{i1} + l_2 \sin(\theta_{i1} + \theta_{i2}) \end{cases} \tag{9–9}$$

通过式 (9–9) 得

$$\tan\theta_{i0} = \frac{y_i}{x_i} \tag{9–10}$$

进而可得

$$\theta_{i0} = \operatorname{atan2}(y_i, x_i) \tag{9–11}$$

接下来求解 θ_{i1}。分别将式 (9–9) 中 x_i 等式两端乘以 $\cos\theta_{i0}$、y_i 等式两端乘

以 $\sin\theta_{i0}$, 并将两者相加可得

$$x_i\cos\theta_{i0}+y_i\sin\theta_{i0}=l_0+l_1\cos\theta_{i1}+l_2\cos(\theta_{i1}+\theta_{i2}) \tag{9-12}$$

令 $A=x_i\cos\theta_{i0}+y_i\sin\theta_{i0}$, 有

$$A=l_0+l_1\cos\theta_{i1}+l_2\cos(\theta_{i1}+\theta_{i2}) \tag{9-13}$$

联合式 (9–9) 和 (9–13) 消去 $\theta_1+\theta_2$, 并整理得

$$(A-l_0-l_1\cos\theta_{i1})^2+(z-l_1\sin\theta_{i1})^2=l_2^2 \tag{9-14}$$

令 $R_1=z$, $R_2=A-l_0$, 展开式 (9–14) 并整理得

$$R_1\sin\theta_{i1}+R_2\cos\theta_{i1}=\frac{R_1^2+R_2^2+l_1^2-l_2^2}{2l_1} \tag{9-15}$$

利用二倍角公式整理式 (9–15) 可得

$$(R_2+R_3)t^2-2R_1t+(R_3-R_2)=0 \tag{9-16}$$

式中,

$$t=\tan\frac{\theta_{i1}}{2},\quad R_3=\frac{R_1^2+R_2^2+l_1^2-l_2^2}{2l_1}$$

解一元二次方程式 (9–16) 可得

$$t=\begin{cases}\dfrac{R_3-R_2}{2R_1}, & R_2+R_3=0\\[2ex]\dfrac{R_1\pm\sqrt{R_1^2+R_2^2-R_3^2}}{R_2+R_3}, & R_2+R_3\neq 0\end{cases} \tag{9-17}$$

进而可得

$$\theta_{i1}=2\arctan t \tag{9-18}$$

式 (9–18) 中 θ_{i1} 有两个不同的解, 表示存在两组关节角度对应给定的腿部末端点坐标, 两组关节角度对应的腿部姿态参考图 8–10。根据式 (9–17), 当 $R_2+R_3\neq 0$ 时, t 可取两个值: 当 $t=(R_1+\sqrt{R_1^2+R_2^2-R_3^2})/(R_2+R_3)$ 时, 对应图 8–10 中的 α 构型 (实线); 当 $t=(R_1-\sqrt{R_1^2+R_2^2-R_3^2})/(R_2+R_3)$ 时, 对应图 8–10 中的 β 构型 (虚线)。

将 θ_{i1} 代回方程组 (9–9) 得

$$\begin{cases}\sin\theta_{i12}=\dfrac{R_1-l_1\sin\theta_{i1}}{l_2}\\\cos\theta_{i12}=\dfrac{R_2-l_1\cos\theta_{i1}}{l_2}\end{cases}\tag{9–19}$$

式中, $\theta_{i12}=\theta_{i1}+\theta_{i2}$。则有

$$\theta_{i12}=\operatorname{atan}2(R_1-l_1\sin\theta_{i1},R_2-l_1\cos\theta_{i1})\tag{9–20}$$

则

$$\theta_{i2}=\theta_{i12}-\theta_{i1}\tag{9–21}$$

至此, 便完成了四足机器人运动学逆解的推导, 即已知腿 i 足尖点在躯干坐标系下的坐标 (X_i,Y_i,Z_i), 求解出三个驱动关节角度 θ_{i0}、θ_{i1} 和 θ_{i2}。接下来以上述模型为基础编写四足机器人运动控制程序, 并标注核心代码与运动模型中公式的对应关系。

9.4 四足机器人开发与控制实践

9.4.1 四足机器人控制系统框架

四足机器人系统组成与机械臂类似, 主要包含以下几个部分: 控制系统、驱动部件、机械本体、传感检测装置、电池等 (图 9–21)。其中, 控制系统类似大脑, 主要负责四足机器人的运动控制, 包括运动学、动力学求解, 步态规划, 传感信息采集处理, 人机交互等功能; 驱动部件类似肌肉, 用来驱动四条腿的运动; 机械本体类似骨骼, 是指由机械结构组成的本体; 传感检测装置类似感知器官, 是指感知智能系

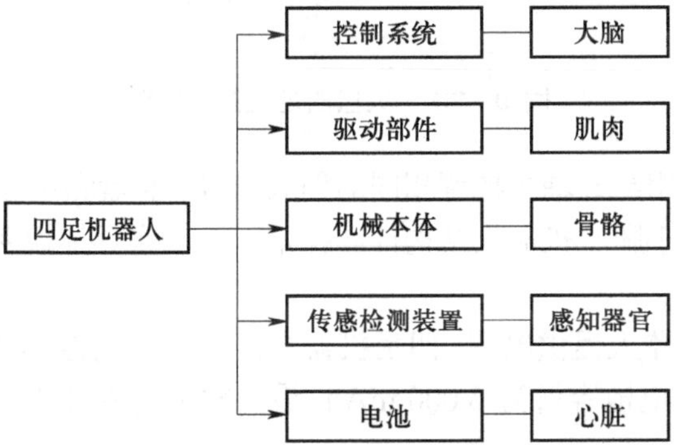

图 9–21 四足机器人结构组成

统, 常用的包括视觉、姿态陀螺仪、足尖传感器等; 电池为整个系统提供能量, 常用的有锂电池、蓄电池、干电池等。

四足机器人的控制工作流程如图 9-22 所示。首先上位机下达控制指令, 控制系统规划运动路径, 控制系统基于传感系统信息确定实时运动步态及方向等, 随后控制系统进行步态规划, 确定各条腿足尖点的运动轨迹。然后控制系统基于足尖轨迹求解各条腿三个关节的角度变化曲线, 通过控制总线向驱动器发送运动指令, 驱动器接收到运动指令后移动到目标位置, 最终实现机器人的运动。

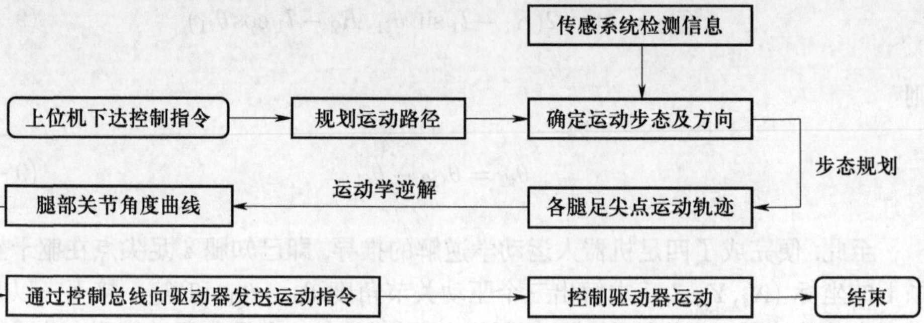

图 9-22　四足机器人的控制工作流程

9.4.2　四足机器人的组装与制作

以大然四足机器人 (图 9-23) 为例, 该四足机器人由躯干和腿两部分组成。其中, 躯干上装有主控模块和电池。

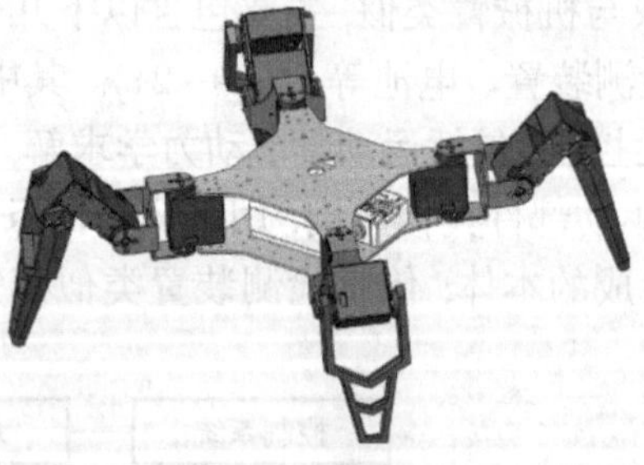

图 9-23　大然四足机器人外形

四足机器人使用与五轴机械臂相同的伺服舵机、舵盘和主控模块。其组成部件还包括电池模块、小腿、机器人结构件和扎带。下面作具体说明。

(1) 电池模块

电池模块为机器人提供电源, 四足机器人需要一个电池模块 (图 9-24), 电池电压为直流 7.4 V, 电池容量为 6 000 mAh, 最大输出电流可达 8 A。

(2) 小腿模块

四足机器人的小腿模块是其腿部的最后一根杆件, 共 4 条 (图 9-25)。

(3) 机器人结构件

四足机器人结构件包括: ① 躯干盖板, 如图 9–26 所示, 分为底部盖板和顶部盖板, 底部盖板用于放置主控及电池模块, 顶部盖板可放置外接设备, 如机械手爪和摄像头; ② 十字 U 型件, 如图 9–27 所示, 用于连接机器人小腿的第一个舵机和第二个舵机, 共 4 个; ③ 腿部连接片, 如图 9–28 所示, 用于连接腿部的第二和第三个伺服舵机, 共 8 片。

图 9–24 电池模块

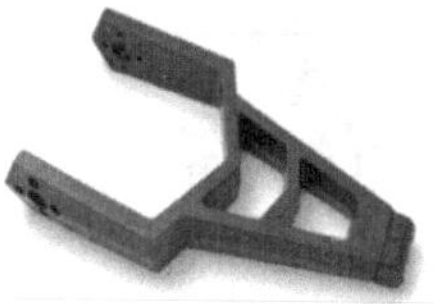

图 9–25 小腿模块

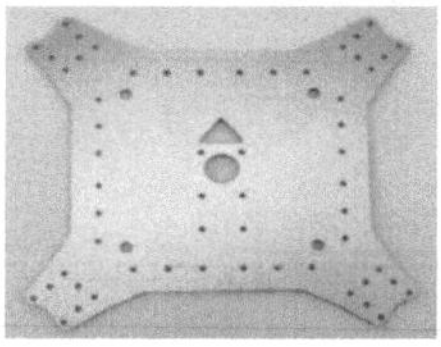

图 9–26 躯干盖板

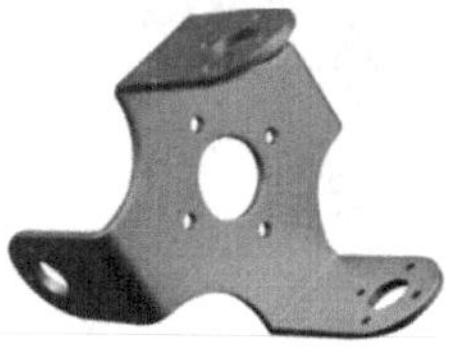

图 9–27 十字 U 型件

(4) 扎带

扎带用于固定机器人的导线, 避免发生缠绕和悬挂, 共 2 根, 在特定位置捆绑 (图 9–29)。

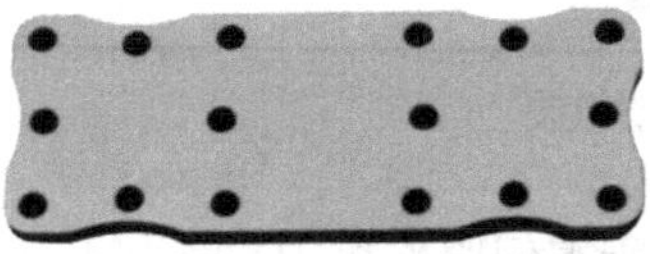

图 9–28 腿部连接片

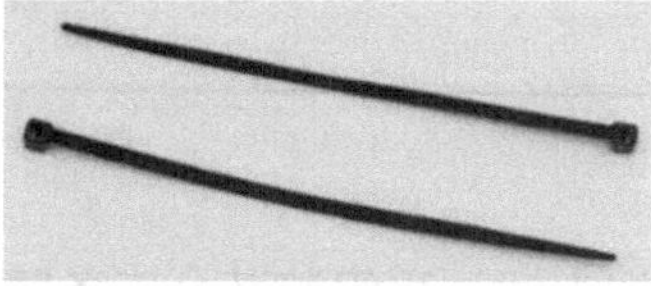

图 9–29 扎带

下面介绍四足机器人装配过程。由于安装在各个关节的总线舵机需要借助 ID 号加以区分, 我们事先将 12 个伺服舵机贴上 ID 号, 并设定好安装角度 (以腿 1 为例, 1 ~ 3 号舵机的安装角度分别为 135°、135° 和 90°, 其余腿对应关节处舵机安装角度与其相同)。

9.4.2.1 腿部组装

腿部组装所需的零部件如图 9–30 所示。用 4 个 M2 × 6 自攻螺钉, 将小腿部件与 3 号伺服舵机主副舵盘相连, 舵机机身与小腿部件垂直, 从副舵盘侧看小腿部件伸向右侧; 将副舵盘套在 3 号伺服舵机副轴上, 用一个 M3 × 5 带垫圆头自攻螺钉限位, 将金属主舵盘套在 3 号舵机输出轴上, 用 4 个 M2 × 6 机用螺钉固定; 用腿部连接片连接 2 号伺服舵机和 3 号伺服舵机, 首先保证两个伺服舵机的输出轴在同一侧, 腿部连接片以垂直于 3 号伺服舵机的角度固定, 输出轴侧连接的两个伺服舵机各用 3 个 M2 × 6 个自攻螺钉固定, 副轴侧连接的两个伺服舵机各用 4 个 M2 × 6 自攻螺钉固定; 将副舵盘固定在十字 U 型件对应位置, 用 4 个 M2 × 6 自攻螺钉固定; 将组装好的十字 U 型件与 2 号伺服舵机相连, 副舵盘用一个 M3 × 5 带垫圆头自攻螺钉限位, 金属主舵盘用 4 个 M2 × 6 机用螺钉固定; 连接 1 号伺服舵机与十字 U 型件，副舵盘用一个 M3 × 5 带垫自攻螺钉限位，金属主舵盘用 4 个 M2 × 6 机用螺钉固定。腿部的完整组装如图 9-31 所示。

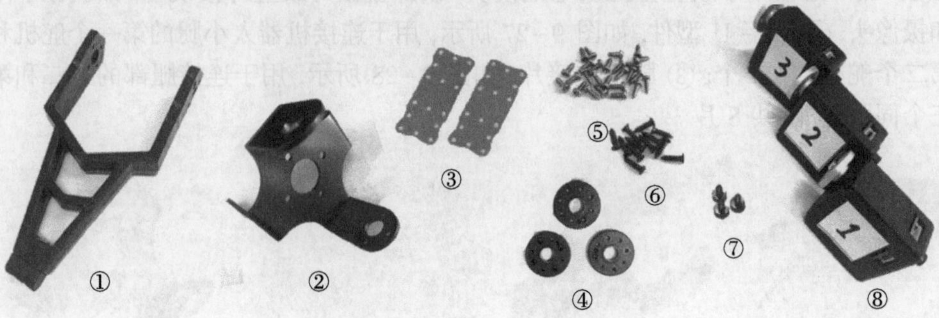

图 9-30 腿部组装所需的零部件 (图中舵机编号为腿 1 所需舵机)

① 小腿 ×1; ② 十字 U 型件 ×1; ③ 腿部连接片 ×2; ④ 副舵盘 ×3; ⑤ M2 × 6 自攻螺钉 ×26; ⑥ M2 × 6 机用螺钉 ×12; ⑦ M3 × 5 带垫自攻螺钉 ×3; ⑧ 舵机 ×3

图 9-31 腿部的完整组装

根据上述过程组装其余三条腿。2 号腿组装所需伺服舵机 ID 号为 4、5、6 号; 3 号腿组装所需伺服舵机 ID 号为 7、8、9 号; 4 号腿组装所需伺服舵机 ID 号为 10、11、12 号。机器人 4 条腿的完整组装如图 9-32 所示。

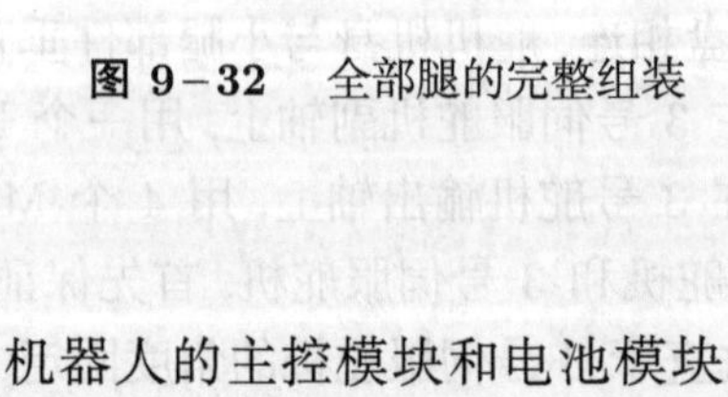

图 9-32 全部腿的完整组装

9.4.2.2 躯干组装

躯干上安装有四足机器人的主控模块和电池模块，其组装所需的零部件如图 9-33 所示。

将躯干底部盖板按照正三角朝前的方向放置，将主控模块水平横向放置在中心与圆孔的上方一侧，并在背面用两个 M2 × 6 自攻螺钉将其固定; 将带粘贴部分的固定带 A 剪成与电池模块侧面同样大小，将其粘到躯干底部盖板上主控模块的下

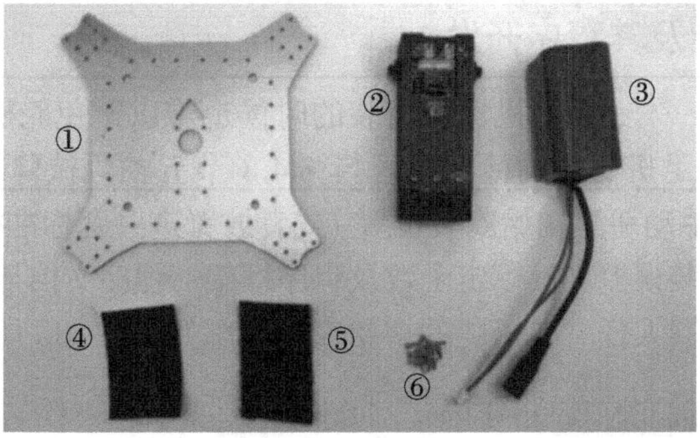

图 9–33 躯干组装所需的零部件

① 底部盖板; ② 主控模块; ③ 电池模块; ④ 固定带 A ; ⑤ 固定带 B; ⑥ M2 × 6 圆头自攻螺钉

侧和主控模块轴部的左侧并紧密贴合; 将带绒毛的固定带 B 剪成与固定带 A 同样大小, 并粘到电池模块带电源线一侧; 将电池模块通过固定带贴合在躯干底部盖板上, 电源线朝向右侧, 与主控模块紧密贴合; 将电池模块的 2pin 电源线接到主控模块下方的 2pin 供电接口上; 用两根扎带将电池模块的电源线和充电线捆绑在一起, 同时将充电线固定在躯干底部盖板上。躯干的完整组装如图 9–34 所示。

9.4.2.3 整体组装

首先将四条腿依次固定在躯干底部盖板的四个角上, 保持主舵盘朝上。各用 4 个 M2 × 6 自攻螺钉固定。这时注意四条腿的顺序, 以电池模块和主控模块为参照, 按照图 9–35 所示排序。将躯干顶部盖板盖到机器人的电池模块和主控模块上, 并利用四条腿主舵盘一侧的舵机固定孔将其固定, 每条腿用到 3 个 M2 × 6 自攻螺钉。

用导线将每条腿的三个舵机串联, 再将四条腿并联, 最后用一根导线与主控相连。将机器人躯干侧的导线贴紧机器人身体, 尽量不要漏在外侧, 这样四足机器人即可组装完成。四足机器人的完整组装如图 9–35 所示。

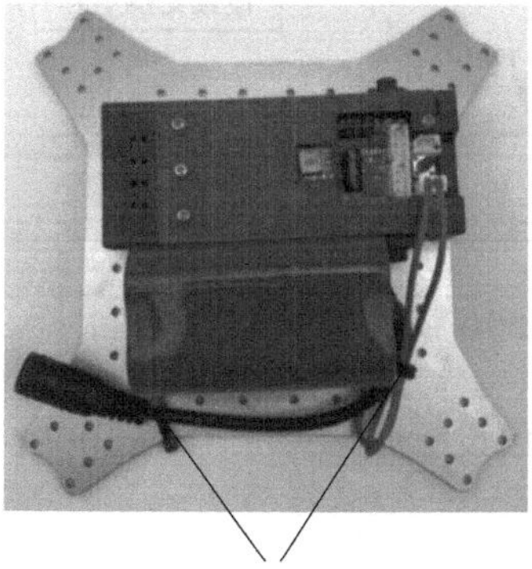

图 9–34 躯干的完整组装

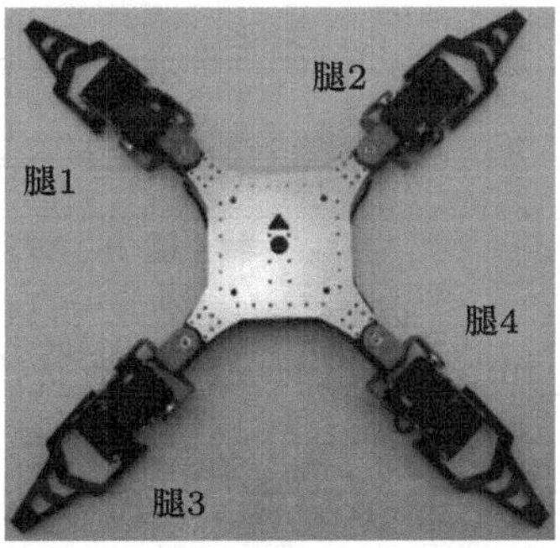

图 9–35 四足机器人的完整组装

9.4.3 标定功能及其程序开发

与五轴机械臂一样, 四足机器人组装的时候也难以避免舵机的安装角度误差, 故也需要标定。四足机器人的标定原理与 8.4.3 节五轴机械臂的标定原理基本一致, 将机器人关节手动掰至初始安装位置 (或者放置进一套标准模具中), 然后读取舵机角度并计算安装误差。其标定函数及程序框架、程序文档与 8.4.3 节五轴机械臂的相同。四足机器人任意一条腿的初始安装姿态如图 9-36 所示。

(a) 俯视图　　(b) 侧视图

图 9-36　四足机器人腿初始安装姿态

9.4.4 坐标系变换及其程序开发

由于四足机器人的步态规划在躯干坐标系下进行, 而运动学逆解求解在腿部坐标系内完成, 所以足尖点的坐标需要在两个坐标系之间转换。由于这些坐标系都固定在躯干上, 所以其变换矩阵可根据躯干的尺寸求得。坐标系变换的程序框架如图 9-37 所示, 完整程序文件见本书支持资源。

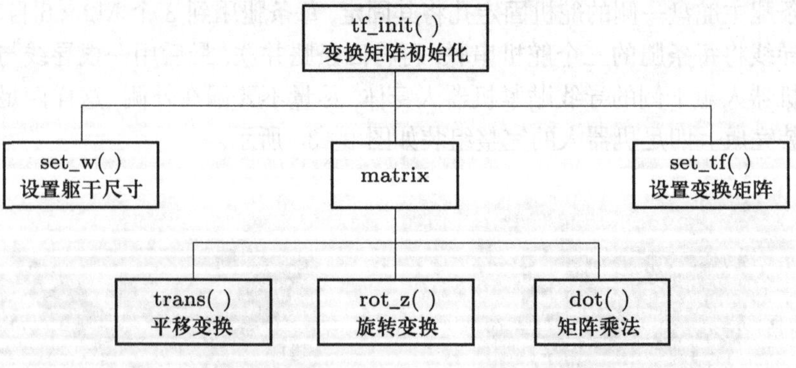

图 9-37　坐标系变换的程序框架

tf_init( ) 是坐标变换主函数。set_w( ) 函数设置躯干尺寸, 其程序文档如下:

```
def set_w(self, w_temp=[90, 142, 142]):
    """
    四足机器人躯干结构长度及各条腿安装角度参数设置函数。
    Args:
        w_temp: 四足机器人躯干尺寸参数组成的列表, 参考图 9-20, 分别为
```

```
        β 同一侧前后两条腿部坐标系 x 轴的夹角 (0 至 180 度)
        a 纵向同侧前后两条腿腿部坐标系原点间的距离
        b 横向同排左右两条腿腿部坐标系原点间的距离
    Returns:
        无。
    Raises:
        无。
    """
    if len(w_temp) == 3:
        self.w_para['β'] = w_temp[0]
        self.w_para['a'] = w_temp[1]
        self.w_para['b'] = w_temp[2]
    else:
        print("躯干尺寸数目错误，正确为 3，请检查")
        sys.exit( )
```

tf_init( ) 函数基于躯干参数 β、a 和 b 计算躯干坐标系到四条腿腿部坐标系的变换矩阵，计算过程与式 (9−1) 和式 (9−2) 对应。计算过程中主要用到了 umatrix.py 中的 trans( ) 平移变换函数、rot_z( ) 绕 Z 轴旋转变换函数及 dot( ) 矩阵乘法函数。最后调用 set_tf( ) 函数正式将变换矩阵赋给对应的腿部对象。

tf_init( ) 函数的程序文档如下:

```
def tf_init(self):
    """
    基于躯干参数，求解躯干坐标系到各条腿腿部坐标系的齐次变换矩阵
    Args:
        无
    Returns:
        无。
    Raises:
        无。
    """
################################################################################
    tf_temp0 = um.dot(um.trans(-self.w_para['b'] / 2, self.w_para['a'] / 2),
um.rot_z(cm.pi - self.w_para['β'] * DEG_RAD / 2)) # 对应式 (9-1)
    self.legs[0].set_tf(tf_temp0) # 腿1腿部坐标系变换矩阵
    tf_temp1 = um.dot(um.trans(self.w_para['b'] / 2, self.w_para['a'] / 2),
um.rot_z(self.w_para['β'] * DEG_RAD / 2)) # 对应式 (9-2) 中的第一个公式
    self.legs[1].set_tf(tf_temp1) # 腿2腿部坐标系变换矩阵
    tf_temp2 = um.dot(um.trans(-self.w_para['b'] / 2, -self.w_para['a'] / 2),
um.rot_z(cm.pi + self.w_para['β'] * DEG_RAD / 2)) # 对应式 (9-2) 中的第二个公式
    self.legs[2].set_tf(tf_temp2) # 腿3腿部坐标系变换矩阵
    tf_temp3 = um.dot(um.trans(self.w_para['b'] / 2, -self.w_para['a'] / 2),
```

```
um.rot_z(- self.w_para['β'] * DEG_RAD / 2)) # 对应式 (9-2) 中的第三个公式
    self.legs[3].set_tf(tf_temp3) # 腿4腿部坐标系变换矩阵
```

9.4.5 足尖位置控制功能及其程序开发

四足机器人足尖位置控制是指控制某条腿的足尖点运动到给定的坐标点，程序框架如图 9-38 所示，完整程序文件见本书支持资源。set_leg_position( ) 函数为该程序的主函数。该函数运行时调用 set_pl( ) 或 set_po( ) 函数来设置足尖点在对应腿部坐标系或躯干坐标系下的坐标，然后调用 save_pose( ) 函数求解出对应腿的三个关节角度，最后调用 do_motion( ) 函数控制关节运动，进而控制对应腿足尖点运动到指定位置。save_pose( ) 函数调用运动学逆解程序 inverse_kinematics( )，求解时输入的是足尖点在对应腿在腿部坐标系中的坐标，因此当通过 set_po( ) 设置足尖点在躯干坐标系下的坐标时，程序会自动调用 leg.py 中的 sync_c( ) 函数进行坐标转换。

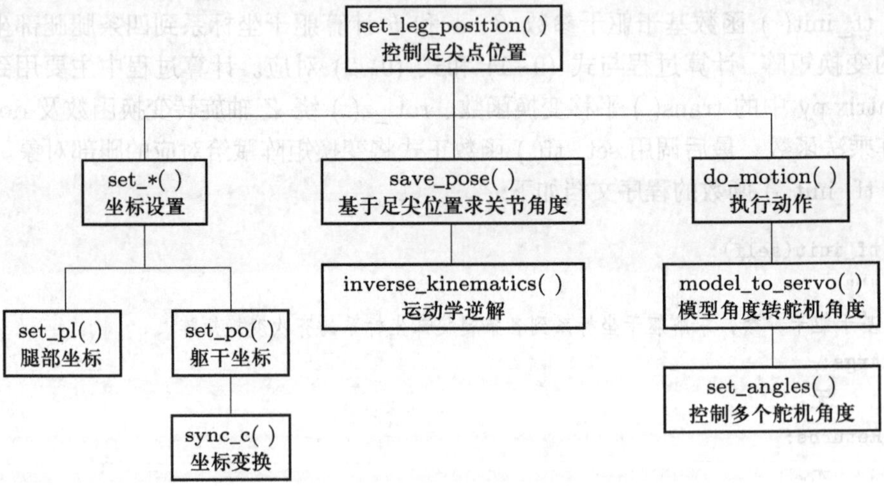

图 9-38　控制腿足尖位置的程序框架

其中，运动学逆解程序 inverse_kinematics( ) 是至关重要的一环，承担着将足尖点坐标转换成对应腿部关节角度的重任，起到连接本体运动智能和驱动器运动智能的桥梁作用。其代码与运动学逆解模型的数学公式对应，程序文档如下：

```
def inverse_kinematics(self, ud=0):
    """
    利用足尖点局部坐标求解出三个关节的角度，并以弧度制保存在 theta 列表中
    Args:
        ud: (up/down) 用来选择反解中的第几种解：
        当 ud = 0 (默认值) 时，取正常解，腿第三个关节在足尖点上方；
                当 ud = 1 时，取另一组解 (机器人翻转后使用)，腿第三个关节在足尖点下方。
    Returns:
```

```
        True: 逆解过程顺利通过时，返回 True
        False: 当逆解过程出现异常或者足尖点超出工作空间时，返回 False
    Raises:
        ZeroDivisionError: 反解过程中如果出现除数 0，会触发除数为 0 的异常
    """
    x = self.pl[0, 0]
    y = self.pl[1, 0]
    z = self.pl[2, 0]
    l0 = self.L[0]
    l1 = self.L[1]
    l2 = self.L[2]
    self.theta[0] = cm.atan2(y, x) # 对应式 (9-11)
    A = x * cm.cos(self.theta[0])  +  y * cm.sin(self.theta[0]) # 对应式 (9-13)
    R1 = z # 对应式 (9-15)
    R2 = A - l0 # 对应式 (9-15)
    R3 = (R1 ** 2 + R2 ** 2 + l1 ** 2 - l2 ** 2) / (2 * l1) # 对应式 (9-16)
    DELTA = R1 ** 2 + R2 ** 2 - R3 ** 2 # 对应式 (9-16) 中的根判别式
    if DELTA >= 0.0:
        try:
            if R2 + R3 == 0:
                if R1 == 0:
                    raise ZeroDivisionError
                else:
                    t = (R3 - R2) / (2 * R1) # 对应式 (9-17)
            else:
                if ud == 0:
                    t = (R1 - cm.sqrt(DELTA)) / (R2 + R3) # 对应式 (9-17)
                else:
                    t = (R1 + cm.sqrt(DELTA)) / (R2 + R3) # 对应式 (9-17)
            self.theta[1] = 2 * cm.atan(t) # 对应式 (9-18)
            self.theta[2] = cm.atan2(R1 - l1 * cm.sin(self.theta[1]),R2 - l1 *
cm.cos(self.theta[1])) -self.theta[1] # 对应式 (9-20) 和式 (9-21)
            return True
        except ZeroDivisionError:
            print("ZeroDivisionError in inverse_kinematics in leg object")
            return False
        except Exception:
            print("exception happened...")
            return False
    else:
        print('The dot is out of range!')
        return False
```

set_leg_position ( ) 函数的程序文档如下:

```
def set_leg_position(self, n=1, p_list=[[100, 0, -90, 1]], ud_temp=0, o_l=1,
d_n=0, speed=1.0):
    """
    在指定坐标系下控制特定腿足尖通过特定点 (自动求解并保存每一个姿态下的角度)。
    通过给定在指定坐标系下的一系列点的齐次坐标，让第 n 条腿足尖点经过这些点并得到
最终驱动关节的角度
    当 n=0 时，所有腿足尖都经过指定点。
    Args:
        n: 用来选择进行移动的腿:
            当 n = 0 时，移动所有腿足尖点; 注意不要和 o_l = 0 连用
            当 n >=1(1 为默认值) 且 n 不大于腿的数目时，移动第 n 条腿足尖点;
            当 n 为其他值时，直接返回 False;
        p_list: 足尖坐标组成的列表，列表每一项为一个足尖点在指定坐标系下的齐次坐
标，即一个以长度为 4 的列表为元素的列表;
        ud_temp: (up/down) 用来选择求解中的第几种解:
            当 ud_temp = 0 (默认值) 时，对应图 8-10 中的 α 构型;
            当 ud_temp= 1 时，对应图 8-10 中的 β 构型;
        o_l: po/pl，用来选择坐标系,
            o_l = 0，在躯干坐标系下
            o_l = 1(默认)，在腿部坐标系下
        d_n: (do/not) 用来控制是否立即调用 do_motion 进行执行
            d_n = 0(默认)，计算并执行。
            d_n!=0 ，计算但不执行。
        speed: 用来控制前进的速度，取值范围为 [0.01, 3.0]
    Returns:
        True: 求解过程顺利通过或 _n!= 0(不计算，不保存)，返回 True;
        False: 当 n 值不正确或者求解过程出现异常或者足尖点超出工作空间时，返回 False;
    Raises:
        无。
    """
    self.clear_pose( )
    for i in range(len(p_list)):
        p_list[i][-1] = 1  # 齐次坐标最后一位必须为 1
############################ 在腿部坐标系下移动足尖 ############################
    if o_l == 1:
        mt = um.matrix.transpose(um.matrix(p_list, dtype=float)) # 将各条腿足
尖点坐标按列依次排列
        for j in range(len(p_list)):
            pl_temp = []
            if n == 0:
                for i in range(self.LEG_NUMBER):
```

```
                pl_temp.append(self.legs[i].pl)
                self.set_pl(n=i + 1, pl_temp=mt[:, j]) # 设置各条腿的足尖点
在腿部坐标系下的坐标
            elif n >= 1 and n <= self.LEG_NUMBER:
                pl_temp.append(self.legs[n - 1].pl)
                self.set_pl(n=n, pl_temp=mt[:, j]) # 设置指定腿足尖在腿部坐标系
下的坐标
            else:
                return False
            if not self.save_pose(n=n, ud_temp=ud_temp): # 运动学逆解并保存结果
# 如果某一步的移动矢量超出了范围（或出现了其他问题），将足尖点回退到上一次正常移动后
的位置，并返回 False 终止函数
                if n == 0:
                    for i in range(self.LEG_NUMBER):
                        self.legs[i].set_pl(pl_temp[i])
                elif n >= 1 and n <= self.LEG_NUMBER:
                    self.legs[n - 1].set_pl(pl_temp[0])
                return False
        if d_n == 0:
            self.do_motion(speed=speed)
        return True
    else:
############################# 在躯干坐标系下移动足尖 #############################
        mt = um.matrix.transpose(um.matrix(p_list, dtype=float))  # 将各条腿足
尖点坐标按列依次排列
        for j in range(len(p_list)):
            po_temp = []
            if n == 0:
                for i in range(self.LEG_NUMBER):
                    po_temp.append(self.legs[i].po)
                    self.set_po(n=i + 1, po_temp=mt[:, j])
            elif n >= 1 and n <= self.LEG_NUMBER:
                po_temp.append(self.legs[n - 1].po)
                self.set_po(n=n, po_temp=mt[:, j])
            else:
                return False
            if not self.save_pose(n=n, ud_temp=ud_temp): # 运动学逆解并保存结果
# 如果某一步的移动矢量超出了范围（或出现了其他问题），将足尖点回退到上一次正常移动后
的位置，并返回 False 终止函数
                if n == 0:
                    for i in range(self.LEG_NUMBER):
                        self.legs[i].set_po(po_temp[i])
```

```
            elif n >= 1 and n <= self.LEG_NUMBER:
                self.legs[n - 1].set_po(po_temp[0])
            return False
    if d_n == 0:
        self.do_motion(speed=speed)
    return True
```

9.4.6 躯干姿态控制功能及其程序开发

四足机器人躯干控制分为两类：一类是躯干移动，另一类是躯干转动。两种运动实现的原理大同小异，都是通过改变四条腿在躯干坐标系的位置坐标，同时保持立足点位置不变，反向驱使躯干移动或转动。躯干控制的程序框架如图 9－39 所示，完整程序文件见本书支持资源。其中，move_body( ) 函数用于躯干移动，控制躯干沿着躯干坐标系的 X、Y、Z 轴方向移动；rotate_body( ) 用于躯干转动，转动顺序为先绕 Z 轴，再绕 Y 轴，最后绕 X 轴转动，参考的坐标系为转动前的躯干坐标系，转动过程中参考坐标系是固定不动的。

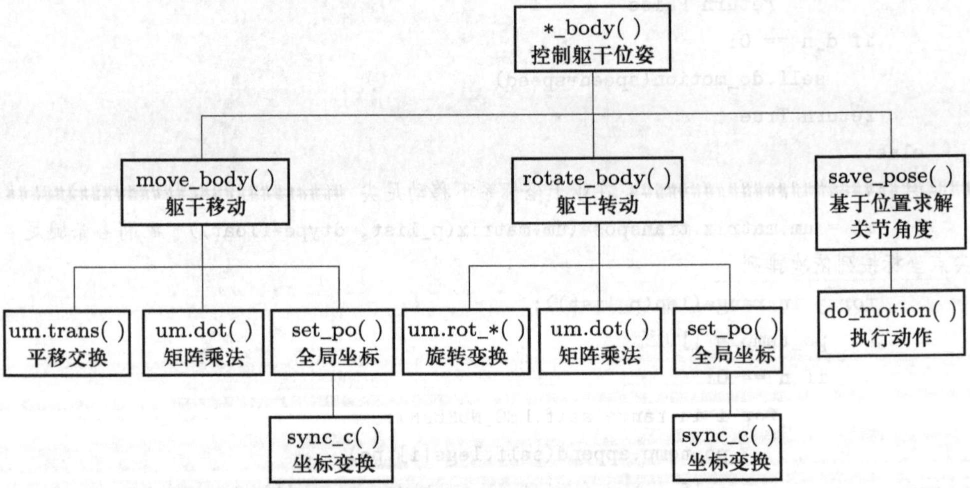

图 9－39　躯干位姿控制的程序框架

move_body( ) 的程序文档如下：

```
def move_body(self, x_y_z=[0.0, 0.0, 0.0], ud_temp=0, speed=1.0):
    """
    让机器人躯干沿全局坐标系的 X 轴、Y 轴、Z 轴分别移动距离 x、y、z
        Args:
        x_y_z: 躯干沿全局坐标系的 X 轴、Y 轴、Z 轴分别移动的距离 x, y, z 组成的列表
        ud_temp: (up/down) 用来选择求解中的第几种解:
            ud_temp = 0 时 (默认值), 对应图 8-10 中的 α 构型;
            ud_temp= 1 时, 对应图 8-10 中的 β 构型。
```

```
        speed: 用来控制移动的速度, 取值范围为 [0.01, 3.0]
    Returns:
        True: 求解过程顺利通过, 返回 True;
        False: 求解过程出现异常或者足尖点超出工作空间时, 返回 False;
    Raises:
        无。
    """
    self.clear_pose( )
    po_temp = []
    for i in range(self.LEG_NUMBER):
        po_temp.append(self.legs[i].po)
################### 根据运动的相对性, 足尖向后等同于躯干向前 ####################
        mt_0 = um.dot(um.trans(a=-x_y_z[0], b=-x_y_z[1], c=-x_y_z[2]),
self.legs[i].po)
################### 根据运动的相对性, 足尖向后等同于躯干向前 ####################
        self.legs[i].set_po(mt_0)
    if self.save_pose(n=0, ud_temp=ud_temp): # 运动学逆解并保存结果
        self.do_motion(speed=speed)
        return True
    else:
        for i in range(self.LEG_NUMBER):
            self.legs[i].po = po_temp[i]
        return False
```

rotate_body( ) 的程序文档如下:

```
def rotate_body(self, a_b_g=[0.0, 0.0, 0.0], ud_temp=0, speed=1.0):
    """
    让机器人躯干绕全局坐标系的 X 轴、Y 轴、Z 轴分别转动 alpha,beta,gamma 角度
        Args:
        a_b_g: 躯干绕全局坐标系的 X 轴、Y 轴、Z 轴分别转动 alpha,beta,gamma 角度
(角度制) 组成的列表
        ud_temp: (up/down) 用来选择求解中的第几种解:
            ud_temp = 0 (默认值) 时, 对应图 8-10 中的 α 构型;
            ud_temp= 1 时, 对应图 8-10 中的 β 构型。
        speed: 用来控制转动的速度, 取值范围为 [0.01, 3.0]
    Returns:
        True: 求解过程顺利通过, 返回 True
        False: 求解过程出现异常或者足尖点超出工作空间时, 返回 False
    Raises:
        无。
    """
    self.clear_pose( )
```

```
    po_temp=[]
    for i in range(self.LEG_NUMBER):
        po_temp.append(self.legs[i].po)
        mt_0 = um.dot(um.rot_z(-1 * a_b_g[2] * DEG_RAD), self.legs[i].po)
               # 腿 i 足尖点绕 z 轴转 -g 度，根据运动相对性，足尖反转等同于躯干正转
        mt_1 = um.dot(um.rot_y(-1 * a_b_g[1] * DEG_RAD), mt_0)
               # 腿 i 足尖点绕 y 轴转 -b 度
        mt_2 = um.dot(um.rot_x(-1 * a_b_g[0] * DEG_RAD), mt_1)
               # 腿 i 足尖点绕 x 轴转 -a 度
        self.legs[i].set_po(mt_2)
    if self.save_pose(n=0, ud_temp=ud_temp): # 运动学逆解并保存结果
        self.do_motion(speed=speed)
        return True
    else:
        for i in range(self.LEG_NUMBER):
            self.legs[i].po = po_temp[i]
        return False
```

9.4.7 简易步态规划及其程序开发

四足机器人步态规划包括确定支撑腿、摆动腿运动的开始和结束, 即确定四条腿的迈腿顺序和轨迹。常见的四足机器人步态有间歇步态、连续步态、小跑步态等。当机器人以间歇步态前进时, 机器人的运动是断断续续的, 即当机器人迈腿时, 躯干是静止的, 当机器人移动躯干时, 四条腿同时着地。连续步态下机器人的运动是连续的, 即当机器人迈某条腿时, 其他三条腿同时在推动身体移动。小跑步态又叫对角步态, 机器人同时迈动对角线上的两条腿, 另外两条腿推动躯干移动。间歇步态和连续步态都是静态步态, 小跑步态为动态步态。常见的还有用于转弯的转弯步态。机器人步态规划的程序框架如图 9-40 所示, 完整程序文件见本书支持资源。其中给出了三种步态运动——间歇步态、小跑步态和转弯步态, 下面将逐一进行讲解。

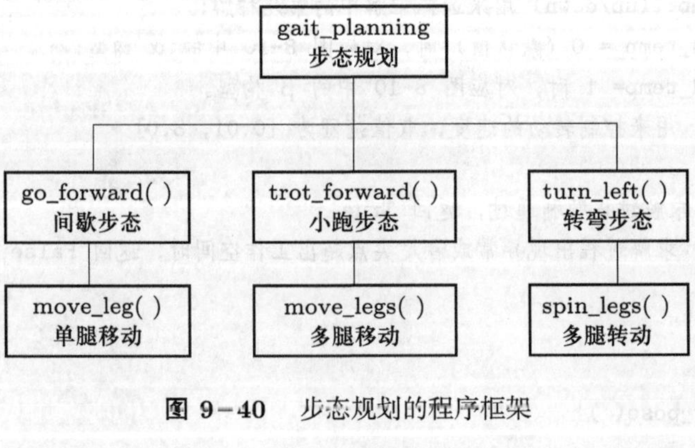

图 9-40　步态规划的程序框架

9.4.7.1 间歇步态

间歇步态的迈腿顺序如图 9-41 [14] 所示，整个步态周期有 6 步，其中第一、二、四、五步迈腿，第三、六步推动躯干，迈腿顺序为 3—1—4—2，迈腿的距离为每次推动躯干距离的两倍。

迈腿前首先对四条腿的位置进行初始化。如图 9-41 第一步所示，在间歇步态的初始形态下，同侧腿相互平行，左侧的腿 1、腿 3 足尖点沿着前进方向的反方向移动一半迈腿距离，其目的是迈腿 3 (第一步) 时，机器人的稳定裕度 (机器人重心在地面的投影点到由所有着地腿足尖点形成的支撑三角形边的最小距离) 最大，机器人的稳定性最好。

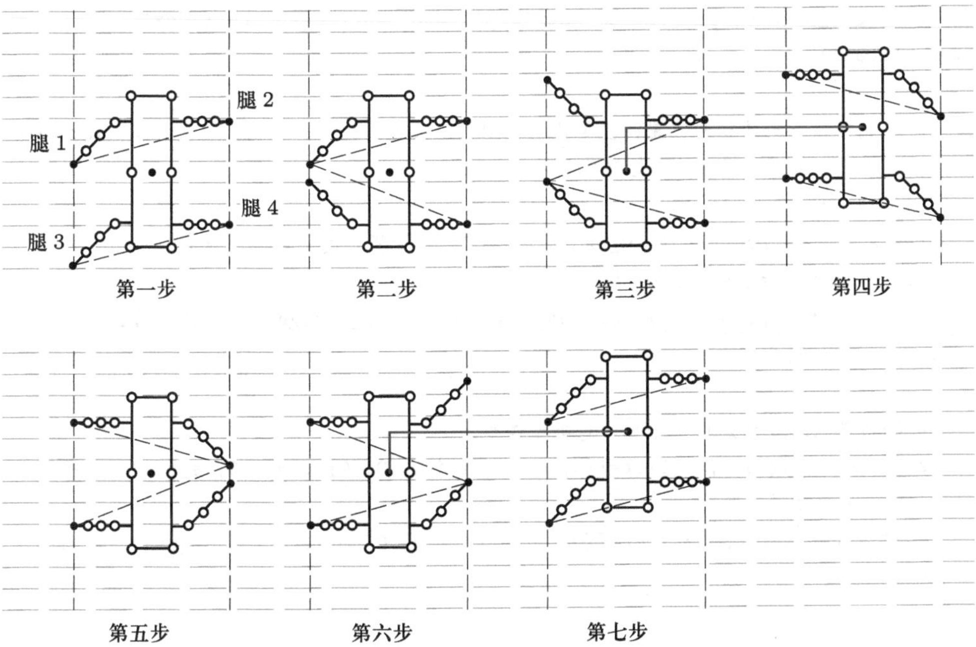

图 9-41　间歇步态迈腿示意

根据上述过程，间歇步态 go_forward( ) 函数程序文档可编写如下：

```
def go_forward(self, length=150, height=50, pl_temp=[120,0,-90,1], speed=0.3):
    """
    机器人间歇前进步态函数；
    首先初始化足尖在对应腿部坐标系下的坐标位置，然后通过 move_leg(s_n = 1) 设置足
尖在躯干坐标系下的坐标，完成机器人站姿初始化。
    保存姿态后，按照 3—1—0—4—2—0 的迈腿顺序前进 (0代表移动躯干)。
    Args:
        length: 前进距离
        height: 迈腿高度
        pl_temp: 初始姿态下四条腿足尖点在各自腿部坐标系下的坐标
```

```
        speed: 用来控制前进的速度，取值范围为 [0.01, 3.0]
    Returns:
        无。
    Raises:
        无。
    """
    self.clear_pose( )
    # 初始形态设置

    # A-设置机器人初始形态下各条腿足尖点初始局部坐标，这一步骤通过 pl_temp[2] 可以
设置整个步态过程中机器人重心高度
    self.set_pl(n=0, pl_temp=um.matrix(pl_temp, cstride=4, rstride=1,
dtype=float))

    # B-调整四条腿的初始位置，主要为调整同侧两条腿的距离，保证运动过程中同侧腿不干
涉，同时任意一条腿的运动轨迹始终落在其工作空间内
    sign = [1, -1, -1, 1]
    theta = 20 * DEG_RAD # EG_RAD = pi/180，用于将角度制转换成弧度制
    for i in range(self.LEG_NUMBER):
        self.set_pl(n=i + 1, pl_temp=um.dot(um.rot_z(sign[i] * theta),
self.legs[i].pl))

    # C-机器人站姿初始化，根据步态类型调整
    self.move_leg(n=1, m_list=[[0, -length / 2, 0, 0]], o_l=0, s_n=1)  # 将腿1
向后放置一半的迈腿长度
    self.move_leg(n=3, m_list=[[0, -length / 2, 0, 0]], o_l=0, s_n=1)  # 将腿3
向后放置一半的迈腿长度

    # D-求解保存，上述步骤都是中间过程，只需求解保存最后状态即可
    self.save_pose( )
    # 间歇步态-第一步：腿3向前迈length
    self.move_leg(n=3, m_list=[[0, 0, height, 0], [0, length, 0, 0], [0, 0,
-height, 0]], o_l=0, s_n=0, ud_temp=0)
    # 间歇步态-第二步：腿1向前迈length
    self.move_leg(n=1, m_list=[[0, 0, height, 0], [0, length, 0, 0], [0, 0,
-height, 0]], o_l=0, s_n=0, ud_temp=0)
    # 间歇步态-第三步：四条腿推动躯干移动length/2
    self.move_leg(n=0, m_list=[[0, length / 2, 0, 0]], o_l=0, s_n=0, ud_temp=0)
    # 间歇步态-第四步：腿4向前迈length
    self.move_leg(n=4, m_list=[[0, 0, height, 0], [0, length, 0, 0], [0, 0,
-height, 0]], o_l=0, s_n=0, ud_temp=0)
    # 间歇步态-第五步：腿2向前迈length
```

```
    self.move_leg(n=2, m_list=[[0, 0, height, 0], [0, length, 0, 0], [0, 0,
-height, 0]], o_l=0, s_n=0, ud_temp=0)
    # 间歇步态-第六步: 四条腿推动躯干移动length/2
    self.move_leg(n=0, m_list=[[0, length / 2, 0, 0]], o_l=0, s_n=0, ud_temp=0)
    # 执行动作
    self.do_motion(speed=speed, o_r=self.order)
```

go_forward( ) 函数迈腿时, 调用的是 move_leg( ) 单腿移动函数。与 set_leg_position( ) 函数不同的是, move_leg( ) 函数是相对移动, 参数是一个移动矢量。其程序文档如下:

```
def move_leg(self, n=0, m_list=[[0, 0, 0, 0]], o_l=0, s_n=0, ud_temp=0):
    """
    在指定坐标系下相对移动腿足尖位置函数 (自动求解并保存每一个姿态下的关节角度)。
    给定第 n 条腿足尖点在指定坐标系下的移动向量的齐次坐标，经运动学逆解得到驱动关节
的角度
    当 n=0 时，所有腿的足尖按照运动矢量反方向移动相应的距离，以推动机器人躯干沿着运
动矢量运动 (此时需要 o_l 为 0)。
    Args:
        n: 用来选择进行移动的腿:
            当 n = 0 (默认值) 时，按照反方向移动所有腿;
            当 n >=1 且 n<= LEG_NUMBER 时，移动第 n 条腿;
            当 n 为其他值时，直接返回 False;
        m_list: 运动向量组成的列表，列表每一项为一个移动向量的齐次坐标列表，即一
个以长度为 4 的列表为元素的列表。
        o_l: po/pl, 用来选择坐标系。
            o_l = 0 (默认), 在躯干坐标系下。
            o_l = 1, 在腿部坐标系下。
        s_n: 用来控制是否保存每一步的动作，即运动后是否调用 save_pose( ) 函数。
            s_n = 0 (默认), 则计算并保存。
            s_n!=0 , 不计算不保存，只是改变腿足尖点坐标，主要用来相对移动腿的位置。
        ud_temp: (up/down) 用来选择求解中的第几种解:
            当 ud_temp = 0 (默认值) 时，对应图 8-10 中的 α 构型;
            当 ud_temp= 1 时，对应图 8-10 中的 β 构型。
    Returns:
        True: 求解过程顺利通过或 s_n!= 0 (不计算，不保存) ，返回 True
        False: 当 n 值不正确或者求解过程出现异常或者足尖点超出工作空间时，返回 False。
    Raises:
        无。
    """
    for i in range(len(m_list)):
        m_list[i][-1] = 0  # 相对齐次坐标向量最后一位必须为 0
    mt = um.matrix.transpose(um.matrix(m_list, dtype=float))  # m_list 是一个以
```

```
长度为 4 的列表为元素的列表
############################### 在躯干坐标系下移动 ###############################
    if o_l == 0:
        for j in range(len(m_list)):
            if n == 0:
                for i in range(self.LEG_NUMBER):
                    self.legs[i].set_po(self.legs[i].po - mt[:, j]) # 由于是躯干
运动，所以是 "-"
            elif n >= 1 and n <= self.LEG_NUMBER:
                self.legs[n - 1].set_po(self.legs[n - 1].po + mt[:, j]) # 由于是
腿运动，所以是 "+"
            else:
                return False
            if s_n == 0:
                if not self.save_pose(n=n, ud_temp=ud_temp):
# 如果某一步的移动矢量超出了范围（或出现了其他问题），将足尖点回退到上一次正常移动
后的位置，并返回 False 终止函数
                    if n == 0:
                        for i in range(self.LEG_NUMBER):
                            self.legs[i].set_po(self.legs[i].po + mt[:, j])
                    elif n >= 1 and n <= self.LEG_NUMBER:
                        self.legs[n - 1].set_po(self.legs[n - 1].po - mt[:, j])
                    return False
        return True
############################### 在腿部坐标系下移动 ###############################
    else:
        for j in range(len(m_list)):
            if n == 0:
                for i in range(self.LEG_NUMBER):
                    self.legs[i].set_pl(self.legs[i].pl - mt[:, j])
            elif n >= 1 and n <= self.LEG_NUMBER:
                self.legs[n - 1].set_pl(self.legs[n - 1].pl + mt[:, j])
            else:
                return False
            if s_n == 0:
                if not self.save_pose(n=n, ud_temp=ud_temp):
# 如果某一步的移动矢量超出了范围（或出现了其他问题），将足尖点回退到上一次正常移动
后的位置，并返回 False 终止函数
                    if n == 0:
                        for i in range(self.LEG_NUMBER):
                            self.legs[i].set_pl(self.legs[i].pl + mt[:, j])
                    elif n >= 1 and n <= self.LEG_NUMBER:
```

```
                self.legs[n - 1].set_pl(self.legs[n - 1].pl - mt[:, j])
            return False
    return True
```

9.4.7.2 对角小跑步态

对角小跑步态下, 机器人同时迈动对角线上的两条腿, 且运动速度较快, 因此得名。对角小跑步态的迈腿顺序图如图 9-42[15] 所示, 整个步态周期只有对称的两步。第一步迈对角线上的腿 1、腿 4, 同时腿 2、腿 3 推动躯干移动相同的距离; 第二步迈第 2、腿 3, 同时第 1、腿 4 推动躯干移动相同的距离。

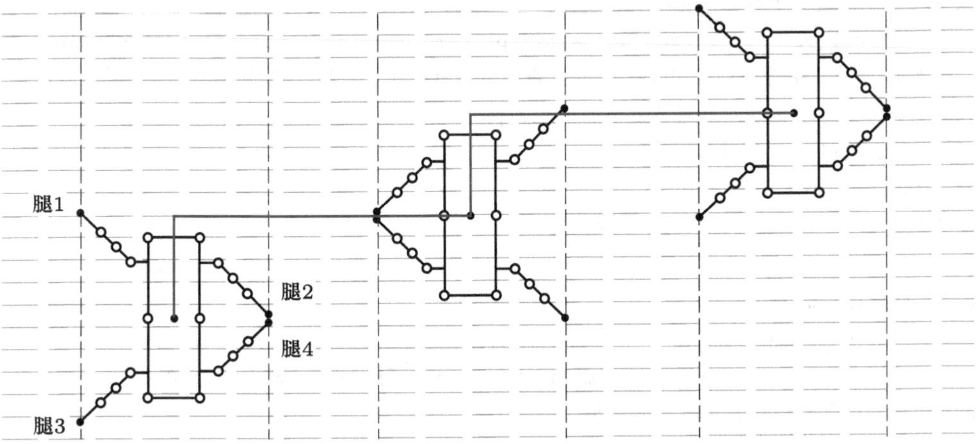

图 9-42 对角小跑步态迈腿示意 [15]

对角小跑步态 trot_forward( ) 函数程序文档如下:

```
def trot_forward(self, length=200, height=30, pl_temp=[120,0,-90,1], speed=2.0):
    """
    机器人对角小跑前进步态函数
    首先初始化足尖在对应腿部坐标系下的坐标位置, 然后通过 move_leg(s_n = 1) 设置足
尖在躯干坐标系下的坐标, 完成机器人站姿初始化。
    对角小跑步态一个运动周期只有两步, 第一步为对角线 A 上的两条腿向前迈动 length,
同时对角线 B 上的腿推动躯干前进 length;
    第二步正好相反, 对角线 B 上的两条腿向前迈动 length, 同时对角线 A 上的腿推动躯
干前进 length;
    Args:
        length: 前进距离, 这里指的是一个运动周期后机器人前进的距离 (对角小跑步态一
个运动周期躯干移动两倍腿迈动的距离)。
        height: 抬腿高度。
        pl_temp: 初始姿态下四条腿足尖在各自腿部坐标系下的坐标。
        speed: 用来控制前进的速度, 取值范围为 [0.01, 3.0], 由于对角小跑步态本身是
动态步态, 运动过程中无法保持静态稳定, 所以需要尽可能缩短运动时间 (即提高运动速度)。
```

```
    Returns:
        无。
    Raises:
        无。
    """
    self.clear_pose( )
    length = length / 2 # 对角小跑步态一个运动周期躯干移动两倍腿迈动的距离，所以需要先将前进距离除以 2，得到腿迈动距离
    # 初始形态设置
    # A-设置机器人初始形态下各条腿足尖点初始局部坐标，这一步骤通过 pl_temp[2] 可以设置整个步态过程中机器人重心高度
    self.set_pl(n=0,pl_temp=um.matrix(pl_temp,cstride=4,rstride=1,dtype=float))
    # B-调整四条腿的初始位置，主要为调整同侧两条腿的距离，保证运动过程中同侧腿不干涉，同时任一条腿的运动轨迹落在其工作空间内
    sign = [1, -1, -1, 1]
    theta = 30 * DEG_RAD
    for i in range(self.LEG_NUMBER):
        self.set_pl(n=i + 1, pl_temp=um.dot(um.rot_z(sign[i] * theta), self.legs[i].pl))
        # C-初始化前进形态，根据步态类型调整
        self.move_leg(n=i + 1, m_list=[[0, sign[i] * length / 2, 0, 0]], o_l=0, s_n=1) # 对应图 9-42 中的初始站姿
    # D-求解保存
    self.save_pose( )
    # 对角小跑步态-第一步：腿 2 和 3 向前迈 length，同时腿 1 和腿 4 推动躯干前进 length
    self.move_legs(leg_list=[0, 1, 1, 0], m_list=[[0, 0, height, 0], [0, length, 0, 0], [0, 0, -height, 0]],
                   g_list=[[0, -length / 3, 0, 0], [0, -length / 3, 0, 0], [0, -length / 3, 0, 0]], ud_temp=0)
    # 对角小跑步态-第二步：腿 1 和 4 向前迈 length，同时腿 2 和腿 3 推动躯干前进 length
    self.move_legs(leg_list=[1, 0, 0, 1], m_list=[[0, 0, height, 0], [0, length, 0, 0], [0, 0, -height, 0]],
                   g_list=[[0, -length / 3, 0, 0], [0, -length / 3, 0, 0], [0, -length / 3, 0, 0]], ud_temp=0)
    self.do_motion(speed=speed, o_r=self.order) # 执行动作
```

与间歇步态一样，在迈腿前先对四条腿的位置进行初始化。如图 9-42 所示，在对角小跑步态的初始形态下，其中一条对角线上的两条腿足尖点沿前进方向移动一半迈腿距离，另一条对角线上的两条腿沿反方向移动一半迈腿距离，其目的是让迈腿的距离尽可能大，在前进方向上迈腿轨迹均匀分布在单条腿的工作空间内。

trot_forward( ) 函数迈腿时, 调用的是 move_legs( ) 多腿移动函数。与 move_leg( ) 不同的是, move_legs( ) 函数是多条腿沿一个运动矢量相对移动, 且其余腿着地沿另一个运动矢量相对移动 (大多数情况下沿与前进方向相反方向运动, 用来推动躯干前进), 同时 move_legs( ) 中的运动矢量都定义在躯干坐标系下。其程序文档如下:

```
def move_legs(self, leg_list=[0, 0, 0, 0], m_list=[[0, 0, 0, 0]],
g_list=[[0, 0, 0, 0]], ud_temp=0):
    """
    在躯干坐标系下相对移动迈动腿足尖位置，同时着地腿推动躯干移动（自动求解并保存每
一个姿态下的关节角度）。
    Args:
        leg_list: 用来指定迈动腿和着地腿，形式为列表 [x, x, x, x], x = 0 表示该条
腿为着地腿，x = 1 表示该腿为迈动腿。
        m_list: 迈动腿运动向量组成的列表，列表每一项为一个移动向量的齐次坐标列表，
即一个以长度为 4 的列表为元素的列表。
        g_list: 着地腿运动向量组成的列表，列表每一项为一个移动向量的齐次坐标列表，
即一个以长度为 4 的列表为元素的列表。
        ud_temp: (up/down) 用来选择求解中的第几种解:
            ud_temp = 0 时 (默认值), 对应图 8-10 中的 α 构型;
            ud_temp= 1 时，对应图 8-10 中的 β 构型。
    Returns:
        True: 求解过程顺利通过，返回 True。
        False: 求解过程出现异常或者足尖点超出工作空间时，返回 False。
    Raises:
        无。
    """
    if len(m_list) > len(g_list):
        for i in range(len(m_list) - len(g_list)):
            g_list.append([0, 0, 0, 0])
    elif len(m_list) < len(g_list):
        for i in range(len(g_list) - len(m_list)):
            m_list.append([0, 0, 0, 0])
    for i in range(len(m_list)):
        for n in range(self.LEG_NUMBER):
            if leg_list[n] == 1: # 该腿迈动
                self.move_leg(n=n + 1, m_list=[m_list[i]], s_n=1,
ud_temp=ud_temp, o_l=0)
            elif leg_list[n] == 0: # 该腿着地
                self.move_leg(n=n + 1, m_list=[g_list[i]], s_n=1,
ud_temp=ud_temp, o_l=0)
        if not self.save_pose(n=0, ud_temp=ud_temp):
```

```
        return False
    return True
```

9.4.7.3 转弯步态

转弯步态的迈腿顺序如图 9-43 所示, 与小跑前进步态一样, 整个转弯步态周期也有两步: 第一步转对角线上的腿 1、腿 4, 同时腿 2、腿 3 推动躯干转动相同的角度; 第二步转腿 2、腿 3, 同时腿 1、腿 4 推动躯干转动相同的角度。

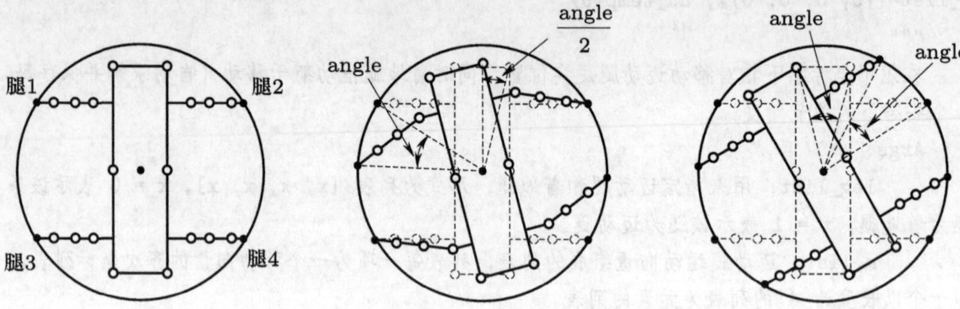

图 9-43　小跑转弯步态迈腿示意

转弯步态 turn_left( ) 函数程序文档如下:

```
def turn_left(self, angle=45, height=30, pl_temp=[120, 0, -90, 1], speed=2.0):
    """
    机器人小跑转弯步态函数;
    首先初始化足尖点在腿部坐标系下的坐标位置, 完成站姿初始化 (小跑转弯步态不必调整腿与腿之间的相对位置, 因为初始状态各条腿间的距离已经比较大, 可令其同时位于工作空间中点)。
    小跑转弯步态一个运动周期只有两步: 第一步为对角线 A 上的两条腿绕躯干坐标系 Z 轴迈动角度 angle/2, 同时对角线 B 上的腿推动躯干绕躯干坐标系 Z 轴迈动角度 angle/2; 第二步正好相反, 对角线 B 上的两条腿绕躯干坐标系 Z 轴迈动角度 angle/2, 同时对角线 A 上的腿推动躯干绕躯干坐标系 Z 轴迈动角度 angle/2。
    Args:
        angle: 转动角度, 这里指的是一个运动周期内机器人转动的角度 (小跑转弯步态一个运动周期内躯干转动角度两倍于腿迈动的角度)。
        height: 抬腿高度。
        pl_temp: 初始姿态下四条腿足尖在各自腿部坐标系下的坐标。
        speed: 用来控制前进的速度, 取值范围为 [0.01, 3.0], 由于小跑步态本身是动态步态, 运动过程中无法保持静态稳定, 所以需要尽可能缩短运动时间 (即提高运动速度)。
    Returns:
        无。
    Raises:
        无。
    """
```

```
    self.clear_pose( )
    angle = angle / 2  # 小跑转弯步态一个运动周期内躯干转动角度两倍于腿迈动的角度，
所以需要先将转弯角度除以 2，得到腿迈动角度
    # 初始形态设置
    # A-设置机器人初始形态下各条腿足尖点初始局部坐标，这一步骤通过 pl_temp[2] 可以
设置整个步态过程中机器人重心高度
    self.set_pl(n=0,pl_temp=um.matrix(pl_temp,cstride=4,rstride=1,dtype=float))
    # B-求解保存
    self.save_pose( )
    # 小跑转弯步态-第一步：腿 2 和腿 3 绕躯干坐标系 Z 轴迈动角度 angle/2，同时腿 1
    和腿 4 推动躯干绕躯干坐标系 Z 轴迈动角度 angle/2
    self.spin_legs(leg_list=[0, 1, 1, 0], height=height, m_angle=angle,
g_angle=-angle, ud_temp=0)
    # 小跑转弯步态-第二步：腿 1 和腿 4 绕躯干坐标系 Z 轴迈动角度 angle/2，同时腿 2
    和腿 3 推动躯干绕躯干坐标系 Z 轴迈动角度 angle/2
    self.spin_legs(leg_list=[1, 0, 0, 1], height=height, m_angle=angle,
g_angle=-angle, ud_temp=0)
    # 执行动作
    self.do_motion(speed=speed, o_r=self.order)
```

小跑转弯步态的初始形态部分相对简单一些, 迈腿前四条腿都处在其工作空间的中间位置。由于转动过程中, 机器人重心始终位于对角线上, 所以小跑转弯步态比小跑前进步态更易维持身体平衡。

turn_left ( ) 函数迈腿时, 调用的是 spin_legs( ) 多腿转动函数。与 move_legs( ) 不同的是, spin_legs( ) 函数的作用是多条腿绕躯干坐标系 Z 轴迈动一个角度, 且其余腿着地沿绕躯干坐标系 Z 轴转动另一个角度 (一般情况下两个角度互为相反数, 用来反向推动躯干转动)。其程序文档如下:

```
def spin_legs(self, leg_list=[0, 0, 0, 0], height=50, m_angle=0.0, g_angle=0.0,
ud_temp=0):
    """
    转弯迈腿函数，控制迈动腿绕躯干坐标系 Z 轴迈动给定角度（指定抬腿高度），同时着
地腿绕躯干坐标系 Z 轴转动给定角度。
    Args:
        leg_list：用来指定迈动腿和着地腿，形式为列表 [x, x, x, x]，x = 0 表示该条
腿为着地腿，x = 1 表示该腿为迈动腿。
        height：抬腿高度。
        m_angle：迈动腿相对于躯干坐标系 Z 轴迈动的角度。
        g_angle：着动腿相对于躯干坐标系 Z 轴迈动的角度。
        ud_temp：(up/down) 用来选择求解中的第几种解：
            当 ud_temp = 0（默认值）时，对应图 8-11 中的 α 构型；
            当 ud_temp= 1 时，对应图 8-11 中的 β 构型。
    Returns:
```

```
        True: 求解过程顺利通过，返回 True。
        False: 求解过程出现异常或者足尖点超出工作空间时，返回 False。
    Raises:
        无。
    """
    for n in range(self.LEG_NUMBER):
        if leg_list[n] == 1:
            self.move_leg(n=n + 1, m_list=[[0, 0, height, 0]], s_n=1,
ud_temp=ud_temp, o_l=0) # 抬迈动腿
        elif leg_list[n] == 0:
            self.set_po(n=n + 1,po_temp=um.dot(um.rot_z(g_angle / 3 * DEG_RAD),
self.legs[n].po)) # 着地腿绕 Z 轴转动三分之一角度
    if not self.save_pose(n=0, ud_temp=ud_temp): # 调用运动学逆解并保存结果
        return False
    for n in range(self.LEG_NUMBER):
        if leg_list[n] == 1:
            self.set_po(n=n + 1, po_temp=um.dot(um.rot_z(m_angle * DEG_RAD),
self.legs[n].po)) # 迈动腿转动
        elif leg_list[n] == 0:
            self.set_po(n=n + 1,po_temp=um.dot(um.rot_z(g_angle / 3 * DEG_RAD),
self.legs[n].po)) # 着地腿绕 Z 轴转动三分之一角度
    if not self.save_pose(n=0, ud_temp=ud_temp): # 调用运动学逆解并保存结果
        return False
    for n in range(self.LEG_NUMBER):
        if leg_list[n] == 1:
            self.move_leg(n=n + 1, m_list=[[0, 0, -height, 0]], s_n=1,
ud_temp=ud_temp, o_l=0) # 迈动腿落下
        elif leg_list[n] == 0:
            self.set_po(n=n + 1, po_temp=um.dot(um.rot_z(g_angle / 3 * DEG_RAD),
self.legs[n].po)) # 着地腿绕 Z 轴转动三分之一角度
    if not self.save_pose(n=0, ud_temp=ud_temp):
        return False
    return True
```

参考文献

[1] Mosher R S. Test and evaluation of a versatile walking truck [C]//Proceedings of Symposium on Off-road Mobility Research. 1968: 359 – 379.

[2] McGhee R B, Chao C S, Jaswa V C, et al. Real-time computer control of a hexapodvehicle [C]//Proceedings of the 3rd CISM-IFToMM International Symposium on Theory and Practice Robots and Manipulators. London: Springer-Verlag, 1978: 323 – 339.

[3] Kwak S H, McGhee R B. Rule-based motion coordination for a hexapod walking machine [J]. Advanced Robotics, 1989, 4(3): 263 – 282.

[4] Kitano S, Hirose S, Endo G, et al. Development of lightweight sprawling-type quadruped robot titan-xiii and its dynamic walking [C]//IEEE/RSJ International Conference on Intelligent Robots and Systems. IEEE, 2013: 6025-6030.

[5] Kitano S, Hirose S, Horigome A, et al. TITAN-XIII: Sprawling-type quadruped robot with ability of fast and energy-efficient walking [J]. Robomech Journal, 2016, 3(1): 1 – 16.

[6] Raibert M, Blankespoor K, Nelson G, et al. Bigdog, the rough-terrain quadruped robot [J]. IFAC Proceedings Volumes, 2008, 41(2): 10822-10825.

[7] Rebula J R, Neuhaus P D, Bonnlander B V, et al. A controller for the littledogquadruped walking on rough terrain [C]//Proceedings of IEEE International Conference on Robotics and Automation. Roma, 2007: 1467 – 1473.

[8] Seok S, Wang A, Chuah M Y, et al. Design principles for highly efficient quadrupeds and implementation on the MIT Cheetah robot [C]//Prooceedings of IEEE International Conference on Robotics and Automation. Karlsruhe, 2013: 3307 – 3312.

[9] Semini C, Tsagarakis N G, Guglielmino E, et al. Design of hyq—A hydraulically and electrically actuated quadruped robot [J]. Journal of Systems and Control Engineering, 2011, 225(6): 831-849.

[10] Guan X, Zheng H, Zhang X. Biologically inspired quadruped robot biosbot: Modeling, simulation and experiment [C]//2nd International Conference on Autonomous Robots and Agents. 2004: 261 – 266.

[11] Rong X, Li Y, Ruan J, et al. Design and simulation for a hydraulic actuated quadruped robot [J]. Journal of mechanical science and technology, 2012, 26(4): 1171 – 1177.

[12] Mao L H, Tian Y, Gao F, et al. Novel method of gait switching in six-legged robot walking on continuous-nondifferentiable terrain by utilizing stability and interference criteria [J]. Science China: Technological Sciences, 2020, 63(12): 2527 – 2540.

[13] Mao L H, Gao F, Tian Y, et al. Novel method for preventing shin-collisions in six-legged robots by utilising a robot—Terrain interference model [J]. Mechanism and Machine Theory, 2020, 151: 103897.

[14] Zhang C S, Dai J S. Continuous static gait with twisting trunk of a metamorphic quadruped robot [J]. Mechanical Sciences, 2018, 9(1): 1 – 14.

[15] Zhang C S, Dai J S. Trot gait with twisting trunk of a metamorphic quadruped robot [J]. Journal of Bionic Engineering, 2018, 15(6): 971 – 981.

[16] Li T F, Zhang C S, Wang S J, et al. Jumping with expandable trunk of a metamorphic quadruped robot—The Origaker II [J]. Applied Sciences, 2019, 9(9): 1778.

[17] Zhang C S, Chai X H, Dai J S. Preventing tumbling with a twisting trunk for the quadruped robot: Origaker I [C]//Proceedings of International Design Engineering Technical Conferences and Computers and Information in Engineering Conference. Quebec, 2018: V05BT07A010.

[18] 赵欣, 康熙, 戴建生. 四足变胞爬行机器人步态规划与运动特性 [J]. 中南大学学报: 自然科学版, 2018, 49(9): 2168 – 2177.

[19] 甄伟鲲, 康熙, 张新生, 等. 一种新型四足变胞爬行机器人的步态规划研究 [J]. 机械工程学报, 2016, 52(11): 26－33.

[20] Tang Z, Dai J S. Metamorphic mechanism and econfiguration of a biomimetic quadruped robot [C]//International Design Engineering Technical Conferences and Computers and Information in Engineering Conference. American Society of Mechanical Engineers, 2018: V01AT02A039.

第 10 章 总结与展望

本书提出运动智能理念, 从该角度讲述机器人的开发方式与控制过程。将机器人运动智能分为驱动器运动智能和本体运动智能, 并以此为线索介绍了机器人开发与控制的理论知识和实践方法。本书分为上、下两篇。上篇偏重整体概念与理论, 介绍了运动智能理念和机器人模块控制方法; 阐明了机器人运动智能由驱动器运动智能和本体运动智能两部分组成; 介绍了智能驱动器的“五大类”技能; 针对轮毂模块控制和关节模块控制, 分别介绍了智能电动机驱动器和智能伺服舵机及其使用方法; 介绍了机器人本体运动智能的定义。下篇偏重理论指导下的整机制作和控制实践, 介绍了平衡小车、麦克纳姆轮移动平台、四足机器人和机械臂的运动学建模方法; 还介绍了上述机器人的组装和运动控制程序。值得一提的是, 本书注重理论联系实际, 有意将程序代码与理论公式相对应, 便于读者发现机器人数学建模与编程控制之间的关系。

本书第 1 章引入运动智能的定义, 其是人工智能的组成部分。从宇宙演变到地球生态塑造, 再到微观粒子, 讲述了无处不在的运动智能对客观世界的作用。通过描述日常生活和自然界中一些运动现象, 帮助读者更好地理解运动智能的定义。在此基础上, 用实例引导读者思考运动智能对机器人的价值。机器人运动分为模块运动和整体运动两个层面, 据此将运动智能分为驱动器运动智能和本体运动智能两个层面。

第 2 章深入阐述了驱动器运动智能, 提出智能驱动器“运动控制”“参数设置”“状态反馈”“固件升级”和“自主决策”五大类技能, 强调了“自主决策”是驱动器智能化的关键。

第 3 章和第 4 章分别针对轮毂模块控制和关节模块控制场景介绍了智能电动机驱动器和智能伺服舵机的具体实现方式与使用方法。电动机驱动器用于驱动连续转动型电动机, 多见于轮式和履带式机器人。智能伺服舵机在 360° 范围内转动, 用于关节型机器人, 如机械臂、足式机器人和人形机器人。借助与传统电动机驱动器和舵机的对比突出了智能电动机驱动器和智能伺服舵机的智能化特点。分别以典型智能电动机驱动器和智能伺服舵机为例, 展示了智能驱动器电气连接方式和实现以及运用库函数的编程控制方法, 为后续机器人的本体开发打下基础。

第 5 章引入机器人本体运动智能。首先介绍了本体运动智能的定义, 并以不同类型机器人实际运行场景予以说明。然后介绍了与之相关的基础数学知识, 包括描述刚体空间位置与姿态的数学方法、D–H 参数、变换矩阵和坐标变换。最后讲述了机器人本体运动智能的技术组成, 包括机器人运动建模、感知与运动决策、轨迹与路径规划。以此帮助读者建立对本体运动智能从基础到宏观的认识。

上篇对运动智能概念进行了全面介绍, 而下篇则带领读者利用前述知识进行了机器人本体运动建模、组装制作和编程控制实践。

第 6 章至第 9 章分别将目光聚焦于平衡车、麦克纳姆轮移动平台、四足机器人和机械臂的整机制作与控制。分别介绍了上述机器人的起源与发展、功能及用途和运动学模型。具体介绍了本体运动智能在上述机器人上的不同表现。随后综合运用驱动器运动智能和机器人本体运动智能的概念及理论进行了机器人开发与应用实践。首先介绍上述机器人的控制架构, 随后介绍其本体组装, 最后进行了运动控制程序开发。此过程中特别注重各类机器人的特性功能开发, 如平衡车的直立与速度控制; 麦克纳姆轮移动平台的平移、转弯、急停和位置与姿态记忆功能; 机械臂的标定功能、示教功能、指定关节角度的运动控制和指定末端位置的运动控制; 四足机器人的标定功能、足尖位置控制、躯干姿态控制和步态规划。

上述机器人的驱动器均采用本书介绍的智能驱动器。值得一提的是, 机器人控制程序的基础程序可在书中找到与其对应的运动学理论公式, 以便读者发现理论与实际的密切联系, 达到理论联系实际的效果。

作者希望从运动智能角度为读者提供一套机器人开发基础知识和实践方法, 力争让读者获得开发机器人的基础能力。相信在本书指引下动手实践的读者将了解机器人的技术体系, 不再对机器人技术感到神秘, 树立开发更高端机器人的信心。

未来本书将围绕智能驱动器硬件和机器人本体建模理论两方面更新内容。在智能驱动器硬件方面, 本书当前介绍的智能伺服舵机扭矩小、精度低, 无法进行精准力控, 仅适用于教育娱乐级机器人开发, 也无法满足基于动力学模型的机器人控制, 与实际应用还相去甚远。因此, 本书未来若出新版, 将介绍高性能驱动器, 以满足动力学教学与控制实践要求，使得基于本书开发的产品更加贴近实际应用水平。在机器人本体建模理论方面, 本书目前仅涉及运动学, 所进行的开发与控制实践也只基于运动学模型。为提高机器人运动性能, 以适应更多应用场景, 还需运用动力学相关知识。因此, 本书未来若出新版, 还将添加动力学相关理论知识以及与之对应的技术开发实践内容。敬请期待!

附录 支持资源

为将本书内容更好地展现给读者，使学习与实训更加方便，笔者特地准备了本书的支持资源，其内容包括：

1. 课件 PPT 及其讲解视频。
2. 智能伺服舵机使用说明资料。
3. 智能电动机驱动器使用说明资料。
4. 智能伺服舵机开发案例说明书、3D 模型、代码和操作编程讲解视频。
5. 平衡小车、麦克纳姆轮移动平台、机械臂和四足机器人的 3D 模型、组装视频与程序代码及其讲解视频。
6. 其他相关支持资源。

感兴趣的读者可以发送邮件至 service@daran.tech，向作者咨询本书支持资源获取等相关事宜。

郑重声明

高等教育出版社依法对本书享有专有出版权。任何未经许可的复制、销售行为均违反《中华人民共和国著作权法》，其行为人将承担相应的民事责任和行政责任；构成犯罪的，将被依法追究刑事责任。为了维护市场秩序，保护读者的合法权益，避免读者误用盗版书造成不良后果，我社将配合行政执法部门和司法机关对违法犯罪的单位和个人进行严厉打击。社会各界人士如发现上述侵权行为，希望及时举报，我社将奖励举报有功人员。

反盗版举报电话 （010）58581999 58582371

反盗版举报邮箱 dd@hep.com.cn

通信地址 北京市西城区德外大街 4 号 高等教育出版社知识产权与法律事务部

邮政编码 100120